园艺植物组织培养

吕晋慧　孔冬梅　编著

中国农业科学技术出版社

图书在版编目（CIP）数据

园艺植物组织培养/吕晋慧，孔冬梅编著. —北京：中国农业科学技术出版社，2008.5
ISBN 978-7-80233-622-3

Ⅰ.园… Ⅱ.①吕…②孔… Ⅲ.园林植物-组织培养
Ⅳ.S680.1

中国版本图书馆CIP数据核字（2008）第070437号

责任编辑 张孝安
责任校对 贾晓红 康苗苗

出 版 者 中国农业科学技术出版社
北京市中关村南大街12号 邮编：100081
电　　话 （010）68919708（编辑室）（010）68919704（发行部）
（010）68919703（读者服务部）
传　　真 （010）68919709
网　　址 http：//www.castp.cn
经 销 者 新华书店北京发行所
印 刷 者 北京富泰印刷有限责任公司
开　　本 889 mm×1 194 mm 1/16
印　　张 11.25
字　　数 280千字
版　　次 2008年5月第1版 2014年1月第2次印刷
定　　价 28.00元

前　言

植物组织培养是植物生物技术的基础，也是实用性极强的高新技术。目前世界上许多重要园艺植物包括花卉、蔬菜和果树都实现了组培工厂化生产，给企业带来高额利润。如果将其运用于种质资源的保存，将大大节约生产和保存成本；将其应用于脱毒苗生产，可以大大改善植物的品质；将其与转基因技术相结合，为新品系、新品种的创造提供了一条更加经济、高效的新途径。植物组织培养在园艺植物生产中的应用已为西方工业发达国家的经济繁荣做出了重要贡献，在发展中国家其发展和应用也取得了巨大进步。目前，分子生物学家、植物育种专家和企业家都对植物组织培养产生了极大的兴趣。鉴于植物组织培养技术的不断发展及其在园艺植物生产中的日益渗透，笔者在工作、研究的基础上，总结多年的实践经验，参阅大量中外文献，编著了此书，以期能对相关方面的研究人员和相关行业的生产者提供帮助。

本书分总论和各论两部分。总论部分重点介绍园艺植物组织培养的基本理论，包括园艺植物组织培养实验室与设备、园艺植物组织培养的操作流程、脱毒苗生产、体细胞胚胎发生、细胞培养、花药和花粉培养、原生质体培养、组培苗的工厂化生产、植物基因工程等九部分内容。各论部分重点介绍了59种常见园艺植物的组织培养技术和7种园艺植物的脱毒苗生产技术。其中第一章至第六章和第十三章由孔冬梅编写，第七章至第十二章由吕晋慧编写。

由于编者水平有限，书中尚有许多不足之处，恳请各位读者批评指正。

编　者

2008年3月

目　录

第1章 绪 论

1.1 植物组织培养的定义

植物组织培养（plant tissue culture）也称离体培养（*in vitro* culture）是指分离植物的器官、组织、细胞、甚至原生质体，通过无菌操作接种于人工配制的培养基上，在人工控制的条件下培养，以获得再生的完整植株或生产具有经济价值的其他产品的技术。无菌条件、离体的植物材料（外植体）、人工培养基与培养环境是组织培养的基本特点。

根据培养材料的不同，植物组织培养可分为植株培养、胚胎培养、器官培养、组织或愈伤组织培养、细胞或原生质体培养5类，根据培养目的分为试管嫁接、试管受精、试管加倍、试管育种等，根据培养方法又有平板培养、微室培养、悬浮培养、单细胞培养等（沈海龙，2005）。

1.2 植物组织培养发展简史

1.2.1 理论准备时期

植物组织培养的起源可以追溯到19世纪30年代。早在1838年和1839年，德国植物学家Schleiden和动物学家Schwann就分别提出了细胞学说，其核心内容是：细胞是有机体，也是生物体的基本机构单位，由它构成整个生物个体。同时，植物细胞又是在生理和发育上具有潜在全能性（totipotent）的功能单位。随后，Schwan在1839年更明确地指出："如果具有与有机体内一样的条件时，每个细胞应该可以独立生活和发展。"这一论点是植物组织培养研究的思想基础。

在此基础上，德国著名植物学家Haberlandt于1902年提出，高等植物的组织和器官可以不断分割，直到单个细胞，单个细胞还能形成一个完整的新个体。如植物的体细胞，在适当的条件下，具有不断分裂和繁殖，并发展成完整植株的潜在能力，这被称为植物细胞全能性理论。为了验证自己的观点，他曾对高等植物的气孔保卫细胞、叶肉细胞、髓细胞等植物材料进行无菌培养。但是，由于当时对这些植物的化学成分、材料的性质、离体培养所需的各种条件研究甚少，离体培养中始终没有发生细胞的分裂和增殖。尽管如此，由他开创的理论假说引导许多学者不懈探索。直到20世纪60年代中期，他所作出的种种预言，在胡萝卜体细胞胚发生等一系列成功的实验中先后得到验证（沈海龙，2005）。

细胞学说的产生和细胞全能性学说的提出为组织培养技术的产生奠定了理论基础。在这些理论的指导下所开展的有关实验，促进了植物组织培养技术的建立。

1904年，Hanning在添加无机盐和有机物的培养基上对萝卜和辣根菜的幼胚进行培养，发现离体胚可以充分发育至成熟并且能提前形成小苗，这是世界上首次胚培养获得成功的例子。此后，Brow于1906年在人工合成培养基上进行无菌外植体的培养，发现各种胚在培养基上有增殖生长的反应。1908年Simon研究白杨嫩茎在培养中的发育，观察到愈伤组织的发生和根、芽的形成。1922年，Haberlandt的学生Kotte和美国的Robbins分别报道了根尖离体培养并获得成功，其中Kotte用稀释的Knop溶液加入相当复杂的有机物质，培养豌豆和玉米的根尖，获得成功。

同年，Robbins 把玉米、棉花等植物的茎尖放在由多种无机元素和糖合成的人工培养基上培养，形成了缺绿的叶和根。1925 年，Iaibach 对亚麻的种间杂种胚进行了培养，成功地获得杂种植株，从而证明了利用胚培养进行植物远缘杂交的可能性。1926 年，Harlan 报道了有关大麦幼胚的培养。1933 年，我国学者李继侗等在进行银杏的离体培养时，证明了大小约 3mm 的幼胚能正常生长。这一发现对植物组织培养的发展和利用植物自身的提取物促进培养物的生长具有重要的意义。

在这一时期，主要对植物胚和根的培养进行了初步探索，尽管失败多、成功少，但已有一些植物的幼胚培养获得了成功，离体器官的培养也有了一定的发展。

1.2.2 理论与技术发展时期

从 20 世纪 30 年代初至 50 年代末，植物组织培养技术得到了逐步发展和完善。在这期间，两个重要模式——培养基模式和激素调控模式的建立（谢从华等，2004），使植物组织培养技术具有了一定的程序性。

1934 年，美国的 White 通过对番茄离体根的培养，形成了第一个可以正常生长的无性系，从而使非胚器官的培养首先获得了成功。White 在实验中还发现，B 族维生素（硫胺素、吡哆醇、烟酸）在离体培养中具有及其重要的作用，从而产生了由无机盐与有机成分组成的 White 培养基，并且建立了植物根的离体培养技术。1937 年，法国 Gautheret 在培养山毛柳和黑杨等形成层的培养基中加入 B 族维生素和 IAA（吲哚乙酸），使生长大大加快。1939 年，他在添加这些物质的培养基上连续培养胡萝卜根的形成层首次获得成功。法国的 Nobecourt 在 1938 年用胡萝卜的根在固体培养基上培养诱导形成了愈伤组织。

由于上述著名的科学研究，White、Gautheret 和 Nobecourt 一起被誉为植物组织培养的奠基人。他们的贡献在于：建立了包含无机盐、有机物和生长调节物质的综合培养基，发现了 B 族维生素在植物组织培养中的作用，基本建立了植物组织培养技术。我们现在所用的若干培养方法和培养基，基本上是这 3 位科学家所建立的方法和培养基的演变。

1944 年，美国的 Skoog 用烟草愈伤组织研究器官发生，他观察到生长素对根有促进作用，同时对芽的形成有抑制效果。1948 年，Skoog 和 Tsuihui（崔徽）对烟草髓部和茎段进行培养，观察到腺苷或腺嘌呤可以解除 IAA 对芽形成的抑制作用，使烟草茎段形成丛生芽。1957 年，Skoog 等又发现腺嘌呤与生长素的比例较低时有利于根的形成，当这一比例较高时则有利于芽的发生，由此发现了腺嘌呤与生长素的比例是控制芽和根分化的重要因素之一。这一发现为植物组织培养的形态发生和人为控制提供了调控模式，结合激动素的发现，也建立了用激动素与生长素的比例控制芽和根分化的模式。

伴随培养基模式和激素调控模式的建立，细胞悬浮培养、看护培养、微室培养、悬滴培养、平板培养技术等相继建立，有关器官形成和个体发生的研究迅速发展，植物离体培养的基本技术方法已经成熟。

到 20 世纪 50 年代末期，几位科学家几乎同时在胡萝卜愈伤组织培养中诱导出了体细胞胚，至此植物组织培养的技术体系已基本建立。但在这一时期，植物组织培养技术还只是停留在试验研究阶段，并没有直接用于生产。

1.2.3 蓬勃发展和应用时期

从 20 世纪 60 年代开始，随着植物组织培养技术的不断完善，以及对离体培养中细胞的生长、分化规律的逐步认识，有关学者在植物组织培养的研究中都具有较明确的目标，并尝试把植物组织培养技术应用于生产实践。

1952 年，Morel 和 Martin 首次证实，通过茎尖分生组织的离体培养，可以由已受病毒侵染的大丽花中获得无病毒植株。1960 年，Morel 提出并建立了第一个离体无性繁殖兰花的方法，其后国际上相继建立了“兰花工业（orchidindustry）”。现在，Morel 建立的脱毒技术和离体繁殖技术已广泛用于甘蔗、草莓、马铃薯等多种作物无毒苗的生产。

1960 年，英国学者 Cocking 等首次成功地用真菌的纤维素酶分离了番茄幼根原生质体。1971 年，Takek 等人在烟草叶肉原生质体培养中获得了再生植株，并建立了适于烟草原生质体培养的 NT 培养基。1972 年，Carlson 以 $NaNO_3$ 融合剂，对 2 个种的烟草（粉兰烟草和郎氏烟草）原生质体进行了融合培养，并获得了第 1 个体细胞杂交的杂种植株，开创了植物原生质体培养和体细胞杂交的工作。1974 年，Bonne 和 Eriksson 将具有叶绿体的海藻和不具有叶绿体的胡萝卜根原生质体，在聚乙二醇诱导下融合成功，发现活胡萝卜原生质体中含有叶绿体，成功地完成了细胞器（叶绿体）的摄入，证明原生质体是引入外源遗传物质的极好受体材料，为基因工程奠定了良好基础。

1964 年，Guha 和 Maheshwari 首次从毛叶曼陀罗花药培养中诱导未成熟花粉形成单倍体植株，继曼陀罗花药培养获得单倍体植株后，Bourgin 等人于 1967 年又从烟草花药培养中获得单倍体植株，从此开创了利用花粉培育单倍体植株的新途径，加快了育种进程，取得了一批有实用价值的育种材料。我国学者首先完成了水稻、小麦等 20 多种植物的花粉培养，使我国在这一领域处于世界领先地位。

随着植物组织培养技术的发展及逐渐成熟，花药培养、花粉培养、原生质体培养和细胞融合等方面的研究也逐步展开。以烟草为模式植物的相关研究取得了突破性进展，并很快将这一技术推广应用到果树、花卉、蔬菜等经济作物的快速繁殖和脱毒等方面，甚至开始了产业化生产。

在此基础上，细胞培养技术由于具有广泛的应用前景而得到了迅速的发展。由于从细胞悬浮培养和单细胞培养中筛选突变体比组织培养具有更大的优越性，因此，在进行突变体筛选时通常采用的是细胞培养技术。将细胞培养与人工诱变相结合的方法应用于突变体筛选，已在多种作物中选育出具有抗病、抗虫、抗除草剂、耐盐、矮秆、高蛋白等优良特性的新品种。利用大规模细胞培养技术生产植物次生代谢产物的研究也取得了成功，这进一步拓宽了细胞培养的研究领域，并使工厂化生产植物天然产物的设想变成了现实。以细胞大规模培养技术为依托的新型轻化工、医药产业蓬勃发展。

将植物的组织、细胞和原生质体培养技术与重组 DNA 技术相结合而产生的植物遗传转化，逐渐成为植物生物工程的重要内容，并在许多植物中获得成功，为植物的遗传育种开辟了崭新的途径和广阔前景。

1.3 植物组织培养研究的意义

植物组织培养是现代生物技术的一个重要部分，是植物生物技术最根本的基础。植物组织培养技术渗透到与生命科学各领域，其发展有力地推动了生命科学各个领域的发展。

（1）植物的形态发生　植物细胞培养技术的理论研究和品种改良的实际应用依赖于长期培养细胞或原生质体的再生能力，植物的遗传工程和转基因植株的鉴定亦依赖于转化细胞再生植株的能力，原生质体培养和细胞融合的利用同样依赖于杂种细胞再生植株的频率，无性系变异与突变体筛选也是当培养物有效地再生时才成为可能。因此，离体培养细胞形态发生（morphogenesis）的研究是首要而关键的问题。

(2) 植物发育生物学　在离体条件下进行细胞和组织培养，可以进一步探索植物细胞的生长、分化与发育规律，营养生长与生殖生长的转化等；研究植物外植体的发育规律，搞清外植体发育的年龄效应、位置效应与启动培养、分化能力的关系，细胞培养时间及培养周期与再生能力的关系；从形态发生规律中，探明个体发育、细胞分化和脱分化的条件。

(3) 植物生理学　利用组织培养可以研究植物生长中各种内外因子之间的相互关系，及其对植物生长的影响，如不同发育阶段外植体的内源激素水平与培养基中生长调节物质的关系，外植体的大小及营养状态对培养结果的影响；培养基营养成分与培养效果的关系；光照强度、光周期、温度、湿度和气体成分如何影响离体材料的生长等。植物组织培养的细胞在生理上不同于完整植株的细胞，可在离体状态下研究细胞的生理代谢活动与生物合成等情况。

(4) 植物生殖生物学　离体条件下进行胚培养，有助于探明胚胎发生条件，胚乳作用，助细胞、反足细胞的作用；组织培养中诱导体细胞胚胎发生，可为离体条件下研究植物胚胎的发生发育提供操作性强的实验体系，有助于探明植物胚胎发生的形态学、生理和生化过程。

(5) 植物细胞学　植物组织培养技术是研究细胞分化、脱分化、再分化的良好系统，离体条件下培养单细胞，一方面避免了植株整体对细胞的影响，另一方面由于受到的外界刺激均匀一致，因而能较好地反映外界环境与细胞的关系；利用细胞悬浮培养体系，可以实现细胞规模化繁殖，一方面实现苗木快速繁殖，另一方面可以进行次生代谢物生产。

(6) 遗传学　植物组织培养可用于研究染色体数量变异和结构变异、染色体工程等。由于生长环境不同，离体培养的细胞或组织（尤其是单细胞），在植物生长调节物质或其他诱变因子作用下发生的染色体变异，与自然条件下生长的完整植株所发生的变异会有很大区别。

(7) 育种学　植物组织培养为新种和新品种的培育开辟了新途径。单倍体培养可缩短育种周期；利用试管受精和原生质体融合技术可克服远缘杂交不亲和性，创造自然界新物种；通过DNA 微注射引入花粉、胚、胚乳和培养的细胞，也是育种学研究的一个热点。

(8) 病理学　组织培养系统可用来研究寄主与病原体之间的相互作用和影响；研究冠瘿瘤的形成、病毒分类及在植物体内的分布、脱除病毒的方法以及病毒快速检测方法等。

(9) 基因工程　植物基因工程在园林生产中有广泛应用前景和巨大经济价值。离体培养条件下的茎尖分生组织、愈伤组织、体细胞胚、单细胞以及脱除细胞壁的原生质体等都是基因工程中遗传转化的良好受体。将外来的遗传信息（基因），通过一定的基因载体（Ti 或 Ri）引入上述各种类型的细胞，然后利用植物组织培养技术，即可从转化的细胞获得转基因的完整植株。由此可见，基因工程只有与植物组织培养紧密结合，才能使生物技术取得突破性进展。

1.4　植物组织培养在园艺植物上的研究及应用进展

1.4.1　植物快繁

用组织培养法繁殖植物的突出特点就是速度快、周期短，往往十几天到几十天即可完成一个培养周期，每一培养周期植物材料可按几何级数大量繁殖，利于工厂化大批量生产。尤其对一些繁殖系数低且种子繁殖困难的名特优植物品种而言，植物组织培养的意义尤为重大。1978 年，Murashige 在第 4 届国际植物组织和细胞培养会议上报告用组织培养进行快速繁殖的植物达 255 种。罗士韦 1982 年在第 5 届国际植物组织和细胞培养会议上所作的专题学术报告中统计，无性系快速繁殖植物的种类已达 500 种以上。Brown 等 1986 年统计进行快繁研究的植物已超过 1 000 种。目前进行无性快繁研究的植物种类仍在不断增加。植物组织培养方法用于无性繁殖已成为农林园艺中应用广泛的技术之一。

植物离体快速无性繁殖是植物组织培养技术应用最广泛的一个方面。自20世纪60年代建立了世界第一家兰花组培苗工厂后，国内外相继建立了兰花工业，目前世界上80%～85%的兰花是通过组织培养进行快繁的。在兰花工业的带动和刺激下，花卉组培苗产业化生产发展很快，尤其是进入20世纪80年代以来，能用试管繁殖的花卉近200种，通过组培能再生的植物种类已有130科1 500种以上，世界各国看准花卉组培苗市场，竞相投资，展开激烈角逐。据资料估计，美国已建立起200多个植物离体繁殖公司，中小公司的年均生产能力为200万～400万株；英国有100多家生物工程研究机构，其中都有组培工作的开展；日本把组培技术纳入国家三大全新产业之一；以色列的Benzur苗圃可提供100多种盆栽观赏植物组培苗；花卉王国荷兰有80%以上花卉种苗是通过组培繁育的。总之，世界工业化生产的观赏花卉种类有60余科、近千种，组培苗的生产量从1985年的1.3亿株猛增到2002年的10.0亿株。

在发达国家建立的组织培养实验室较多，多数从事商业化生产，主要繁殖观赏花卉如兰花、鲜切花等，其次是果树、观赏树木，造林树种较少。发达国家的实验室数量有减少的趋势，但生产规模却不断扩大，繁殖苗木数量有所增多，试管植物在商业化植物中所占比例也有增大的趋势。发展中国家大部分从事与育种和生理有关的研究，少数实验室进行果树和农作物的繁殖，如香蕉、马铃薯、甘蔗等，该技术在发展中国家被视为农业发展的高新技术，并将得到快速发展和应用。

我国近20年来开展植物快速繁殖的研究也有很大发展。全国各地的农业、林业科研机构、大专院校以及大型的生物技术公司都设有组培室，部分省（市）或地区在园艺植物组培苗产业化方面已成规模：广州花卉研究中心工厂化生产观叶植物组培苗产量在1 000万株以上；云南农科院园艺所花卉研究中心的组培室年生产能力达5 000万株；云南玉溪高新技术开发区实现了热带兰花组培苗规模化生产；湖南省森林植物园生物技术中心已实现专业化、规模化、商品化生产桉树试管苗，年生产能力数百万株，在国内率先探索出桉树试管苗产业化开发之路。全国已建成葡萄、苹果、香蕉、马铃薯、甘蔗、兰花、桉树等快繁生产线10余条，年供应试管苗上亿株，其中生产的香蕉试管苗已进入国际市场。在快速繁殖珍稀、濒危植物方面，我国也取得了大的突破，如安徽黄里从仅有的几株软子石榴繁殖到2万株，樱桃珍品中的太和樱桃用成年树的芽离体培养成苗，用快繁技术保存棉花的野生种等，使珍贵物种得以保存。

快速繁殖可用于常年的无性系繁殖，尤其对那些常规方法繁殖困难的物种、新品种、珍贵稀有种或品种等的快繁具有重要意义。

1.4.2 脱毒

用于无性繁殖的供体植株一般会感染一种或几种病毒或类病毒。在许多情况下植物感染病毒后症状并不明显，但生长缓慢、商品性状劣化、产量大幅度下降，给园艺作物生产带来巨大损失。植物病毒已成为引起植物种或品种退化的主要因素。利用组织培养技术为植物脱除病毒却可以使植物的生长得到明显改善。早在20世纪80年代，人们就已经广泛采用了茎尖脱毒的方法。到1989年，应用茎尖脱毒获得无病毒种苗的植物达48种，被除去的病毒有77种。茎尖培养之所以能够脱毒是因为所用的外植体是茎尖或顶端分生组织，由于病毒在植物体内的分布是不均匀的，在受侵染的植株中茎尖或顶端分生组织一般无病毒或者只携带极少的病毒。

无菌条件下仔细地剥离微茎尖，然后按照组织培养的一般程序在适当培养基上进行离体培养，就可以由无病毒的茎尖再生出无病毒的植株。利用植物茎尖对植物进行脱毒和扩繁的同时，除去了真菌、细菌和线虫等寄生物，无病毒苗产量大幅度增加，最高可增产300%，平均增产也在30%以上。同时无病毒种苗减少了检疫手续，有利于国际间的交流。

在发达国家利用植物组织培养技术已经实现了植物脱毒和无毒化育苗，栽培花卉和果树基本上已脱除病毒，使花卉、果树的质量和产量大幅提高，据 Sikan 等报道，增产幅度为 23.8% ~ 128.1%，产生了显著的经济效益。国际热带农业研究中心（IEA）、国际马铃薯研究中心（CIP）和亚洲蔬菜研究中心（AY - RDC）均以生产无病毒种苗为中心课题。发展中国家对植物的病毒病才刚刚开始重视，部分植物实现了茎尖脱毒处理和无毒化育苗，但大多数花卉和果树的脱毒研究处于起步阶段，有待进一步研究。

1.4.3 培育新品种

植物组织培养技术在培育与筛选园艺植物新品种或新种质上的应用主要有以下几个方面：

1.4.3.1 单倍体育种

利用花药培养诱导花粉产生单倍体植株，单倍体经人工染色体加倍后可以形成同源二倍体的纯合体，其后代不会分离，这样可以快速纯化物种，对利用异交作物杂种优势迅速获得纯系十分有利。自从 Cuha 和 Maheshwari 首次通过植物花药培养出花粉植株以来，目前世界上已有 260 多种植物成功地获得了花粉植株。此后，各国科学家致力于花药培养，使其成为诱导单倍体植株的重要手段。据 Maheshwad 等 1983 年统计，已有 34 科 88 属 247 种植物的花药培养获得成功。单倍体育种是常规育种程序和方法的重大改革，为新品种的培育开辟了一条新途径。

我国自 20 世纪 70 年代开始进行该领域的研究，已经培育了 40 多种由花粉或花药发育成的单倍体植株，其中有 10 余种为我国首创。如“京花 1 号”小麦、“中花 1 号”水稻品种的种植面积均已达百万亩以上，还有具有抗稻瘟病和抗白叶枯病特性的水稻“单 209”与水稻“单 209 矮”、甜椒新品种“海花 3 号”等（沈海龙，2005）。玉米获得了 100 多个纯合的自交系；橡胶获得了二倍体和三倍体植株。在观赏植物方面，褚云霞等多年对大百合“Pollyanna”进行花药培养所获得的花粉植株中，既有单倍体植株，也有二倍体植株。

以花药为外植体，无论花粉为纯合体还是杂合体，经加倍后均能得到纯化，比常规杂交育种可加快 2 ~ 3 年。由于单倍体是简单的基因组，可显示隐性基因及增益的特性，诱发的突变易于发现，单倍体染色体加倍立即成为纯合的植株，同时还具有育种周期短、程序简单、选择效率高等优点，因此在作物育种中具有很大的应用价值。

1.4.3.2 突变体育种

栽培中出现的芽变种、杂交新品种等，对其进行离体培养，可迅速繁殖出一定规模的有价值的新品系或新品种。如花大、叶厚的四倍体花叶芋、金色兼绿色斑点的玉簪、紫色的菊花、有香味的天竺葵品种“天鹅绒玫瑰”等（沈海龙，2005）。

将物理的、化学的诱变方法应用于组织培养也可培育出新品种，如用秋水仙素处理可获得花期提前、花径增大的多倍体百合。在突变体育种上已形成了一套包括诱变剂的利用、诱变手段、分离筛选技术等在内的较为完善的诱变体系。荷兰正是利用植物组织培养技术不断开发新的品种或品系，使其郁金香生产一直处于国际领先地位。在荷兰最大的花卉公司——SBW 花卉种苗公司，每年都有 1 200多种新的园艺植物品种问世。利用植物组织培养技术进行玫瑰商业化育种已成为玫瑰新品种培育的主要途径。

利用植物组织培养过程可以产生体细胞变异这一特性，不仅可以诱导新的变异，缩短品种改良周期，而且还可以进行抗性育种，目前利用该方法已成功筛选出具有抗病、抗虫、抗盐、抗高温、抗寒、高蛋白、高产等特性的植物细胞突变体，部分已应用于生产中。如抗盐、抗干旱的番茄品种，抗病的橡胶、草莓、芹菜、玫瑰、桃等抗病良种。利用这一技术，我国也获得了不少具有抗性的突变体，如烟草抗高盐（1% ~2% NaCl）、高色氨酸等突变体；胡萝卜高色氨酸突变体；

辣椒抗盐（1% ~2% NaCl）、抗低温突变体等（沈海龙，2005）。由于体细胞无性系变异的范围较广，单基因或少数基因变异较多，植株形态或经济性状发生不少可遗传的变异，适合于对现有品种进行有限的修饰与改良。

1.4.3.3 通过胚拯救克服远缘杂交不亲和性

远缘杂交可以获得品种间杂交难以得到的变异类型，如通过栽培种和野生种间的杂交，可以从杂交后代中筛选获得抗逆性强的种或品种。但由于生理上和遗传上的障碍，远缘杂交往往难以成功。在远缘杂交中，杂交后形成的胚珠往往在未成熟时就停止生长，不能形成有生活力的种子，因而杂交不孕给远缘杂交造成极大困难。通过组织培养，对未成熟胚进行拯救，即对子房、胚珠和胚培养等进行离体培养，使其发育成完整的植株，从而克服受精后的不亲和性障碍。19世纪20年代末，Laibach利用胚培养技术培养亚麻种间杂种胚，首次获得了杂种植物，为克服远缘杂交不亲和性提供了范例。该项技术现已相当成熟，成熟或未成熟胚通过培养都可获得成功。该技术在梅花、兰花、百合、油菜、瓜类、葡萄、欧李等多种园艺植物上应用，已获得了有较大经济价值的杂交种或品种。近年来更注重于培养较小的胚与微小的胚胎细胞，可将5个细胞大小的极幼龄胚状结构培养成植株。采用试管受精克服远缘杂交不亲和性，即将母本胚珠离体培养，使异种花粉在胚珠上萌发受精，为诱导3倍体植物开辟了一条新途径。3倍体加倍后得到6倍体，可育成多倍体品种。最近，由山东农业大学发明的“利用远缘杂交创造核果类果树新种质的三级放大法”将物理手段、有性杂交、组织培养及分子生物学技术有机结合在一起，也创造了一批果树新种质。

1.4.3.4 原生质体培养

原生质体培养就是以去除细胞壁、裸露、有生活力的原生质团为外植体所进行的离体培养。其主要目的是实现远缘物种的体细胞杂交和外源染色体、DNA或细胞器的导入，对植物进行改良。原生质体培养在植物育种中应用最多且期望值最高的是原生质体融合，即体细胞杂交。较有性杂交而言，体细胞杂交可以克服杂交不亲和性障碍，使得杂交范围扩大，而且将融合双方的核基因组以及质基因组进行重组。因此，通过原生质体融合，可部分克服有性杂交不亲和性而获得体细胞杂种，从而创造新种质或培育优良品种；此外原生质体可作为良好的受体，用于外源基因的导入。

自Cocking（1960）用纤维素酶和果胶酶获得番茄原生质体并再生出细胞壁，进一步分化获得具芽、根的完整植株后，已有250多种植物通过原生质体培养获得再生植株，其中我国首次培养成功30多种，主要包括小白菜、矮牵牛、金鱼草、百合、石刁柏、莲花掌等。Carlson等（1972）用聚乙二醇（PEG）为诱导剂，使郎氏烟草和粉蓝烟草的原生质体发生融合，得到第一个种间杂种。迄今为止，细胞融合技术已在许多植物上获得成功，园艺植物上成功的有柑橘不同种、品种间细胞融合，马铃薯不同种、品种间细胞融合，矮牵牛和面龙花、百合和延龄草的原生质体融合等（沈海龙，2005）。

1.4.4 种质资源保存

长期以来，人们想了许多方法来保存植物，如利用常温、低温、变温、低氧、充惰性气体等来储存果实、种子、块根、块茎、种球、鳞茎。这些方法在一定程度上收到了较好的效果，但仍存在许多问题。主要问题是成本过高，占据空间偏大，保存时间过短，而且容易受环境条件的限制。随着社会的发展，环境的不断变化使许多植物种类面临着灭绝的危险，如何长期稳定地保存这些资源，挽救这些植物，成为人们必须面对的问题。植物组织培养技术的诞生和发展，使在有限的空间里和简单的维护条件下，长期稳定地保存植物的种质资源成为可能。

用植物组织培养结合超低温保存技术，可以在有限空间保存大量的种质资源，如结合－193℃的液氮低温保存，则可延长种质资源保存时间，从而减少了频繁接种造成的人力、物力投入等成本。据统计，1 个 0.28m^3 的普通冰箱可存放 2 000支试管，而容纳相同数量的苹果植株则需要 60 000m^2 土地。

1975 年 Nag 和 Street 首次成功地用超低温保存胡萝卜悬浮培养细胞以来，已对包括花卉、果树、蔬菜在内的百余种植物材料进行了超低温保存的研究，并开发了快速冷冻法、缓慢降温法、分步降温法、干燥冷冻法等多种降温冷冻保存法。近年来又发展了方法简单而快速的玻璃化冷冻保存法，可以克服以前各种方法操作繁琐以及程序降温设备昂贵而难以推广的缺陷。保存的植物材料包括茎尖、芽、胚状体、幼胚、花粉、悬浮培养细胞、原生质体等。陈维伦等已将 200 多个种和品种保存 2 年以上。其优点是：①在较小空间内便可保存大量克隆的植物资源，即所谓“营养体种子”（vegetative seeds）；②具有很高的繁殖系；③避免外界不利气候及其他栽培因素的影响；④在隔离昆虫、病原体和病毒的条件下保存；⑤由于不带有已知病毒和病原体，有利于国际间物种种质的交换与交流。

1.4.5 人工种子研究

植物组织培养过程中能够产生与正常合子胚相似的结构，即胚状体（embroid），也称体细胞胚（somatic embryo）。将胚状体包裹在含有养分和具有保护功能的胶囊（人工胚乳）中，并在适宜条件下能够发芽出苗的颗粒体称为植物人工种子（plant artificial seeds）。广义的人工种子还包括用胶囊包裹的顶芽、腋芽、小鳞茎等各种营养繁殖体。

人工种子是 20 世纪 80 年代初在植物快速繁殖的基础上发展起来的一项新技术，它在推广良种与无性系品种、固定杂种优势、脱毒、简化育种程序等方面具有积极的作用。自Murashige1977 年在国际园艺植物学会议上首次提出研制人工种子的设想以来，人工种子引起各国的重视。我国罗士韦教授于 1984 年最早介绍了人工种子，1987 年开始我国将人工种子纳入国家高技术发展计划（“863”计划）。十多年来，国内外对胡萝卜、苜蓿、莴苣、芹菜、根芹、小麦、大麦、水稻、柑橘、葡萄、黄连、西洋参、松树、云杉、杨树、橡胶树、百合、红鹤芋、花叶芋等 30 余种植物进行了人工种子的研究。在美国，芹菜、苜蓿、花椰菜等人工种子已投入生产并打入市场。人工种子研究虽然刚刚起步，但已给农林园艺各行业展示了诱人的前景。

就目前研究情况来看，某些对控制体细胞变异要求不十分严格的种子以及花卉、蔬菜、林木的杂交种，可能比禾本科粮食作物更容易利用人工种子技术。包裹芽或小鳞茎等营养体与扦插繁殖相类似，若能在有菌条件下直接萌发成苗，会有更大的应用价值。人工种子与设施农业、无土栽培技术相结合，将大大推动人工种子的早日应用。

1.5 与植物组织培养相关的几个概念

1.5.1 植物细胞的全能性

植物细胞全能性（totipotency）是指植物体的每个细胞都含有该植物全部的遗传信息，在适合的条件下，具有形成完整植株的能力。

细胞全能性的定义主要有下面 3 个含义：

（1）植物细胞无论是体细胞还是生殖细胞均具有该物种的全套遗传信息。

（2）只有在适宜的条件下，植物细胞才具有发育成完整植株的能力。

（3）植物每个细胞均具有发育成完整植株的能力。

从理论上讲，只要是一个生活的细胞，都有再生出一个完整植株的潜力，但实际情况并非如此简单。比如，在自然状态下，由于细胞在植物体内所处位置及生理条件的不同，它的分化受到各方面的调控，致使其所具有的遗传信息不能全部表达出来，所以只能形成某种特化细胞，构成植物体的一种组织或一个器官的一部分。由此可以说明条件是十分重要的，或者说是关键的，只有在合适的条件下，细胞潜在的遗传能力才会表现出来。植物组织和细胞培养技术就是以细胞全能性作为理论依据，用人为的方法创造出一个适合于生长的理想条件，使细胞的全能性得以发挥。

1.5.2 细胞分化、脱分化与再分化

细胞分化（differentiation），是指由于细胞的分工而导致的细胞结构和功能的改变或发育方式改变的过程，即细胞功能特化的过程。在植物个体发育过程中，细胞分化是“前导”，细胞的分化导致形态的发生，从而形成不同器官，不同器官又执行着不同功能。分化主要是由细胞内的基因决定的，也就是说分化是基因在时间和空间两个方面顺次表达的结果。

高等植物中，细胞分化的结果是形成具有根端和茎端的胚胎（种子），根端和茎端分生细胞不断分裂和分化导致种子萌发，接着经过一系列的形态发生过程，建成具有不同功能的器官（根、茎、叶、花、果、种子），最后完成植物个体发育周期。

细胞脱分化（dedifferentiation），是指一个成熟细胞回复到分生状态或胚性细胞状态的现象，即失去已分化细胞的典型特征。

在正常的自然状态下，已经分化的细胞不会再恢复分裂能力重新开始细胞分裂，直到植物体死亡为止。而植物组织培养中，一个已分化的、功能专一的细胞要表现它的全能性，首先要经过一个脱分化的过程，改变细胞原来的结构、功能而回复到无结构的分生组织状态或胚性细胞，然后细胞再分化，经过形态建成，最后产生完整的植株。

细胞再分化（ridifferentiation），是脱分化的分生细胞重新恢复细胞分化能力，沿着正常的发育途径，形成具有特定结构和功能的细胞。

细胞再分化通过两种途径实现，一种是胚胎发生；另一种是直接分化器官，再形成植株。大多数培养物是从器官发生的途径再生植株的，即脱分化的细胞在适当的条件下分化出不同的细胞、组织，直至形成完整的植株。

一个已分化细胞要表达出其全能性，就要经过脱分化和再分化的过程，这就是植物组织和细胞培养所要达到的目的。设计培养基和创造合适培养条件的主要原则就是如何促使植物组织和细胞完成脱分化和再分化，培养的主要工作就是设计和筛选培养基，探讨和建立合适的培养条件。

1.5.3 形态建成

形态建成（morphogenesis），又称形态发生，就是生物个体发育或再生过程中，机体及其器官形态结构的形成过程。植物组织或细胞离体培养中的形态发生由器官发生或体细胞胚胎发生这两种途径形成再生植株。

第 2 章　园艺植物组织培养实验室与设备

植物组织培养的本质就是在无菌条件下培养植物的细胞、组织和器官。要达到无菌操作和无菌培养就需要人为创造无菌环境，并配置相应的设备。实验室的建设和设备的配置取决于研究目的和研究经费等条件。

2.1　实验室组成

植物组织培养实验室设置的基本原则是科学、高效、经济、实用，对于园艺植物组织培养来说，它必须满足 3 个基本的需要，即：实验准备（包括培养基配制、器皿洗涤、培养基和器皿灭菌等）、无菌操作和控制培养。此外，可根据所从事的实验要求来考虑辅助实验室及其各种附加设施，使实验室更加完善。

2.1.1　基本实验室

基本实验室包括准备室、接种室和培养室，是一般园艺植物组织培养所必须具备的基本条件。

2.1.1.1　准备室

准备室的功能就是进行一切与实验有关的准备工作。这些工作包括器皿的洗涤，培养基的配制与分装，培养基和器皿的灭菌，培养材料的预处理等。通常研究中，尤其是在试管苗的快速繁殖中，洗涤器皿、配制培养基和消毒培养基等工作分别在不同的房间进行，因此，相应的准备室一般也应由以下几部分组成：

（1）洗涤室　主要用于培养容器、玻璃器皿、用具和培养材料的洗涤。洗涤室需要有工作台面、上水管和下水管、水池、落水架、电源、干燥箱等。

（2）药品室　用于存放无机盐、维生素、氨基酸、糖类、琼脂、生长调节物质等各种化学药品。要求室内干燥、通风、避免光照。室内设有药品柜、冰箱等设备。各类化学试剂应按要求分类存放，需要低温保存的药剂应置于冰箱保存。有毒药品应按规定存放和管理。

（3）称量室　要求干燥、密闭、无直射光照。根据需要，配备不同类型和不同感量的天平。除电源外，应设有防震固定的台座，以承载天平。

（4）培养基配制室　用于配制、分装培养基以及培养基的暂时存放。室内应配有烧杯、量筒、移液器等各种量取器具，有平面实验台以及放置药品和器皿的各类药品柜、器械柜、物品存放架，有水浴锅、微波炉、过滤装置、搅拌器、酸度计、分注器及贮藏母液的冰箱等。

（5）灭菌室　用于器皿、器械、封口材料和培养基的消毒灭菌。要求墙壁耐湿、耐高温。室内需备有高压蒸汽灭菌装置、细菌过滤装置、鼓风干燥箱等。

上述的分体式的设计将准备室分解成不同的房间，各房间相互独立，功能明确，便于管理，但不适于大规模生产操作。若用于规模化生产，准备室可设计成大的通间，使实验操作的各个环节在同一房间内按程序完成。通间式设计的优点是准备实验的过程在同一空间进行，便于程序化操作与管理，实验中减少了各环节间的衔接时间，从而提高了工作效率。同时，大的准备室还便于培养基配制、分装和灭菌的自动化操作程序设计，从而减少规模化生产的人工劳动，更便于无菌条件的控制和标准化操作体系的建立。当然，无论哪种设计，准备室都要求通风条件好，便于气体交换。同时，实验室地面应便于清洁，并应进行防滑处理。

2.1.1.2 接种室

接种室是进行植物材料分离和培养体转移的一个重要场所，所以也称无菌操作室（clean chamber）。接种室要求封闭性好，干燥清洁，能较长时间保持无菌。因此，接种室不应设在潮湿的地方，房间面积根据实验需要和环境控制的难易程度而定，一般不宜过大。接种室一般应安装滑动门，以避免空气流动带入杂菌。为便于清洁和灭菌，室内墙壁和地面应采用防水和防腐蚀材料，如防水涂料和瓷砖等，要求做到光滑无缝，同时在顶部适当位置吊装1~2盏紫外灭菌灯，用以灭菌。一般新建实验室的接种室在使用之前应进行灭菌处理，处理方法可采用甲醛和高锰酸钾熏蒸。使用中的接种室应定期进行灭菌处理。

超净工作台是接种室内最常用的装置，工作台的放置应避免工作面相对而置，以免因工作台面之间空气的对向流动而引起交叉污染。为保证整个无菌室的良好条件，可在前一天预先用福尔马林和高锰酸钾熏蒸，工作台用70%酒精药棉擦拭。在打开紫外灯灭菌前应把所有工作所需物品放入。室内禁止存放与工作无关的东西，也不要造成死角，以免紫外灯无法照射到。

接种室外最好设置缓冲间，工作人员进入接种室之前在此更衣换鞋，以减少进出时带入杂菌。缓冲间与接种室之间以玻璃相隔，有利于观察和参观。缓冲间最好也安装一盏紫外灯。

2.1.1.3 培养室

培养室的功能是对离体材料进行控制条件下的培养，它是任何性质的组织培养实验室均不可缺少的组成部分。培养室的基本要求是能够控制24h内的光照、温度和湿度，并保持相对的无菌环境，因此，培养室应保持清洁和适合的空气湿度。为节省空间和能源，培养室通常应配置固定式培养架、旋转式培养架、转床和摇床、控温、控光、调湿设备，以满足器官、愈伤组织、细胞和原生质体的固体和液体培养的需要。

培养室要保持温度均匀一致，多数情况下保持在20~27℃。为防止培养基的干燥和菌类污染，室内相对湿度以保持70%~80%为宜。温湿度的保持可用空调机或调湿机通过继电器、石英定时开关、控温仪等来控制。此外，为满足培养材料生长对气体的需要，在必要时还应安装培养室的换气装置。

对于研究性实验室，通常可根据光照时间设置成长日照、中日照和短日照培养室，也可以根据温度设置成高温和低温培养室。每个培养室的空间不宜过大，以便于环境的均匀控制。对于某些精细培养类型如对细胞培养和原生质体等的培养，也可以采用光照培养箱或人工气候室代替培养室，但由于这些设备的空间有限，一般在植株再生后均需移入较大空间的培养室继续培养。

此外，为避免虫类侵染，培养室内及培养室附近应尽量避免放置盆花等植物。

2.1.2 辅助实验室

辅助实验室是根据研究或生产的需要而配套设置的专门实验室，主要用于培养过程中的细胞学观察和小植株的移栽驯化等。

2.1.2.1 细胞学观察室

用于观察、记录培养材料的生长情况、对培养材料进行细胞学鉴定和研究，由制片室和显微观察室组成。制片是获取显微观察数据的基础，制片室一般配备有切片机、磨刀机、温箱以及样品处理和切片染色的设备等。由于制片过程中常用到具有一定危害性的药品如二甲苯，因此室内应安装通风橱，并有相应的废液处理设施。显微观察室放置的设备主要是各种显微镜、解剖镜和图像拍摄、处理设备，因而要求房间清洁、明亮、干燥，防止潮湿和灰尘污染。

2.1.2.2 驯化移栽室

用于试管苗移栽，通常在温室或塑料大棚内进行。室内备有喷雾装置、遮阴网、移植床等设施，如钵、盆、移植盘等移植容器，珍珠岩、草炭、蛭石、沙子等移植基质。试管苗移植一般要求温室最低温度在15℃，最高温度35℃，相对湿度70%以上。

2.1.3 实验室设计

典型的植物组织培养实验室应该包含准备室、接种室、培养室、细胞学观察室和移栽驯化室这5个部分。实际工作中可根据具体情况和时间、工作的性质和任务，灵活掌握实验室设计，以满足上述工作开展的需要。其中主要的是保证无菌培养的顺利进行。在此前提下，尽量将组培室的各个功能实验室有机地结合起来，做到方便实用。图2－1表示植物组织培养室的一般分区布局。

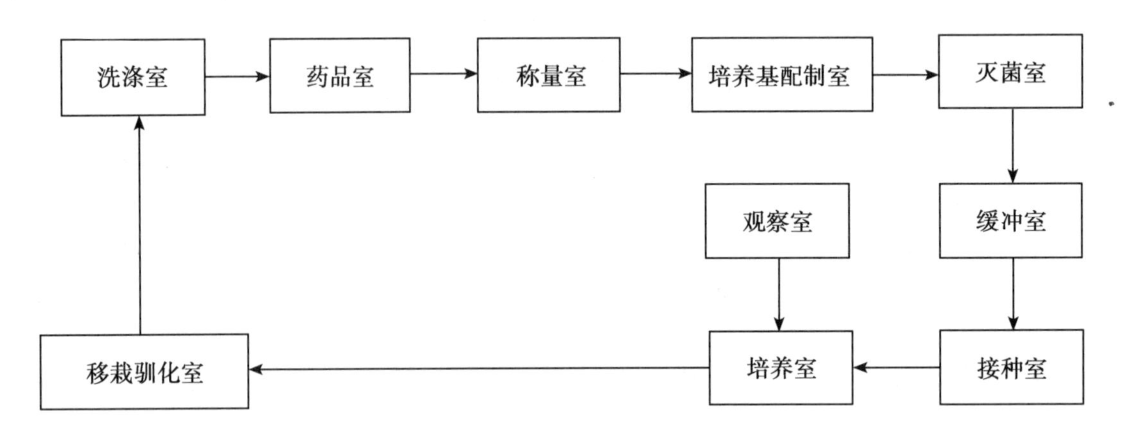

图2－1 植物组培室的分区布局

实验室设计的一般原则是按照工艺流程顺序排列，即以组培苗生产环节为主线合理分布。每个组成部分最好能按工作的自然程序连续排列，以方便工作，如洗涤室应该在药品室和称量室之前，接种室应与培养室相邻。

为充分发挥各区的作用，应合理设计各分区大小、比例。一般培养室的大小应根据培养架的数目、生产规模，及其他附属设备而定。其设计以充分利用空间和节省能源为原则，周围墙壁要求具备绝热、防火的性能。一般将培养室的有效面积，即培养架所占面积按2/3计算。温室大小应参照培养的主要苗木及其他需要而定。

对于大型商业化生产实验室，为了减少污染，组培实验室最好设封闭过道，人员从外边进入，先经过一个缓冲走廊为好。

光照是植物生长的必需因子，为植物生长提供合适的光照是培养室的基本要求之一。培养室的采光有自然光照和人工光照两种，通常采用人工光照的方法。近20年来，人们逐渐尝试采用自然光，如用玻璃墙面代替普通墙面，将墙面设计成圆形或半圆形的，以节省能源消耗。但玻璃墙面的培养室存在夏季温度过高、冬季温度过低的问题，尤其是在北方，夏要降温，冬要加温，反而增加了成本。因此，采用自然光照要因地制宜。北方地区培养室宜选用向阳面，两面采光，加大窗户，最好利用双层玻璃，以利隔热和防尘。也有的培养室将培养架设计成倾斜式，面朝窗户以充分利用室外日光，效果也不错。

2.2　基本设备配置

植物组织培养需要的基本设备包括灭菌设备、无菌操作设备、培养设备等，此外，培养过程中还需要一些小型器械和器皿。

2.2.1　常规仪器与设备

（1）培养设备　根据培养目的和预定培养方式的不同，选择使用固定培养架、恒温培养箱、生化培养箱、人工气候箱、植物生长箱、震荡培养箱、生物反应器等。其中培养架因具有成本低、设计灵活、可充分利用培养室空间等优点，是目前所有植物组织培养室植株繁殖培养的通用设施。培养架的设计以操作方便、最大限度利用培养室内空间为原则，培养架材料为金属、铝合金或木制品，隔板可用玻璃板、木板、纤维板、金属板等，最好使用玻璃板或铁丝网，既透光，上层培养物又不至于过热。为使用方便，通常设计5～7层，最低一层离地面20～50cm，以上每层间隔35～50cm，一般不小于25cm，总高1.7～2.3m，宽度以不超过臂长为宜，以便于操作。一般在每层上方装置日光灯以供补充光照，培养架的长度可根据房间大小和灯管长度灵活设计（图2－2）。每层光照强度可根据培养植物的特性确定，以每平方米面积的照度计算，然后确定每层培养架需要安装的灯管数。

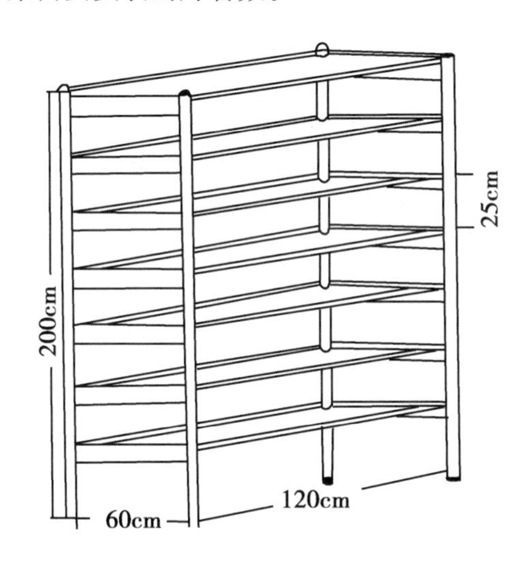

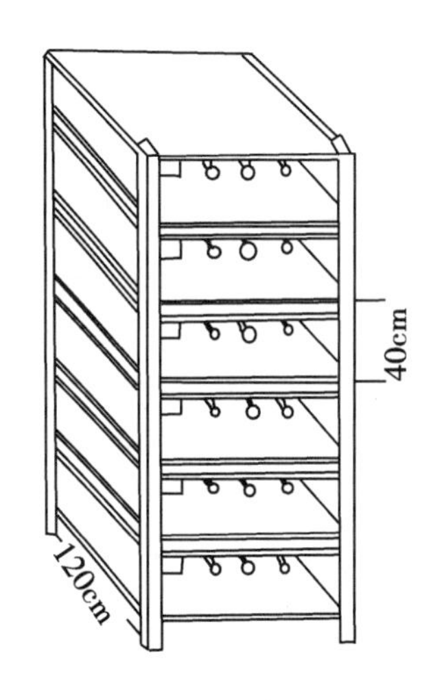

图2－2　培养架

（引自沈海龙，2005，稍作修改）

对于一些要求精确控制的培养室如细胞培养、原生质体培养等，在培养初期至成苗前需要在培养箱中培养，以便于温度、光照等条件的精确控制。植物培养箱一般采用光照培养箱，其光照强度和时间可按实验需要设置并能自动控制。对于某些特殊需要的培养也可选择 CO_2 培养箱、湿度控制培养箱等。

（2）烘箱　烘干洗净的玻璃器皿、干热灭菌或进行培养物的干重分析时用。

（3）空调、加热器、加湿器　用来调节培养室的温度和湿度。

（4）灭菌设备　高压蒸汽灭菌锅是培养基和器械用具等灭菌所必不可少的，有大型卧式、中型立式、小型手提式等多种，一般小型的以电作热源，大型的用煤气作热源，工作中可根据生产规模选用。培养基的高压灭菌，一般掌握 $1kg/cm^2$（2个大气压）约120℃，保持10～20min，用具及灭菌困难的时间可适当延长。灭菌完毕后需等温度下降，内部压力与外部一致时才打开。现在不断有各种微电脑控制的全自动高压蒸汽灭菌锅上市，一般都有较好的保护措施，使用相对安全。

（5）冰箱和冰柜　试剂和母液贮藏、实验材料和细胞组织的冷冻保藏及某些材料的预处理等都要用到冰箱。可根据情况配置家庭用冰箱，或专用的低温冰柜（0～5℃范围，一般4℃恒温控制）。

（6）振荡和旋转培养机　细胞和愈伤组织的液体培养同时需要进行振荡，以改进氧气的供应，保护培养的分散悬浊状况。振荡培养机的型号很多，可根据植物细胞的特点来选择适宜的振荡频率和振幅。振荡的速度依培养材料的种类和目的而定，每分钟振荡60～120次的为低速，120～250次的为高速。植物的细胞和组织培养一般每分钟振荡100次左右（沈海龙，2005）。

旋转培养机与振荡培养机功能类似。旋转培养可使植物材料交替地处于培养液和空气中，因而氧气的供应及营养的利用较振荡培养更好，而且旋转机器比振荡机器的磨损小。植物组织培养通常采用每分钟1～2转的速度。

（7）天平　大量元素、蔗糖、琼脂等的称量用精确度为0.1g的普通天平，微量元素、维生素、植物生长调节物质等称量用精确度为0.1mg的天平。

（8）酸度计　配制培养基时必须用酸度计进行培养基pH值的调整。使用过程中一定要注意保护好玻璃电极，使用后电极应用蒸馏水冲洗干净。

（9）显微镜　显微镜的种类比较多，可根据需要选用实体显微镜、倒置显微镜或电子显微镜等。

实体显微镜用于隔瓶观察内部植物组织生长情况和剥离操作；倒置显微镜可从瓶底观察培养物，进行液体培养时最常用；相差显微镜可以观察到细胞中透明物的微结构及凹凸面；干涉显微镜可以测定各种细胞结构的光程差，据此测定细胞和组织的干重；电子显微镜则可进行更精细结构的观察。

显微镜上要求能安装或带有照相装置，可根据需要随时对所需材料进行摄影记录。

（10）蒸馏水制造装置　大规模组织培养的实验室一般需配备蒸馏水器，用来制备蒸馏水和去离子水。

（11）超净工作台　超净工作台是植物组织培养无菌操作最常用的装置。其工作原理是通过风机将送入的空气经过细菌过滤装置，再流经工作台面，在操作人员和操作台之间形成超净空气层流。由于进入台面的空气净化，除去了其中的真菌、细菌孢子等，保证了台面的无菌状况。超净工作台根据风幕形成的方式可分为垂直式和水平式两种，按大小可分为单人单面、双人单面、双人双面，按系统又分为开放式和密闭式。

2.2.2　玻璃器皿

培养基配置和贮存、植物材料的培养需要大量的玻璃器皿。玻璃器皿要求由碱性溶解度小的优等硬质玻璃制成，最好是用硼硅酸盐材料制成的，以保证长期贮存药品及培养的效果；培养容器还要求透光性好，能耐高压灭菌。

（1）培养器皿　常用的有试管、三角瓶、培养皿、果酱瓶或罐头瓶、太空玻璃杯等，每种器皿各有其特点。试管占用空间小，单位面积可容纳的数量多，初代培养及实验处理较多时使用方便；三角瓶培养面积大，利于组织生长，受光好，瓶口小，有利于减少污染，可静置也可振荡培养；培养皿培养面积大，但不适合振荡培养；果酱瓶或罐头瓶作为专门器皿的代用品，瓶口大，操作方便，成本又低；太空玻璃杯具有高压灭菌条件下反复使用不破裂、不变形、透光率高、使用寿命长等优点，适合于大规模或工厂化生产。在实验中应根据培养的目的、材料的特点以及规模的大小来选用合适的培养器皿。无论选用哪种容器，都要先考虑其是否能经受高温高压灭菌处理。

（2）*盛装容器*　包括磨口瓶、分注器、滴瓶、锅具等。

磨口瓶分为广口瓶和细口瓶，规格从50~1 000ml不等，用于贮存试剂和母液，见光易分解的药液应选用棕色瓶保存。分注器用于将配制好的培养基按量注入培养容器中，一般的分注器由直径4~6cm的大型滴管、漏斗、橡皮管及铁架组成，根据分注量的多少可选用量筒或移液枪、注射器等代替。滴瓶用于盛装调节pH值所用的酸液和碱液等。

（3）*计量容器*　包括容量瓶、量筒、移液枪和移液管等。

容量瓶用于配制培养基时定容，其他主要用于配制培养基时吸取母液。

（4）*其他玻璃器皿*　称量瓶、酒精灯、玻璃棒等在配制溶液或接种外植体时也常用到。

2.2.3　器械用具

（1）*镊子*　材料的接种、转移以长16~25cm的枪形镊为好，这种镊子尖端圆钝，有一定角度，在三角瓶中操作方便，也不致伤害材料。分离表皮或去掉某些部分，用力较大时，则以小型尖头镊子为好。分离茎尖等精细操作则用钟表镊子为好，其尖端锋利，一定程度上可以代替剪刀使用。这些镊子均由不锈钢制成。

（2）*剪刀*　制备叶片、茎段等外植体时，尤其是继代培养需要在试管、三角瓶内大量剪取茎段等进行转接时，常用医用解剖刀和弯头手术剪刀。由于其头部弯曲，便于伸入到三角瓶中分离材料。取较硬的外植体，特别是木质化程度较高的枝条时，常用剪枝剪。

（3）*解剖刀*　切割接种材料时常用医用解剖刀。解剖刀依大小不同有不同规格型号，刀柄由不锈钢材料制成，刀片可以更换。现在较常用一次性刀片，这样可以避免刀片在酒精灯上长期烘烤造成氧化，在切割外植体时留下铁屑，影响外植体吸收养分。

（4）*钻孔器*　钻取叶盘、肉质茎、块茎和肉质根内部的组织时使用。一般为T型，口径有多种规格。用时要预先进行消毒。取更小的组织时还可采用眼科用的套管。

（5）*细菌过滤器*　有的培养基中含有加热易分解的化学物质，如IAA、L-谷氨酰胺等，不能采用高压灭菌法，须采用细菌过滤器将杂菌除去，再加入经灭菌并冷却到适宜温度的培养基中。过滤的漏斗有各种规格，常用的有金属制的蔡氏漏斗，以石棉微孔滤膜（孔径为0.45cm）除去细菌。对少量溶液的灭菌可采用注射器型。注射器的先端装置灭菌用漏斗，注射器内放入需灭菌溶液，加压使液体通过漏斗时得到过滤。还有一种是吸引型，漏斗下安装流水或真空泵进行抽引，可对较大量的溶液进行过滤。

（6）*其他*　接种花药或移植植物组织时，可用由白金丝或镍丝制成的接种针、接种钩、接种铲等。在超净工作台上对接种器械进行消毒时常用到电热消毒器或酒精灯。在配制培养基过程中还常用到pH计、磁力搅拌器、微波炉、试管架、托盘等。

2.3　实验室管理

2.3.1　玻璃器皿的洗涤与存放

植物组织培养过程中的常规工作之一，就是洗涤培养瓶和其他常用器皿。植物组织培养中对玻璃器皿的清洁程度要求较高，要求将有机物、油脂等污物去掉。新购入的玻璃器皿必须彻底清洗之后才能使用，一般用1%的稀盐酸溶洗无机物。使用过的玻璃器皿也应立即清洗。当玻璃器皿上沾有蛋白质或其他有机物时，应用稀盐酸或重铬酸钾洗液浸泡数小时，或过夜，再用清水洗净。有的污物需用温热的洗衣粉溶液清洗。不论哪种方法洗涤，都应注意最后一定用清水冲净玻璃器皿上残留的洗液，再用蒸馏水漂洗干净。

洗干净的器皿应置于烘箱内，在75℃下干燥或常温下晾干，然后贮存于防尘橱中。在干燥过程中，各种玻璃器皿如三角瓶和烧杯等都应口朝下放，以便使里面的水能尽快流出。干燥各种器械或易碎或较小的物件时，应在烘箱的架子上放上滤纸，将它们置于纸上。

在清洗器皿处应有较大的水池，池底铺橡胶垫，以减少器皿的破损。除水池外，还应备有各种洗涤用剂，若干塑料盆和塑料桶，各种规格的刷子，用于晾干培养容器的架子和存放培养容器的架橱。

2.3.2 实验室的灭菌

无菌操作是植物组织培养的关键技术，除了对培养基、培养材料、接种工具和接种器皿彻底灭菌外，还要提供近乎无菌的操作和培养环境。

一个新实验室在投入使用前必须彻底消毒灭菌，使用过程中也应定期灭菌。环境的灭菌一般采用紫外线照射或气体熏蒸的方法。培养室、接种室的空气灭菌一般可用紫外线照射，但紫外线对人的眼睛和皮肤有一定伤害，使用时应注意。熏蒸剂常用甲醛加高锰酸钾，可用每100ml甲醛加5g高锰酸钾为一个使用单位，具体做法是在每$20m^2$的范围内放置1个单位剂量。为避免其气体对人体的危害并达到较好的消毒效果，一般熏蒸期间应将实验室封闭3~5d。实验室每次使用前还可喷洒70%~75%酒精、过氧乙酸或2%的新洁尔灭菌液。其他功能实验室的环境控制可根据情况选用紫外灯定期照射或用其他消毒剂。

第3章　园艺植物组织培养操作流程

园艺植物组织培养的操作流程一般有以下5个步骤：①培养基的制备；②无菌培养的建立；③诱导外植体生长与分化；④完整植株的形成；⑤移栽。

3.1　培养基成分及其作用

培养基（culture medium）是植物组织培养的物质基础，也是植物组织培养能否获得成功的重要因素之一。其成分及供应状况直接关系到培养物的生长与分化，因此了解培养基的成分、特点及其配制至关重要。自然状态下生长的绿色植物由于自身能进行光合作用，并且能合成植物生长发育所需的几乎所有有机成分，加上土壤中含有较全面的无机和有机营养成分，所以只需在适当的时候施加少量的无机和有机肥（复合成分），植物就可良好地生长。在离体培养条件下，培养基就是外植体生长的“土壤”，因此整株植物生长所必需的营养元素，在培养基中都应该有。此外，根据需要，还常常在培养基中加入一些非必需但有利于某些植物生长的有益元素。

就培养基的成分而言主要包括4类，即：①无机营养（包括大量元素、微量元素和铁盐）；②有机成分（包括维生素、氨基酸或某些有机混合物）；③植物生长调节物质；④碳源、能源。此外，在部分培养基中还添加有活性炭、一种至多种氨基酸、渗透压调节剂，或一些天然的植物组织提取物。

3.1.1　无机营养

无机营养包括水和各种无机盐类，它们提供了除碳源以外的几乎所有的营养元素。水是植物原生质体的主要组成成分，也是一切代谢过程的介质和溶媒，为生命活动不可缺少，它提供H和O元素。

无机盐类包括植物生长所需的大量元素和微量元素。按照国际植物生理协会的建议，植物所需要的浓度大于0.5mmol·L^{-1}的元素为大量元素，包括碳（C）、氢（H）、氧（O）、氮（N）、磷（P）、硫（S）、钾（K）、钙（Ca）、氯（Cl）和镁（Mg）；所需要的浓度小于0.5mmol·L^{-1}的元素为微量元素，包括锰（Mn）、钴（Co）、铁（Fe）、锌（Zn）、硼（B）和钼（Mo）等，它们在植物生长过程中起着非常重要的作用。例如，镁是叶绿素分子的一部分，钙是细胞壁的组分之一，氮是各种氨基酸、维生素、蛋白质和核酸的重要组成部分。无机盐在水溶解时发生解离，形成离子，这些离子即是培养基中的活性因子。一种营养元素可以由一种以上的盐提供。

3.1.1.1　大量元素

N是蛋白质、酶、叶绿素、维生素、核酸、磷脂、生物碱等的组成部分，在植物生命活动中占有首要的位置，又称为生命元素。培养基中的N常以硝态氮（NO_3^-）和氨态氮（NH_4^+）两种形式存在。当作为唯一的氮源时，硝酸盐的作用要比氨盐好得多，但在单独使用硝酸盐时，随着硝酸盐的利用，培养基的pH值会逐渐增大；反之，当以氨盐为唯一氮源时，培养基的pH值会向酸性方向漂移。因此，大多数培养基中将硝酸盐和氨盐按一定比例配合使用。需要注意的是，两种形态氮水平的相对比例对培养物的细胞分裂和分化有显著影响。一般来说，较高水平的硝态氮有利于细胞增殖和胚性愈伤组织的诱导，较高水平的氨态氮则有利于促进器官分化和体细胞胚胎的形成。

P是磷脂的主要成分，而磷脂又是原生质、细胞核、生物膜的重要组成部分。磷也是ATP、ADP等的组成成分。培养基中添加磷，不仅可为培养材料的生长提供养分和能量，而且可促进N的吸收，增加蛋白质在植物体内的积累。培养基中P通常以KH_2PO_4或NaH_2PO_4等形式添加。

K参与细胞分裂、碳水化合物合成与转移，以及氮素代谢等生命活动。K增加时，蛋白质合成增加，维管束、纤维组织发达，对胚的分化有促进作用。缺钾时，组织的活力和抗性降低。培养基中K浓度变化对多数培养物的生长影响不大，但一些植物对高水平的钾很敏感，例如，降低培养基中K离子的含量可以减轻杜鹃花茎尖培养物的褐变。培养基中使用的钾盐有KNO_3、KCl、KH_2PO_4、K_2SO_4等。

Mg、S、Ca是叶绿素的组成成分，又是激酶的活化剂，对核蛋白体结构具稳定作用。S还是S氨基酸和蛋白质的组成成分，S和Mg常由$MgSO_4 \cdot 7H_2O$提供，用量一般为$1 \sim 3mg \cdot L^{-1}$。Ca是植物细胞壁的组成成分，对细胞分裂、稳定质膜结构有显著作用，Ca及钙调素（CaM）还在细胞信号转导中起重要作用。培养基中Ca通常以$CaCl_2 \cdot 2H_2O$形式提供。

3.1.1.2　*微量元素*

微量元素在植物组织培养中的需要量很少，其主要作用是作为酶的辅助因子或激活剂参与代谢的调节。如果使用过多，会出现培养材料的蛋白质变性、酶失活、代谢障碍等毒害现象。

在各种微量元素中，Fe似乎更为重要，用量也较大，它是一些氧化酶的组成成分，同时又是叶绿素形成的必要条件。铁还有利于促进体细胞胚的形成、芽的分化和幼苗的转绿。缺铁时愈伤组织的细胞分裂停止，叶绿素的形成受阻。一般的铁盐在较高pH值（pH≥5.2）时易产生氢氧化铁沉淀，难以被培养的植物材料吸收而导致缺铁症，因此，在实际培养中通常使用难分解的乙二胺四乙酸铁这种螯合物来提供。但愈伤组织能分泌与铁离子相结合的稳定螯合物，可以在一定程度上利用铁盐。

植物组织培养中Mn的重要性仅次于铁，它对维持叶绿体超微结构和光合作用过程是必需的；B与蛋白质合成、糖类运输有着密切的关系，严重缺乏时导致细胞分裂停滞；Cu是某些氧化酶的成分，能够促进离体根的生长；Mo参与氮素的代谢；Cl是光合作用水光解的活化剂。

3.1.2　有机营养成分

培养物的营养方式与完整植株有根本的不同，完整植株具有根茎叶等器官，这些器官各司其职，协同合作，通过新陈代谢从环境中吸收营养，以自养方式建造自身。而培养物仅仅是完整植株的一部分，缺乏完整植株那样的自养机能，一般难以直接利用环境中的光和CO_2合成碳水化合物，也不能合成足够的维生素等有机物。为使离体培养的植物组织正常生长，我们必须在培养基中加入碳源、维生素、氨基酸等有机营养成分。

（1）*碳源*　碳源物质包括糖类物质、醇类物质和有机酸，以糖类物质最为重要。碳源除了在培养基中提供培养物所需的碳骨架和能源外，还可以在一定功能程度上调节培养基的渗透压。一般来说，蔗糖是最好的碳源，它具有热易变的性质，经高压灭菌后，大部分分解为D－葡萄糖、D－果糖，从而更有利于培养材料的吸收和利用。不同糖类对培养物生长具有不同影响，一般来说，蔗糖比其他碳源更有利于离体植物根的生长，而右旋糖（如葡萄糖）更有利于单子叶植物根的生长。矮生苹果的组织培养物在以山梨醇、蔗糖或葡萄糖作碳源时都能很好生长。红杉属植物和玉米胚乳的培养物甚至可以利用淀粉作为唯一的碳源（沈海龙，2005）。其他常使用的碳源还有麦芽糖、甘露糖、半乳糖和乳糖等。

糖的浓度不只是对细胞增殖起作用，同时也是影响细胞分化的因素之一，其使用浓度根据培养目的的不同而异，一般为2% ~5%。如在胚培养时采用相对高的浓度，因为蔗糖对体细胞胚的发育起重要作用；在花药培养中，适当提高蔗糖浓度可以促进分化。

（2）维生素类 维生素在植物细胞里主要是以各种辅酶的形式参与多种代谢活动，对生长、分化等有很好的促进作用。常用的有维生素 B_1（盐酸硫胺素）、维生素 B_6（盐酸吡多醇）、维生素 B_5（烟酸）、维生素C（抗坏血酸）、有时还使用维生素H（生物素）、维生素M（叶酸）、维生素 B_2（核黄素）等，其中，维生素 B_1 可能是几乎所有植物都需要的一种维生素，缺乏时离体培养的根就不能正常生长或生长极其缓慢。维生素 B_6 可促进根的生长，维生素 B_5 与植物代谢和胚的发育有关。维生素的用量一般为0.1 ~1.0mg · L^{-1}。

（3）肌醇 肌醇是多种植物代谢途径的关键中间产物，并在糖类的相互转化中起重要作用。肌醇通过参与生物合成，产生细胞基本成分如抗坏血酸、果胶和半纤维素等，对器官的形态建成产生影响。适当使用肌醇能促进愈伤组织的生长以及胚状体和芽的形成，对组织和细胞的繁殖、分化及细胞壁的形成也有作用。肌醇的使用浓度一般为50 ~100mg · L^{-1}。由于肌醇可由磷酸葡萄糖转变而成，并进一步形成果胶物质，因此，有些培养中可省去不用。

（4）氨基酸 氨基酸是蛋白质的组成部分，也是一种很好的有机氮源，可直接被细胞吸收利用。植物组织培养中使用氨基酸可以刺激细胞生长，诱导形态建成，尤其是体细胞胚的发生。培养基中最常用的氨基酸是甘氨酸，其他如精氨酸、谷氨酸、谷氨酰胺、天冬酰胺、丙氨酸也常用。有时也用水解乳蛋白、水解酪蛋白，他们是牛乳经水解加工的产物，大约含有20种氨基酸，用量在10 ~1 000mg · L^{-1}之间。

（5）天然复合物 为了促进某些愈伤组织和器官的生长，在培养基中还常加入多种化学成分不明的、天然的有机营养物质，如水解酪蛋白、椰乳、玉米胚乳，麦芽浸出物和酵母浸出物等。其成分比较复杂，大多含氨基酸、植物生长调节物质、酶等一些复杂化合物，对细胞和组织的增殖与分化有明显的促进作用，所以在一些实验中常应用。其中，椰乳是使用最多，效果较好的一种天然复合物。其他常用的还有香蕉汁、马铃薯汁等。近年来，在培养中尝试添加的天然复合物种类越来越多，如樱桃汁、落地生根属植物的浸提物，甚至有人使用人参、西洋参粉和蜂王浆等。

这些成分不定的天然提取物所含有的有利于培养物生长或分化的成分，常由于供体的产地、季节、气候、株龄及栽培条件等多种不同因素的影响，而在质量或数量上有大的差异，以至于无法进行定性定量分析，实验结果也难以重复。因此，在研究性的培养工作中应尽量避免使用这些天然复合物，仍以采用成分确定的化合物更为可靠。

3.1.3 植物生长调节物质

植物生长调节物质包括植物激素和植物生长调节剂两大类，前者是植物体内天然产生的，后者是人工合成的。生长调节物质对于离体培养中的细胞分裂和分化、器官形成与个体再生等均起着重要而明显的调节作用。一般来讲，基本培养基只能保证培养物的生存，维持其最低的生理活动，必须配合使用生长调节物质才能完成离体培养中按照需要设计的各个调节环节，生长调节物中对植物组织培养影响最显著的是生长素和细胞分裂素。表3－1列出了培养中常用的植物生长调节物质。

表3-1 植物组织培养中常用的植物生长调节物质

中文名称	英文名称	缩写	相对分子质量
对氯苯氧乙酸	ρ - chlorophenoxy acetic acid	ρCPA	186.6
二氯苯氧乙酸	2,4 - Dichloro - phenoxyacetic acid	2,4 - D	221.0
吲哚乙酸	indole - 3 acetic acid	IAA	175.2
吲哚丁酸	indole - 3 - btyric acid	IBA	203.2
α - 萘乙酸	α - naphthalene acetic acid	NAA	186.2
β - 萘乙酸	β - naphthoxy acetic acid	βNOA	202.3
腺嘌呤	adenine	A	189.1
硫酸腺嘌呤	adenine sulphate	—	404.4
6 - 苄基腺嘌呤	6 - Benzylam inopurine	6 - BA	225.2
异戊烯氨基嘌呤	isopentenylaminopurine	2iP	203.3
玉米素	zeatin	ZT	219.2
激动素	kinetin	KT	215.2
赤霉素	gibberellic acid	GA	346.4
脱落酸	abscisic acid	ABA	264.3
苄基噻二唑基脲	thidiazuron	TDZ	220.2

（1）*生长素类* 在整株植物中，生长素的主要作用是通过促进细胞分裂和伸长，促进扦插生根、抑制器官脱落、性别控制、延长休眠、顶端优势、单性结实等作用。在组织培养中，生长素主要被用于诱导细胞分裂和伸长、愈伤组织的形成以及根的分化。生长素与细胞分裂素的协调作用，对于培养物的形态建成十分必要。在离体培养的分化调节中，生长素促进不定根的形成而抑制不定芽的发生。在液体培养中，生长素还有利于体细胞胚胎发生。组织培养中常用的生长素有IAA（吲哚乙酸）、NAA（α-萘乙酸）、2,4-D（二氯苯氧乙酸）、IBA（吲哚丁酸）等。IAA为广泛分布于植物中的天然生长素，其活力较低，对器官形成的副作用小，但稳定性差，易受高温、高压、光、酶降解而破坏。NAA、2,4-D和IBA等人工合成的生长素类似物则较稳定，且相对活性较强，必须严格控制使用浓度和培养时期。IBA和NAA广泛用于生根培养，并与细胞分裂素互作促进茎芽的增殖和生长，NAA的启动能力要比IAA高出3~4倍。2,4-D对于愈伤组织的诱导和生长非常有效，但强烈抑制芽的形成，影响器官发育，适用范围较窄，过量常有毒害效应，在分化培养时不能使用2,4-D代替其他生长素，2,4-D启动能力比IAA高10倍。

（2）*细胞分裂素类* 细胞分裂素是腺嘌呤的衍生物，在植物个体发育中的主要作用是促进细胞分裂、减缓顶端优势和茎芽分化等。在组织培养中，细胞分裂素被用来促进细胞分裂，调节器官分化，诱导胚状体和不定芽形成，延迟组织衰老，增强蛋白质合成等。细胞分裂素与生长素配合使用，可以有效协调培养物的生长与分化。常用的细胞分裂素有6-BA（6-苄基腺嘌呤）、2iP（异戊烯氨基嘌呤）、ZT（玉米素）和KT（激动素），其中ZT是天然的、活性最强的一种。近年来发现了一种人工合成的具有很强细胞分裂素活性的物质TDZ（苄基噻二唑基脲），它能够促进愈伤组织生长，并强烈促进侧芽及不定芽发生，促进胚状体形成。与其他细胞分裂素相比，TDZ的使用浓度要低得多，通常在0.002~0.2mg·L^{-1}的范围内，也有使用更高浓度的。一些研究发现，随着TDZ使用浓度的增加，玻璃化苗出现的频率增加，玻璃化程度加重。

（3）*赤霉素类* 赤霉素是一类天然存在于植物体内的激素，目前已知分子结构的赤霉素至少有126种。自然植物体内的赤霉素具有促进细胞伸长生长、诱导花芽形成、打破种子休眠以及诱导单性结实等生理功能。GA_3是离体培养中常用的赤霉素类型。在离体培养条件下，赤霉素的主要作用是促进细胞的伸长生长、与生长素协调作用对形成层的分化具有一定影响，同时还能刺激体细胞胚进一步发育成植株。在某些情况下，赤霉素对于生长素和细胞分裂素具有一定的增效作用。在大多数情况下，培养物本身的内源赤霉素已能满足其生长发育的需要，只在一些特殊情况下才需外源添加赤霉素，其使用浓度必须严格控制。

（4）脱落酸（abscisic acid，ABA） 脱落酸具有抑制细胞分裂和伸长、促进脱落和衰老、促进休眠和提高抗逆能力等作用。在植物组织培养中，ABA对植物体细胞胚的发生发育具有重要作用，适量外源ABA可明显提高体细胞胚发生的频率和质量，抑制畸形体细胞胚的发生。在多数植物上，ABA可促进体细胞胚的成熟并抑制胚的早熟萌发。ABA对部分植物组织培养中不定芽的分化也有一定的促进作用。

（5）多胺（polyamines） 多胺是生物体代谢过程中产生的具有重要生理活性的低分子量脂肪族含氮碱，对植物的生长发育、形态建成和抗逆性等具有重要的调节作用。在植物组织培养中，多胺在调控某些植物外植体不定根、不定芽、花芽、体细胞胚发生发育以及延缓原生质体衰老、促进原生质体分裂及细胞克隆形成方面具有明显效果。多胺在组织培养中的部分作用可能与乙烯有关，多胺与乙烯的生物合成具有共同的前体（甲硫氨酸），外源多胺可以抑制内源乙烯的合成。植物组织培养中使用的多胺种类主要有腐胺（Put）、亚精胺（Spd）、精胺（Spm）。

（6）其他生长活性物质 除上述植物生长调节剂外，在植物组织培养中还使用一些生长抑制剂。多效唑（paclobutrazol）是近年来应用最普遍的植物生长延缓剂，兼有广谱内吸杀菌作用。在组织培养中它主要通过抑制赤霉素的生物合成发挥生理效应，同时也对其他内源激素的含量以及一些生理过程产生影响。多效唑可以促进一些植物如金碟兰属植物（*Oncidium*）体细胞胚胎发生，促进菊苣叶脉外植体不定芽形成等，但对苜蓿体细胞胚胎发生有抑制作用。生长素运输抑制剂三苯甲酸（2，3，5 – triiodobenzoic acid，TIBA），矮壮素（CCC）和嘧啶醇（ancymidol）等对蔷薇、胡萝卜和唐菖蒲等植物的试管苗增殖有促进作用（肖尊安，2005）。

此外，一些天然的生长物质，如油菜素甾体类（brassinosteroid）、茉莉酸（jasmonic acid）、三十烷醇等，在植物组织培养中也有应用。

3.1.4 其他添加物

在培养基中除了上述的各种营养成分和生长调节物质外，因培养目的、培养材料性质的不同，往往加入一些其他成分。最常用的有两种，即琼脂和活性炭。

（1）琼脂 为使培养材料在培养基上固定和生长，要外加一些支持物，如凝固剂、玻璃纤维、滤纸桥、海绵等。琼脂是一种来自海藻的多糖类物质，是组织培养中最常用的培养基凝固剂，本身并不提供营养。琼脂的一般用量在0.5% ~1.0%，若浓度太高，培养基会很硬，影响培养物对营养物质的吸收；若浓度太低，培养基则因凝固不好而影响操作，起不到支撑作用。

琼脂作为一种附加物，并不是培养基的必需成分，实际操作中常根据培养类型的不同而确定是否需要添加琼脂，如细胞悬浮培养及其他液体培养等均不添加琼脂。加入琼脂的固体培养基与液体培养基相比，优点在于操作简便，通气良好，便于随时观察研究等，但培养物与培养基接触面小，营养物质在琼脂中扩散较慢，影响养分的吸收利用，同时培养物排出的一些代谢废物聚集在培养基表面，易对组织产生毒害作用。使用液体培养基可克服上述不足，但需要旋转、振荡等设备，以便为培养物提供良好的通气条件。

除了琼脂外，在组织培养中用做固化剂的还有琼脂糖、Gelrite（脱乙酰吉兰糖胶）等。琼脂糖是通过纯化琼脂，除去带硫酸侧链的琼脂糖果胶获得，制备过程复杂，成本高。但琼脂糖凝胶强度高，凝固温度比琼脂低，在单细胞和原生质体培养中用得较多，使用浓度为0.4%。Gelrite是由假单胞菌分泌而来的一种线性多糖，可以利用工业发酵生产，比起琼脂透明度好，凝胶强度高，受pH值影响小，用量少，一般用量在0.1%~0.2%，在某些植物种类上应用效果比琼脂好。

（2）活性炭　活性炭为常用的吸附剂，它可以吸附培养过程中产生的一些有害代谢物或抑制物质，利于培养物的继续生长。培养基中加入适量活性炭对减轻外植体褐变、防止玻璃化苗的产生、促进培养物的生长与分化、促进生根有一定作用。一般认为，活性炭促进生根与活性炭减弱光照，抑制IAA的光氧化有关。

活性炭在吸附有毒物质的同时，也会吸附培养基中的营养成分和其他植物生长必需的添加物，如生长调节物质等，这是它对培养物生长不利的一面。因此，有报道称培养基中加入活性炭能抑制培养物的生长与分化。另外，活性炭本身所含有的杂质对培养物的生长也会产生影响。黄莺（1999）等研究表明，活性炭能够促进烟草花药胚状体的形成和发育，是因为其杂质Fe和Zn等增加了培养基中微量元素的含量。活性炭的加入，常使培养基的有效成分变得复杂，因此，在研究工作中应尽量避免使用。

活性炭的用量一般为0.5%~3%，大量的活性炭加入会削弱琼脂的凝固力。

3.2　基本培养基的种类与特点

培养基根据其组分通常分为两个水平：一是基本培养基，包括了大量元素和微量元素（无机盐类）、微生素和氨基酸、糖和水等；二是完全培养基，即在基本培养基的基础上，根据不同实验要求，添加各种生长调节物质和其他附加成分，甚至一些成分不完全清楚的天然提取物。

植物组织培养所需的培养基是一个成分复杂的营养供给体系，不同植物、不同外植体，对营养成分的需求往往有很大差异。前人根据不同培养类型、不同植物营养需求等研究配制了众多符合不同要求的培养基配方。目前所使用的基本培养基种类很多，大部分都是在前人研究的基础上经过分析综合和改进而成的。基本培养基多以发明人的名字来命名。例如，White培养基是Uspenski和Uspenskaia（1925）的藻类培养基演化的结果，被广泛用于根的培养；Gautheret培养基是建立在Knop营养液（1865，根据植物从土壤中吸收无机营养的情况设计而成）基础上的。以后的培养基大部分是在White和Gautheret培养基的基础上改进而成。对基本培养基的某些成分稍作调整所得的培养基称为改良培养基。到目前位置，所使用的基本培养基已有几百种，但园艺植物组织培养常用的仅有十多种，如MS、B5、White、N6、WPM等培养基。为了方便起见，在表3-2列出了目前广泛使用的几种主要培养基的成分，以供参考。根据这些培养基无机盐成分和元素的浓度，可将培养基分为以下4类。

（1）富盐平衡培养基　如MS、LS、BL、BM和ER培养基等。其特点是：无机盐浓度高，元素间比例适当，离子平衡性好，具有较强的缓冲性，因而在培养过程中可维持较好的稳定性；营养丰富，在一般培养中，无需额外加入复杂的有机成分；微量元素种类全，浓度高。这类培养基是目前使用最广泛的培养基。

（2）高硝态氮培养基　高硝态氮培养基具代表性的有B5、N6、SH等培养基。这类培养基的特点是：硝酸钾的含量高，氨态氮的含量低，含有较高的维生素B_1。这类培养基比较适合一些要求较高氮素营养，同时氨态氮对其生长又有抑制作用的植物培养。

表3-2 常用培养基配方（$mg \cdot L^{-1}$）

成分	培养基种类	MS	White	B5	Nitsch	WPM	DKW
大量元素	NH_4NO_3	1 650	—	—		400	1 416
	KNO_3	1 900	80	2 500	2 000	—	—
	$(NH_4)_2SO_4$	—	—	134		—	—
	$CaCl_2 \cdot 2H_2O$	440	—	150		96	149
	$CaCl_2$	—	—	—	25	—	—
	$MgSO_4 \cdot 7H_2O$	370	720	250	250	370	740
	Na_2SO_4	—	200	—	—	—	—
	$Ca(NO_3)_2 \cdot 4H_2O$	—	300	—	—	556	1 968
	K_2SO_4	—	—	—	—	990	1 560
	KH_2PO_4	170	—	—	—	170	264. 8
	$NaH_2PO_4 \cdot H_2O$	—	16. 5	150	250	—	—
	KCl	—	65		1 500	—	—
微量元素	H_3BO_3	6. 2	1. 5	3	0. 5	—	4. 8
	$ZnSO_4 \cdot 7H_2O$	8. 6	3	2	0. 5	8. 6	—
	$Zn(NO_3)_2$	—	—	—	—	—	17
	$MnSO_4 \cdot H_2O$	16. 9	—	10	—	22. 4	—
	$MnSO_4 \cdot 4H_2O$	—	7	—	3	—	33. 5
	$NaMo_4 \cdot 2H_2O$	0. 25	—	0. 25	0. 025	0. 25	0. 39
	KI	0. 83	0. 75	0. 75	—	—	—
	$CuSO_4 \cdot 5H_2O$	0. 025	—	0. 025	0. 025	0. 25	0. 25
	$CoCl_2 \cdot 6H_2O$	0. 025	—	0. 025	—	—	—
	$NiCl_2$	—	—	—	—	—	—
铁盐	$FeSO_4 \cdot 7H_2O$	27. 8	—	—	—	27. 8	33. 8
	Na_2-EDTA	37. 3	—	43	—	37. 3	45. 4
	$Fe_2(SO_4)_3$	—	16. 5	—	—	—	—
有机物	肌醇	100	—	100	—	100	100
	甘氨酸	2	3	—	—	2	2
	盐酸硫胺素（维生素 B_1）	0. 1	0. 1	1	—	1	2
	烟酸	0. 5	0. 5	1	—	0. 5	1
	盐酸吡哆醇（维生素 B_6）	0. 5	0. 1	1	—	0. 5	—
	生物素	—	—	—	0. 05	—	—
	半胱氨酸	—	1	10	—	—	—
	pH 值	5. 8	5. 5	5. 5	5. 5	5. 2	5. 8

（3）中盐培养基　这类培养基有 H、Nitsch、Miller、Blaydesh、DKW 培养基。其特点是：大量元素无机盐约为 MS 的一半，微量元素种类减少而含量增高，维生素种类比 MS 多，如增加了生物素、叶酸等。

（4）低盐培养基　如 Whit、WS、HE、WPM、HB 和改良 Nitsch 培养基等。其特点是：无机盐含量低，有机成分含量相对也很低。

无论何种培养基配方，除了含有植物生长所需的营养成分外，还必须具有良好的离子平衡特性，培养过程中 pH 值变化小，各种离子不会因 pH 值的轻微变化而改变，这一点，对于 Fe^{2+} 来说更为重要。如 MS 培养基中使用 Fe－EDTA 螯合铁盐的形式，就是为了避免其他铁盐在培养基中的不稳定而设计的。

3.3 培养基的选择与制备

培养基的筛选是一个新的培养体系建立初期必不可少的研究环节。对于无机营养成分而言，我们一般只需从现有的基本培养基配方中进行选择，而无须考虑建立新的培养基配方。一般来说，高盐培养基和高硝态氮培养基适合于细胞培养和愈伤组织诱导，低盐培养基多用于生根培养。MS 是一个广谱性培养基，许多新的培养体系建立可以首先选择 MS 作为基本培养基进行试验。N6 培养基多用于禾本科作物的花药、细胞及原生质体培养，DKW 和 WPM 更适合于木本植物试管苗的培养。有些园艺植物在 B5 培养基上更适宜，如双子叶植物，特别是木本植物。具体选择培养基时应综合考虑植物种类、外植体的生理状况、培养目的等，更多的时候依赖于实验过程所积累的经验。通过一系列初试之后，可再根据实际情况对其中的成分作小范围的调整。

基本培养基确定之后，实验中要大量进行的工作是用不同种类的植物生长调节物质进行浓度及比例的配合试验。总的来说，离体培养中细胞分裂素和生长素的配比原则是：当诱导愈伤组织形成时，细胞分裂素和生长素相对平衡；诱导芽分化时，细胞分裂素水平应高于生长素水平；诱导根发生时则应提高生长素水平。但由于培养物内源细胞分裂素和生长素水平的差异，实际添加到培养基中的生长调节物质配比浓度可能在不同培养类型间差异很大，这也是培养体系建立初期必须进行生长调节物质配比试验的重要原因。具体实验中，首先应查看已有的报道，参考相同植物、相同组织或相近的培养在有关方面的试验结果，同时依据不同生长调节物质调控离体培养中细胞脱分化与再分化的理论，拟定不同种类和不同浓度梯度的植物生长调节物质的配比，用随机设计或正交设计等试验方法进行一步一步的筛选。

培养基中有机成分的添加则主要根据培养类型考虑，如进行植物器官发生培养，一般不需添加复杂的有机成分，而进行细胞和原生质体培养、体细胞胚胎诱导则往往需要附加部分或完整的有机营养才能保证培养的成功。

3.3.1 母液的配制与保存

培养基配方中各种成分的使用量从每升几微克到几千毫克不等，为便于操作和配制浓度的准确，通常将培养基的不同成分先配制成较高浓度的母液，使用时按比例稀释成需要的浓度。无机盐按大量元素、微量元素和铁盐三部分分别配制。大量元素一般配制成（10～20）倍母液，微量元素和铁盐则配制成（100～200）倍母液。除肌醇因使用浓度较大可配制成（100～200）倍母液外，其他有机成分的母液浓度以 $1 \sim 2mg \cdot L^{-1}$ 为宜。特别要注意铁盐的配制方法：分别溶解 $FeSO_4 \cdot 7H_2O$ 和 $Na_2 \cdot EDTA \cdot 7H_2O$ 在适当体积的蒸馏水中，适当加热并不停搅拌，待完全溶解后将二者混合在一起，调整 pH 值，最后定溶至 1 000ml。配好的母液需贮存于 2～4℃ 冰箱中，定期检查有无沉淀和微生物污染，如果出现沉淀或微生物污染，则不能使用。培养基母液配制方法以 MS 培养基为例列于表 3-3。

由于每一种植物生长调节物质对培养物生长发育的作用不同，在各培养系统中所使用浓度也不一样，因此生长调节物质必须单独配制成母液。植物生长调节物质的用量通常很少，一般分别配制成 $0.1 \sim 1mg \cdot L^{-1}$ 浓度的溶液。需要注意的是，植物生长调节物质多不溶于水，有些生长调节物质在水溶液中不稳定，我们应根据生长调节物质性质确定适宜的生长调节物质配制方法。常用生长调节物质的配制方法如下：

表3-3　MS培养基母液配制

母液名称	成分	原配方量	扩大倍数	称取量(mg)	母液体积(ml)	配制1L培养基应吸取量(ml)
大量元素	NH_4NO_3	1 650	20	33 000	1 000	50
	KNO_3	1 900		38 000		
	$CaCl_2 \cdot 2H_2O$	440		8 800		
	$MgSO_4 \cdot 7H_2O$	370		7 400		
	KH_2PO_4	170		3 400		
微量元素	KI	0.83	200	166	1 000	5
	H_3BO_3	6.2		1 240		
	$MnSO_4 \cdot 4H_2O$	22.3		4 460		
	$ZnSO_4 \cdot 7H_2O$	8.6		1 720		
	$NaMo_4 \cdot 2H_2O$	0.25		50		
	$CuSO_4 \cdot 5H_2O$	0.025		5		
	$CoCl_2 \cdot 6H_2O$	0.025		5		
铁盐	$FeSO_4 \cdot 7H_2O$	28.7	200	5 560	1 000	5
	Na_2-EDTA	37.3		7 460		
有机物	肌醇	100	200	20 000	1 000	5
	烟酸	0.5		100		
	盐酸吡哆醇	0.5		100		
	盐酸硫胺素	0.1		20		
	甘氨酸	2		400		

（1）IAA　先用少量95%乙醇使IAA充分溶解，再加蒸馏水定容至需要的体积。

（2）NAA　可溶于热水中，也可采用IAA同样的方法配制。

（3）2,4-D　先用少量$1mol \cdot L^{-1}$的NaOH溶液充分溶解，然后，缓慢加入蒸馏水定容至需要的体积。

（4）*细胞分类素*　溶于稀HCl或稀碱。KT和6-BA可先用少量$1mol \cdot L^{-1}$的HCl溶解，TDZ用稀NaOH或KOH溶解，ZT先用少量95%乙醇溶解，溶解后的各溶液再用热的蒸馏水定容。

（5）*赤霉素*　赤霉素的水溶液稳定性较差，一般用95%的乙醇配制成$5 \sim 10g \cdot L^{-1}$的母液低温保存，使用时再稀释。

（6）ABA　难溶于水，特别是酸性水溶液，但易溶于甲醇、乙醇、乙酯和三氯甲烷，可用95%乙醇或甲醇溶解，弱光下配制并保存。

3.3.2　培养基的制备

配制培养基最简单的方法是使用复合配方培养基，目前已有生产厂家根据培养基配方生产的各种复合培养基干粉，使用时只需根据用量称取后加水溶解即可。用于动物细胞培养的复合培养基现已广泛使用，但植物培养基目前种类还较少，价格也比较昂贵。因此，植物培养的培养基现仍多采用传统的方法配制，即先根据配方配制各种母液，再制备培养基。制备培养基时根据实际需要，首先按大量元素、微量元素、铁盐、有机成分及植物生长调节物质的顺序，依次吸取各母液的需要量，加入一适当体积的烧杯或其他配置培养基的容器中，加入占终体积2/3~3/4的蒸馏水混匀，再按每升所用蔗糖的量称取相应量的蔗糖放入培养基中使其溶解，然后用蒸馏水定容至终体积，混合均匀，最后用$1mol \cdot L^{-1}$的NaOH或$1mol \cdot L^{-1}$的HCl调整pH值至5.8~6.0。

若配制固体培养基，则还需称取规定数量的琼脂加入到培养基中，在电磁炉或微波炉内加热至琼脂（或其他固化剂）彻底融化。

配好的培养基应尽快分装于各培养容器中，固体培养基应在琼脂冷却凝固之前完成分装。之后用封口膜封口，灭菌。

3.3.3 培养基的灭菌

培养基一般采用高压蒸汽灭菌或过滤灭菌。高压蒸汽灭菌通常是采用压力灭菌装置或高压灭菌锅，将分装好的培养基放在一个大的灭菌容器中，在压力为0.1013MPa、温度为121℃的条件下进行灭菌处理。灭菌时间与容器大小及培养基量有关（表3－4）。培养基的灭菌时间和温度应严格控制，时间不足或低于灭菌温度可能造成灭菌不彻底而使培养基污染；时间过长或温度过高，则又可能产生许多不利影响，如引起培养基成分的分解或无机盐的沉淀，有时还会引起糖类物质的焦化而产生有毒物质，固体培养基灭菌时间过长还会使琼脂不凝固等。有些培养基附加成分，如植物浸提液、某些抗生素、某些生长调节物质（如IAA、ZT、GA）等，在高温下容易使有效成分失活或分解，这些物质需采用过滤除菌的方法单独过滤后，再加入到已灭菌而尚未凝固的培养基中。

表3－4 培养基体积与灭菌时间的关系

培养基体积（ml）	灭菌时间（min）*	培养基体积（ml）	灭菌时间（min）*
20～50	15	1 000	30
75	20	1 500	35
250～500	25	2 000	40

（引自沈海龙，2005）

* 表中所注灭菌时间是指在121℃下所需的最短灭菌时间。

3.3.4 培养基的保存

灭菌后的培养基在室温下冷却后即可使用。如果灭菌后不是立即使用，则应置于4℃下贮存。贮存室要保持无菌、干燥，以免造成培养基的二次污染。如果培养基中含有易于光解的成分，如IAA和GA等，则保存期间还应注意尽可能避免光线的照射。灭菌后的培养基一般应在2周内使用，最多不超过1个月，贮存时间过长培养基的成分、含水量等会发生变化，而且易造成潜在的污染。此外，培养基灭菌后如果出现过多沉淀或琼脂不凝固等现象时，该培养基不能继续使用，应查明原因重新配制。

3.4 无菌培养的建立

3.4.1 无菌材料的获得

即根据培养目的和植物种选择合适的外植体，并对外植体进行适当的消毒处理，得到无菌的外植体材料。外植体的选择及灭菌详见第9章部分。

3.4.2 接种

在无菌条件下，把经灭菌等处理的外植体放置到培养基上的过程称为接种。接种在超净工作台上进行。首先保证接种室干净。接种前10min最好先使超净工作台处于工作状态，让过滤室空气吹拂工作台面和四面侧壁，操作人员接种时在工作台上应用70%乙醇擦拭双手和台面，操作时视情况应再擦拭数次。

灭菌后的培养材料，需要切割成适当大小的外植体接种到培养基上。切取园艺植物外植体材料时，较大的材料肉眼观察即可操作分离，较小的材料需要在双筒显微镜下放大操作。分离工具要锋利且切割动作要快，防止挤压，以免使材料受损伤而导致培养失败。为防止交叉污染，通常在无菌滤纸上切取材料，同时接种工具每次使用前都应在消毒器内或酒精灯火焰上消毒，放凉后备用。

外植体接种后要对污染情况进行观察。污染的菌源包括细菌和真菌两类。细菌污染的特点是菌斑呈黏液状，在接种两三天后即表现出来。真菌污染在接种5~10d后才表现出不同颜色的霉菌。污染的材料应及时处理，对一些特别宝贵的材料，可取出再次进行更为严格的灭菌重新接种。

对已污染的培养容器，在未打开瓶盖之前，先把所有的污染瓶集中起来进行高压灭菌，再把污染物清除掉，并把培养瓶清洗干净贮存备用，污染物不及时处理易导致培养室环境污染。

对于大多数已经试验成功的，或再生能力较强的植物来说，获得了无菌材料，并继代培养，能继续生长繁殖下去，就认为已经建立了无菌培养系。

3.4.3 培养室环境条件与外植体生长

离体培养区别于大田栽培与温室栽培的显著特点就是，培养的材料是在人工控制的环境条件下生长发育的。不同种植物及不同分化、生长过程所需要的环境条件不尽相同，由于对组织培养过程中不同环境因素的功能还不十分了解，加之设备条件的限制，实际的组培工作中尤其是在工厂化快繁中很难根据不同植物种类或研究目的做到对环境的精确控制。目前，通过生化培养箱可以部分解决少量材料的培养环境问题。与园艺植物组织培养密切相关的环境条件主要有：

（1）光照　光照包括光照时间、光照强度和光波长短。植物组织培养中的光照主要作用是在形态建成的诱导方面。普通培养室要求每日光照12~16h，光照强度为1 000~5 000lx。不同的光照强度、时间等对培养材料的分化与生长可能有影响，如胚性培养物的诱导通常在黑暗条件下较好，但器官分化则需要光照，且不同光波与器官分化有密切关系，如百合在黑暗条件下长小球茎，在光照条件下长叶片，红光与远红光对烟草芽苗分化有促进作用。在试管苗的生长过程中加强光照强度可使苗木生长健壮，提高移栽成活率。

（2）温度　温度是影响离体培养效率的一个重要因子，不同植物最适培养温度可能略有不同。有些园艺植物如落叶果树桃、梨、苹果等的外植体需经低温处理打破休眠，促进萌发。如桃胚在2~5℃条件下处理60d左右，可大大提高成苗率。一般低于15℃或高于35℃，对园艺植物外植体分化与生长都不利。大多数植物最适的培养温度在23~32℃之间，一般控制在（25±2）℃条件下培养，热带园艺植物培养温度稍高。

（3）湿度与通气　离体培养中环境的湿度主要指培养容器内的湿度，相对湿度常达到100%，但固体培养与液体培养时湿度情况不同，固体培养时琼脂的用量与质量对培养环境的湿度有影响。

固、液两种培养条件下的通气状况也有很大差异，通过振荡可以改善液体培养的通气状况。在柑橘茎尖微嫁接时常在液体培养基上使用滤纸桥作支撑，有利于成苗，这被认为是改变环境的通气条件，并使培养材料与自身产生的废物隔离所致。氧气对培养物的分化有重要调节作用。当培养基中氧浓度高于临界值时有利于形成体细胞胚；反之，利于形成根。另外，培养容器内高浓度的乙烯对正常的形态发生往往不利。

3.4.4 诱导外植体的生长与分化

对于一个难分化的、首次试验的植物来说，获得无菌材料并不能说就建立了无菌培养体系，还需要诱导外植体生长与分化，使之能够顺利增殖。不同外植体、相同外植体在不同培养条件下会出现不同的生长反应。总体来说，外植体的生长与分化主要有3种途径，即器官直接发生途径、愈伤组织发生途径和体细胞胚发生途径，详见第9章部分。

3.5 完整植株的形成

通过愈伤组织途径和器官发生途径再生的芽、苗必须经过生根诱导才能形成完整植株。有些容易再生的植物，采用下述方法之一，即可形成完整植株：①延长在增殖培养基中的培养时间或继代次数，如洒金柳；②减少细胞分裂素的用量而增加生长素的用量，这类植物主要是丛生性强的吊兰、花叶芋等；③像杜鹃、菊花等还可以选择生长健壮的嫩枝在适宜的介质（可以在培养容器外）中扦插生根。

由胚状体途径形成芽苗，常带有原先即已分化的根，可以不经诱导生根的阶段，发育成的壮苗可以直接移栽，但大多数胚状体发育的芽苗个体较小，通常需要一个低的或没有植物生长调节物质的培养基培养壮苗、壮根阶段。

对于大多数园艺植物来说，通过不同途径获得的芽、苗或胚状体等只是中间繁殖体，在快繁和研究时常对其进行增殖培养，已获得足够的材料。

3.6 移栽

试管苗经过壮苗、生根及炼苗后便可室外移栽了。移栽后要注意光、温、水、气等环境条件的控制，同时还要加强施肥和防虫防病管理。移栽苗的管理详见第9章部分。

第4章　园艺植物组织培养脱毒

许多农作物和园林植物，都易受到一种或几种病毒的侵染。病毒侵染必然导致作物或植物减产，品质降低，给生产带来很大损失。一些通过无性繁殖的种类，包括果树、花卉、蔬菜、林木以及农作物，由于母株内病毒通过营养体的传递，逐代积累，危害日趋严重。随着生产栽培实践的推移，病毒病已经成为危害农林业生产的主要原因之一（表4-1）。据报道，已发现的植物病毒有800多种，仅危害观赏花卉的重要病毒就有30多种，草莓则会受到62种病毒和支原体的侵染。早在19世纪中叶，欧洲大面积马铃薯因遭受病毒侵害减产八成多，现在世界马铃薯种植业依然受病毒感染的威胁，每年减产10%~20%（沈海龙，2005；谢从华等，2004；肖尊安，2005）。因此，无病毒种苗的培育对农林园艺作物生产具有重要意义。

表4-1　危害园艺植物的病毒数

植物种类	病毒数	植物种类	病毒数	植物种类	病毒数
菊　花	19	唐菖蒲	5	苹　果	36
康乃馨	11	风信子	3	葡　萄	26
月　季	10	马铃薯	17	樱　桃	44
天竺葵	5	大　蒜	24	无花果	5
矮牵牛	5	豌　豆	15	桃	23
百　合	6	甘　薯	90	梨	11
水　仙	4	柑　橘	23	草　莓	24

（引自周维燕，2001）

现在通过组织培养途径生产无毒苗已成为农作物、园林植物、经济作物的优良品种繁育、大规模生产中的一个重要环节。世界上不少国家都十分重视这项工作，把脱除病毒纳入常规良种繁殖程序中，建立了大规模的无病毒种苗生产基地，所提供的良种已经在生产上发挥了重要作用，取得了显著的经济效益。与普通种苗相比，无毒苗至少具有以下几个明显的优点（王水琦，2007）：

（1）产量提高　通过脱除病毒可大大提高作物的产量，如草莓脱毒可提高产量20%~30%，马铃薯脱毒可提高产量40%以上，甘薯脱毒可提高产量30%~50%，苹果脱毒可提高产量15%~45%。

（2）品质提高　脱毒后的植物所结果实品质提高，如甘薯脱毒可提高出干率0.1%~1.5%，苹果着色好、糖度高，观赏植物生长健壮、花大、色艳，优质花增加，商品价值提高。

（3）抗病性增强　脱毒后，植物本身抗性提高，对病虫的抗性增强，如甘薯脱毒后抗茎线虫病能力增强。另外，脱毒时，还会同时脱除某些细菌、真菌、线虫等。

4.1 病毒相关知识概述

简单地说，病毒是被包在蛋白或脂蛋白保护性衣壳中，只能在适合的寄主细胞内完成自身复制的一个或多个基因组的核酸分子。一个完整的病毒个体称为病毒粒子。病毒粒子非常小，一般只有20～300nm，必须借助电子显微镜才能观察到其形状。侵染植物的病毒粒子主要有杆状、线状和球状3种类型。植物病毒是仅次于真菌的病原物，大田作物、果树、蔬菜、花卉、园林树木、某些经济作物中都有几种到几十种病毒病。病毒利用寄主体内结构和化学原料合成更多的病毒粒子，从而破坏寄主的正常代谢过程，引起植物病毒病害。

病毒在寄主体外的存活期一般比较短，它不能靠自身的力量主动侵入植物细胞，只能被动传播，即借助外力，通过植物细胞的微伤或刺吸式口器昆虫的口针，把病毒送入植物细胞内。其传播途径主要有（王水琦，2007；肖尊安，2005）：

（1）介体传播

①昆虫传播：能作为介体的昆虫绝大多数具刺吸式口器，其中以蚜虫占首位。

②线虫传播：线虫也具刺吸习性，在土壤中传播病毒。

③螨传播：传播病毒的螨隶属于瘿螨科和叶螨科，两者都具有刺吸式口器。叶螨在吸食时，吐出唾液，然后把病毒和细胞汁液一起吸入。

（2）接触传播

①自然接触传播：如风、雨等促使感病植物地上部分接触及根在地下接触等。

②汁液接触传播：这是试验研究中常用的接种方法。用感病毒植株的汁液在另一寄主体表面摩擦，通过微伤口侵入。

③人为接触传播：移苗、整枝、摘芽、打枝、修剪、中耕除草等农事操作也可传播病毒。如斩甘蔗的蔗刀可将病毒从感病毒植株传播到健康植株。

④嫁接及菟丝子的“桥接”传播：将带毒植株做接穗，通过嫁接传播。嫁接可以传播任何种类的病毒、类病毒和植物病原体病害。菟丝子能从一种植物缠绕到另一种植物上，可以看作是一种变相的嫁接，把病毒从病株传到健株。

（3）种子传播　大多数病毒不能经种子传播，因此从病症轻的植株上采集种子进行繁殖不会将病毒传播给下一代。但一些专化性强的病毒，如豆类病毒（由一种专化性强的蚜虫传播），可随种子传播。

病毒在植物体内分布不均一。越接近生长点病毒浓度越稀。病毒是DNA大分子，侵染植物后可进入植物细胞，随着植物细胞分裂，病毒DNA进行复制。这样，植物细胞分裂和病毒繁殖之间就存在竞争，在旺盛分裂的植物细胞中是正常核蛋白的合成占优势，而在植物细胞伸长期间是病毒核蛋白合成占优势。病毒在植物体内的传播是通过维管组织进行转移或通过胞间连丝传递给其他细胞的。

植物受病毒侵染后通常表现为局部或系统花叶、皱缩、卷叶、黄化，老叶上出现紫色边缘的褪绿斑，也有沿叶脉形成紫色羽状斑驳的，在春秋季比较明显。

4.2 植物脱毒原理与方法

当前脱除植物病毒的方法有很多，大致可以归纳为3种途径，即物理的、化学的和组织培养的途径。

4.2.1　物理方法脱除病毒

物理脱毒主要是采用热处理的方法来脱除病毒。早在 19 世纪，印度尼西亚爪哇人就使用热水浸泡甘蔗种的方法来去除病毒引起的甘蔗枯萎病。1936 年 Kunlel 首先报道 34～36℃的温热处理可以使患黄萎病（yellow virus）的植株脱除病毒。这种方法一直沿用并得到了较大的发展。以后相继报道有蔓性长春花、马铃薯、红梅苔子、草莓、菊花、黄瓜、梨、康乃馨等多种作物通过热处理的方法消除了病毒，有的已应用于生产实践。

热处理脱毒又称为温热疗法，其基本原理是，在高于生长适宜温度的条件下，植物组织中的病毒部分或完全失活，极少甚至不对寄主组织产生危害，而宿主没有受到高温伤害或只受到轻微伤害。同时，热处理作为一种物理刺激，可以加速植物细胞的分裂，使植物细胞在与病毒繁殖的竞争中处于优势地位。

热处理通常采用热水或热空气处理。热水处理一般用于消除休眠芽中的病毒，将休眠芽在 50℃热水中浸泡数分种到数小时可以达到很好的脱毒效果。对于旺盛生长的枝条，则用热空气处理脱毒效果较好。热空气处理时，将植株放在热疗室中，温度调节到 35～40℃，处理时间因植物而异，从几分钟到几个月不等。处理开始时，空气温度应逐渐升高，缓慢达到所要求的温度，处理期间应保持适当的湿度和光照。处理结束后，应立即切取茎尖部分进行离体培养，或嫁接到健康砧木上。Baker 和 Kinnaman（1973）报道，38℃的高温结合 85%～95%的相对湿度连续处理 2 个月，可以消除康乃馨茎尖中的所有病毒。

需要强调的是：①并非所有病毒都对热处理敏感，一般的热处理只对等径的、线状的病毒和类菌质体引起的病害有明显去除效果；②长时间热处理在钝化病毒的同时，会对宿主造成一定伤害，从而降低脱毒效果；③热处理后只有一小部分植株能够存活（沈海龙，2005；肖尊安，2005）。

低温处理对某些植物脱毒也有一定效果。适当低温处理可以去除菊花褪绿斑病毒（*Chrythanthemum chlortic virus*，CCMV）和菊花矮化病毒（*Chrythanthemum stunt virus*，CSV）（肖尊安，2005）。2～4℃的低温处理可以有效消除啤酒花植株中的啤酒花潜隐类病毒（Adams *et al.*，1996），脱毒效果与处理时间和品种有很大关系。

4.2.2　化学方法脱除病毒

一些化学药剂对植物组织内病毒的合成有一定抑制作用，因而可以用来脱除植物病毒。例如放线菌酮和放线菌素－D 能够抑制病毒在植物原生质体中的复制，核苷类似物 vidarbine 能够消除苹果再生植株中的病毒，香石竹茎尖在含 5mg·L^{-1}病毒唑的培养基中培养，CaMV 的脱除率可达 80%（王蓓，1990）。

用于植物脱毒的抗病毒药剂主要有嘌呤和嘧啶类似物、抗生素、氨基酸等，这些药剂可在一定程度上抑制病毒的合成，但尚没有一种药剂能够完全抑制病毒的活性。目前脱毒生产中使用较多的抗病毒剂是病毒唑，又名三氮唑核苷，是鸟嘌呤核苷的类似物，具有广谱抗病毒活力，对 CMlV、TMV、PVS、PVX、PVY 等多种植物病毒都有效。

病毒唑通常与茎尖培养结合使用，最简便的方法就是直接加入培养基中。使用病毒唑应注意以下几点：

（1）使用温度　病毒唑在高温下发生变性，使用时，应在灭菌后培养基温度低于 60℃后加入。

（2）使用浓度　培养基中病毒唑浓度过高，会对植株造成伤害，严重时茎尖或植株死亡；

浓度过低则脱毒率低。根据文献报道，通常病毒唑浓度为5mg·L^{-1}时，成活率较高，脱毒率效果也好。

（3）变异测定 有报告表明抗病毒剂会引起植株变异，因此在规模化生产前，应对抗病毒剂处理过的脱毒无性系进行栽培比较，鉴定其园艺性状是否发生改变。

4.2.3 组织培养脱除病毒

组织培养脱毒法包括微茎尖培养、愈伤组织培养、珠心组织培养和微体嫁接脱毒四种方法。一般情况下，用物理化学方法不能脱毒的材料，通过茎尖分生组织培养，都能有效地消除病毒，且后代遗传稳定。因此不难理解，微茎尖培养脱毒已成为目前植物无毒苗培育上应用最广泛的方法。

4.2.3.1 微茎尖培养脱毒法

（1）原理及依据

①在大多数系统性病毒病中，植物组织中病原体常呈梯度分布，越接近顶端分生组织，病毒浓度越稀。研究也发现，离体再生的无病毒植株数量与培养的分生组织大小呈负相关（表4－2）。因此可以采用微茎尖的离体培养脱除植物病毒。

②病毒DNA分子与细胞分裂蛋白质合成竞争，在迅速合成的植物细胞中正常合成的蛋白质占优势。

表4－2 康乃馨不同大小茎尖培养与康乃馨斑驳病毒的脱除情况

茎尖大小（mm）	培养数	荆芥（*Chanopodium amaramtioclor*）鉴定之病斑			无病毒茎尖	
		总斑数	接种叶数	每叶平均斑数	数目	百分比（%）
0.1	3	3	13	0.2	2	66
0.25	20	137	61	2.2	8	40
0.5	30	1 198	70	17.1	4	13
0.75	9	429	12	35.3	1	11
1.0	4	432	11	39.2	0	0
1.0以上	5	1 971	20	98.6	0	0

（引自Holings等，1964）

（2）技术关键

通常茎尖培养脱毒的效果与茎尖的大小呈负相关，培养茎尖的成活率则与茎尖的大小呈正相关。可以说，切取大小适中的茎尖，是有效脱除植物病毒的关键。

①同一种病毒在植物体内分布位置不同。森宽一等（1969、1970）发现烟草花叶病毒（TMV）在不同植物中的荧光反应不同：烟草在1～4片叶原基未见TMV的特异荧光；撞羽矮牵牛在一二叶原基内未见TMV荧光，而三四叶原基内可见；番茄在一片叶原基内未见TMV特异荧光。

脱毒培养之前必须首先确定病毒在植物茎尖的分布位置，据此来切取适当大小的茎尖培养。如脱除烟草花叶病毒，烟草可取4片叶原基的茎尖进行培养；撞羽矮牵牛可取生长锥或带一两片叶原基的茎尖进行培养；而番茄只能取生长锥或带一片叶原基的茎尖进行培养。

②不同种类病毒在同一种植物中的分布位置不同。由表4－2可知，在甘薯中斑纹花叶病毒，宿叶花叶病毒分布在1.0～2.0mm以内的茎尖中。羽状花叶病毒分布于0.3～1.0mm以内的茎

尖。在马铃薯中，卷叶病毒、Y病毒分布于1.0～3.0mm以内茎尖中，X病毒分布于0.2～0.5mm以内茎尖中，G病毒分布在0.2～0.3mm以内茎尖中，S病毒分布于0.2mm以下茎尖中。所以培养的茎尖大小不同，脱除的病毒种类也不同。

③一定的“寄主－病毒”组合与脱毒效果密切相关（肖尊安等，2006）。对感染不同病毒的马铃薯植株取茎尖分生组织培养，消除难度逐渐增加的病毒依次为：马铃薯卷叶病毒（PLRV-Ch）、马铃薯A病毒（PVA）、马铃薯Y病毒（PVY）、马铃薯M病毒（PVM）、马铃薯S病毒（PVS）、马铃薯奥古巴花叶病毒（PAMV）和纺锤块茎病类病毒（PSTV）（Mellor *et al.*，1977）。当然，这种排序并不是绝对的，还与茎尖大小和植株品种有关。

④茎尖越小，脱毒效果越好，但解剖剥离技术要求也越高，对培养基的组成、渗透压、酸碱度、生长调节物质种类及浓度要求也越高。

因此，微茎尖培养脱毒生产中，只有将植物的种类、病毒的种类、剥取茎尖的大小及培养基营养组成等全局考虑，才能收到理想的脱毒效果。

（3）操作程序

外植体经表面灭菌后，在解剖镜下，经无菌操作切取小茎尖，接种到备用培养基上，放入培养室内进行培养，并及时观察和记录培养结果。

植物脱毒培养的具体操作过程如下（以香石竹为例）：

①热处理。将定植后1～2个月的盆栽植株或15d苗龄的离体瓶苗，在36～38℃下处理2周或在36℃（16h）、30℃（8h）下处理30d，期间每天光照16h，光照强度为3 000lx。

②表面消毒。以植株叶腋间生出的侧芽为外植体，先用自来水冲洗半小时，用75%的酒精消毒30s，再用2.5%次氯酸钙或次氯酸钠溶液处理15min，然后用无菌蒸馏水清洗4次，用无菌滤纸吸去多余水分备用。离体瓶苗不需表面消毒。

③茎尖剥离。在解剖镜下切除叶片使芽体暴露，用解剖针剥掉幼叶，直至只剩下2个最幼小的叶原基。

④茎尖培养。切取300～600μm长的茎尖进行接种。培养基为MS＋6-BA 1 mg·L^{-1}＋KT 1mg·L^{-1}＋NAA 0.5mg·L^{-1}），培养条件为25℃，光照16h·d^{-1}，光照强度2 000lx。每两周左右转接一次，5～7周后可获得单个小植株。

⑤病毒检测。用茎尖产生的单个小植株进行扩繁，严格对每个茎尖形成的无性系进行分类编号，检测病毒，淘汰带病毒的无性系。

4.2.3.2 愈伤组织培养脱毒法

植物的各种器官或组织在培养中都可以诱导产生愈伤组织，然后从愈伤组织诱导分化芽，进一步形成小植株。经愈伤组织再生完整植株的途径在马铃薯、大蒜、草莓、水仙、香蕉等许多园艺植物的脱毒苗生产上已获得成功。

（1）原理及依据

利用愈伤组织脱除病毒的主要原理是：

①病毒在植物体内不同器官或组织分布不均匀，甚至在同一感病的组织内，仍存在不感染病毒的细胞群落，这些无病毒细胞是愈伤组织增殖中获得无病毒组织的基础。香石竹的愈伤组织培养中，无色的愈伤组织几乎不带斑驳病毒，而绿色的愈伤组织经过10次继代培养，仍有病毒存在（沈海龙，2005）。

②有些愈伤组织细胞所带病毒较少，愈伤组织的分裂旺盛，使病毒的复制能力受到抑制，随着愈伤组织的不断增殖；产生部分不含病毒的细胞。如烟草花叶病毒感染的愈伤组织，经过多代培养之后的TMV浓度可降到原来的1/30～1/20，表明病毒在愈伤组织的快速增殖中复制能力

衰退。

③继代培养的愈伤组织细胞通过突变获得对病毒感染的抗性。

(2) 技术关键　愈伤组织培养脱毒的关键技术是诱导可再生出植株的愈伤组织。

(3) 操作程序　愈伤组织脱毒培养的操作程序类同于一般间接途径诱导植株，即愈伤组织的诱导、愈伤组织的继代、芽的分化、完整植株的形成。

愈伤组织培养脱毒法脱毒效果不稳定，而且产生的植株可能出现一些人们不希望的变异，因而在园艺植物组培上使用不多。

4.2.3.3　珠心组织培养脱毒法

病毒是通过维管组织传播的，而珠心组织和维管束系统无直接联系，故可以通过珠心组织离体培养获得无病毒植株。利用珠心胚培养可以脱去柑橘植物的主要病毒和类病毒。

4.2.3.4　微体嫁接脱毒法

微体嫁接是20世纪70年代发展起来的一种培养无毒苗的方法，也称试管嫁接。这种方法是把极小的茎尖作为接穗嫁接到无病毒砧木（实生苗）上，再进行离体培养。接穗在砧木的饲喂下很容易成活。由于接穗是很小的茎尖（小于0.2mm），砧木又是无菌种子培养获得的实生苗，带毒几率很小，故采用微体嫁接的方法可以获得无毒苗。一些园艺植物，尤其是木本植物，启动分生组织相当困难，再生苗往往也难形成根（如苹果），微体嫁接为这些植物提供了最好的脱毒途径。已证明，微体嫁接对消除杏、葡萄、桉树、山茶和桃等果树植物的病毒非常有用。Jonard (1986) 曾全面评价过果树植物的微体嫁接技术。微体嫁接成功的几率与接穗的大小密切相关，接穗越大成活率越高，而脱毒率越低，因而对茎尖剥离技术要求很高。

在科研或生产中，往往需要将几种脱毒方法配合起来使用才能起到较理想的脱毒效果。比较常用的方法是在微茎尖培养之前先对材料进行热处理或化学药剂处理。有报道指出，一些病毒，如TMV、PVX和CMV，能够侵入某些植物茎尖的分生组织区域（肖尊安，2005）。在这种情况下，将茎尖分生组织培养与温热疗法结合，有可能获得无病毒植株。

4.3　植物脱毒苗的检测与保存

4.3.1　对无病毒概念的理解

植物常常受到一种以上病毒的侵染，包括某些未知病毒。当某些病毒在特定的检验中为阴性时，我们就说该植物不带那些病毒。通常所说的无病毒即指根据特异检验结果确定的“无特定病毒或病原体”。所以无病毒苗是一个相对概念，并不是绝对不带有任何病毒，只是不带有对当地生产危害最大的几种病毒而已。我国现行规定，一般不带有非潜隐性病毒，也不带有苹果褪绿叶斑病毒、苹果茎痘病毒和苹果茎沟槽病毒的苹果树苗即为苹果无病毒苗；把脱除了葡萄卷叶病毒、葡萄扇叶病毒、葡萄斑点病毒和葡萄栓皮病毒的葡萄苗木称为葡萄无病毒苗；而百合要脱除烟草花叶病毒、黄瓜花叶病毒，唐菖蒲要脱除烟草花叶病毒、黄瓜花叶病毒、菜豆黄花叶病毒后才可以在生产上应用。但现在园艺生产上所说的“无病毒”仍泛指无任何病毒。因此，在实际生产或研究中，最好在标签上注明，通过可靠鉴定究竟脱除了哪些病毒或病原菌（沈海龙，2005）。

4.3.2　植物病毒的检测与鉴定

并非所有的脱毒处理都能使植物达到完全脱除病毒。经脱毒培养获得的无毒苗，必须经严格检验，确认其不含有严重危害生产的病毒，才能进行扩繁，提供给农林生产使用。同时还须注意，若防护措施不当，已经脱除病毒的植物可以再次被病毒感染，因此，在繁殖过程中的不同阶段还须进行重复检验，以保证脱毒苗的质量。

当前脱毒苗的病毒检测方法有以下几种：

（1）直接观察法 植物感染特定种类的病毒后会表现相应的症状，感染后会使植物表现明显症状的病毒为非潜隐病毒。常见的症状有局部或系统皱缩、卷叶、花叶、黄化、褪绿、矮化等。观察植物是否有某种病毒所致的可见症状就可判断植物是否感染该病毒。

（2）指示植物法 有些植物对一种特殊病毒或一类病毒特别敏感，一旦感染该病毒便会在其叶片乃至全株表现特殊的病斑，我们把这种植物称为敏感植物或指示植物。每种病毒都有自己的敏感植物，如香石竹病毒的敏感植物有昆落阿藜、苋色藜；马铃薯病毒的敏感植物有千日红、黄花烟、心叶烟、毛叶曼陀罗；菊花病毒的敏感植物有矮牵牛、豇豆。利用病毒在敏感植物上产生的枯斑作为鉴别病毒种类的标准，就是指示植物法，又称枯斑和空斑测定法。

指示植物法只能用来检测靠汁液传染的病毒，使用时应根据不同的病毒选择适合的指示植物。方法是取被测植物的叶片1～3g，在研钵中加10ml水及少量磷酸缓冲液（pH值为7.0），研碎后过滤叶片匀浆，在滤液中加入少量的27～32μm金刚砂作为指示植物的摩擦剂，然后用棉球蘸取汁液在指示植物叶面上轻轻涂抹两三次进行接种，5min后用清水冲洗叶面。指示植物应保存在防蚜室或温室，保温15～25℃。接种后2～6d或几周观察，如果指示植物出现该病毒的特征性症状，则表明汁液中存在该病毒。

（3）抗血清鉴定法 植物病毒是由蛋白质和核酸组成的核蛋白，因而是一种较好的抗原，给动物注射后会产生抗体，抗原和抗体结合会发生凝集或沉淀反应，即为血清反应。动物的抗体主要存在于血清中，含有抗体的血清称为抗血清。抗体和抗原的结合具有高度特异性，即一种病毒产生的抗体只能结合该种病毒。因此，用已知病毒的抗血清可以鉴定未知病毒的种类。

这种抗血清在病毒的鉴定中成为一种高度专化性的试剂，且其特异性高，检测速度快，一般几个小时甚至几分种就可以完成。血清反应还可以用来鉴定同一病毒的不同株系以及测定病毒浓度的大小。所以，抗血清法成为植物病毒鉴定中最有用的方法之一。

近年发展起来的酶联免疫吸附反应（enzyme linkdimmuno sorbent assy，ELISA）法就是一种普遍使用的抗血清鉴定方法，该方法把抗原与抗体的免疫反应和酶的高效催化作用结合起来，形成一种酶标记的免疫复合物。结合在该复合物上的酶，遇到相应的底物时，催化无色的底物产生水解，形成有色的产物，从而可以用肉眼观察或用比色法定性、定量判断结果。其灵敏度极高，能检测出10^{-5}数量级的病毒浓度。

（4）电子显微镜鉴定法 现代电子显微镜的分辨能力可达0.5nm，利用电子显微镜观察，比生物学鉴定更直观，而且速度更快。使用方法是直接在电镜下观察被测植物材料或其超薄切片（20nm厚），检查是否有病毒粒子存在。电子显微镜还可以测量病毒颗粒的大小、形状和结构，从而对病毒进行鉴定。尤其对不表现可见症状的潜伏病毒来说，抗血清法和电镜法则是惟一可行的鉴定方法。在电子显微镜下，能否观察到病毒，有赖于病毒浓度的高低，浓度低则不易观察到。电镜鉴定法是目前较为先进的检测和鉴定方法，但对设备和技术要求较高。在实践中往往将几种方法联用，以提高检测的可信度。

4.4　无毒原种苗的保存与应用

4.4.1　无毒原种的保存

经脱毒获得的无毒原种，如果保存不当会重新感染病毒。为防止再度感染，应在隔离条件下保存，这项工作十分重要。保存好的无毒原种在生产上可以利用5~10年，创造更多的经济效益。

（1）隔离种植保存　将无毒原种种植在无病毒的隔离区或隔虫网室内种植保存。隔离区可选在海岛、山地、未种植过该种或同类群植物的新区；隔虫网室内使用防蚜网纱，网纱以300目的为好，网眼0.4~0.5mm大小。种植圃的土壤也应该消毒，保证种植区与病毒隔离。

隔离种植期间，仍需定期进行重感病毒的检测，一旦发现有重感植株，立即采取措施防止病毒再次传播。

（2）离体保存脱毒种苗　将鉴定为无病毒的原种株系回接于试管内。该法可对材料进行长期保存，是最理想的保存方法。

4.4.2　无毒原种的推广繁殖

获得无毒原种后，一方面要积极进行无毒苗的推广，另一方面还要做好无病毒良种的繁育。

无毒苗的推广需在发展良种的新区使用才能取得好的效果；在老病区使用时应该实行统一的防治措施，一次性全区换种。繁殖可在无病毒源和其他病虫害的大田中进行，场地土壤要进行消毒，防治蚜虫、线虫和其他传毒媒介，并建立一套严格的原种繁育制度和栽培管理制度，防止病毒的再次感染。

表4-3是目前利用组织培养技术已消除病毒的部分园艺植物。

表4-3　利用组织培养技术已消除病毒的植物

科	植物种类	消除的病毒
石蒜科 (Amaryllidaceae)	*Hippeastrum* sp. 尼润属植物（*Nerine*） 水仙（*Narcissustazetta*）	花叶病毒 尼润潜隐病毒，未鉴定的病毒AMV， 新城疫病毒（NDV）
天南星科 (Araceae)	庭院五彩芋（*Caladiumhortulanum*） Calocasia esculenta Xanthemonas brasiliensis	芋花叶病毒（Dasheen Mosaic）芋花叶病毒未确定
凤梨科 (Bromeliaceae)	菠萝（*Ananassativus*）	未确定
石竹科 (Caryophyllaceae)	须苞石竹（*Dianthusbarbatus*） 麝香石竹（*D. caryophyllus*）	潜隐病毒（Latent），斑驳病毒（Mottle），环斑病毒（Ringspot） 叶脉斑纹病毒
菊科 (Chrysanthemum)	菊花属植物（*Chrysanthemum* sp.） 大丽花属植物（*Dahlia* sp.）	褪绿斑驳病毒（Chlorotic Mottle），复合病毒（Complex of viruses），绿花萎缩病毒（Green Flowerstunt），叶脉斑纹病毒，病毒B 复合病毒，大理菊花叶病毒（Dahlia Mosaic），番茄不结实病毒，叶脉斑纹病毒，病毒B

续表

科	植物种类	消除的病毒
旋花科 (Convolvulaceae)	甘薯（*Ipomoea batatas*）	羽状斑驳病毒（Feathery Mottle），汉蒙花叶病毒(Hanmon Mosaic)，栓化病毒（Iternal Cork），玫瑰花叶病毒（Rugosa Mosaic），花叶病毒（Synkuyo Mosaic）
十字花科 (Cruciferae)	裂叶辣根（*Armorada lapathifolia*） 辣根（*A. rusticana*） 甘蓝（*Brassica oleraccea*） 豆瓣菜（*Nasturtium officinale*）	CLMV，TuMV TuMV CbBRSV CMV，CLMV，TuMV
瑞香科 (Daphneceae)	瑞香属植物（*Daphne* sp.） 奇味瑞香（*D. odora*）	AMV，CMV，RbRSV 瑞香病毒
大戟科 (Euphorbiaceae)	木薯属植物（*Manihot* sp.）	非洲木薯病毒，花叶病毒，木薯褐条斑病毒(Cassava Brownstreak)，花叶病毒
牻牛儿苗科 (Geraniaceae)	天竺葵属植物（*Pelargonium* sp.）	CMV，番茄黑斑病毒，环斑病毒（Ringspot），番茄环斑病毒
禾本科 (Gramineae)	多花黑麦草（*Lolium multiflorum*） 甘蔗（*Saccharum officinarum*）	RgMV 花叶病毒
绣球科 (Hydrangeaceae)	绣球（*Hydrangea macrophylla*）	八仙花环斑病毒（Hydrangea Ringspot）
鸢尾科 (Iridaceae)	香雪兰属植物（*Freesia* sp.） 鸢尾属植物（*Iris* sp.） 唐菖蒲属植物（*Gladiolus* sp.）	FrMV 香雪兰病毒Ⅰ（Freesia VirusⅠ）蚕豆黄色花叶病病毒2（Phaseolus） IMV 未鉴定的病毒
唇形科 (Labiatae)	熏衣草属植物（*Lavendula* sp.）	顶梢枯死病毒（Dieback）
豆科 (Leguminosae)	大豆（*Glycine max*） 红三叶草（*Trifolium pratense*）	SMV WCMV
百合科 (Liliaceae)	大蒜（*Alliumsativum*） 石刁柏（*Asparagus officinalis*） 风信子属植物（*Hyacinthus* sp.） 百合属植物（*Lilium* sp.）	GMV，OYDV，GYSV 未确定 HyMV CMV，HyMV，百合无症状潜隐病毒（LilysymptomlessLatent），LMV，未鉴定
桑科 (Moraceae)	啤酒花（*Humulus lupulus*）	啤酒花潜隐病毒和坏死环斑病毒
芭蕉科 (Musaceae)	芭蕉属植物（*Musa* sp.）	CMV，未鉴定
兰科 (Orchidaceae)	喜姆比兰（*Cymbidium* sp.）	建兰花叶病毒（Cymbidium Mosaic）
蓼科 (Polygonaceae)	大黄属植物（*Rheum rhaponticum*）	烟草脆裂病毒，CMV，ChLRV，草莓潜隐病毒，环斑病毒，TuMV
毛茛科 (Ranunculaceae)	大蕉毛茛（*Ranunculusasiaticus*）	未鉴定

续表

科	植物种类	消除的病毒
蔷薇科 (Rosaceae)	草莓属植物（*Fragaria* sp.）	复合病毒 皱叶病毒，镶边病毒，潜隐病毒A，潜隐病毒C，Pallidosis，草莓黄边病毒（Strawberry YellosEdge），叶脉变色病毒，叶脉褪绿病毒（Vein Chlorosis），斑驳病毒
	苹果属植物（*Malus* sp.）	潜隐病毒
	覆盆子（*Rubusideaus*）	花叶病毒
虎耳草科 (Saxifragaceae)	草甸茶藨子（*Ribesgrassularia*）	叶脉变色病毒
茄科 (Solanaceae)	黄花烟草（*Nicotiana rustica*）	AlfMV，CMV，ChLRV，AMV，烟草环斑病毒
	普通烟草（*N. tabacum*）	深绿斑病毒
	碧冬茄属植物（*Petunia* sp.）	TMV
	马铃薯（*Solanum tuberosum*）	卷叶病毒，拟皱缩病毒（Paracrinkle），PVA，PVG，PVM，PVS，PVX，PVY
姜科 (Zingiberaceae)	姜（*Zingiber officinale*）	花叶病毒

引自（肖尊安等，2006）缩写：AlfMV，苜蓿花叶病毒；AMV，南芥菜花叶病毒；CbBRSV，卷心菜黑色环斑病毒；ChLRV，樱桃卷叶霭毒；CLMV，花椰菜花叶病毒；CMV，黄瓜花叶病毒；FrMV，香雪兰花叶病毒；GMV，大蒜花叶病毒；GYSV，大蒜黄色条纹病毒；HyMV，风信子花叶病病毒；IMV，紫鸢花叶病病毒；LMV，百合花叶病病毒；NDV，水仙退化病病毒；OYDV，洋葱黄矮病毒/花叶病毒；PVA，马铃薯A病毒；PVG，马铃薯G病毒；PVM，马铃薯M病毒；PVS，马铃薯S病毒；PVX，马铃薯X病毒；PVY，马铃薯Y病毒；RbRSV，悬钩子环斑病毒；RgMV，黑麦草花叶病毒；SMV，大豆花叶病毒；TMV，烟草花叶病毒；TuMV，芜菁花叶病毒；WCMV，野苜蓿花叶病毒。

第5章　园艺植物体细胞胚发生

5.1　体细胞胚发生概述

5.1.1　体细胞胚发生的概念

植物的体细胞胚发生（somatic embryogenesis）（简称体胚发生）是指双倍体或单倍体的体细胞在特定条件下，未经性细胞融合而通过与合子胚胎发生类似的途径发育出新个体的形态发生过程（Williams and Maheswaran，1986）。经体细胞胚发生形成类似合子胚的结构称为胚状体（embryoid）或体细胞胚（somatic embryo）。这个定义包括以下几点含义：①体细胞胚是组织培养的产物，只限于在组织培养范围内使用，区别于无融合生殖的胚；②体细胞胚起源于非合子细胞，区别于合子胚；③体细胞胚的形成经历胚胎发育过程，区别于组织培养的器官发生中叶与根的分化。有些植物从体细胞胚的细胞中又可产生体细胞胚，这一过程称为重复体细胞胚发生（repetitivesomatic embryogenesis），形成的体细胞胚称为次生胚（secondary embryo）。植物体细胞胚发生及其植株再生过程是植物细胞表达全能性的有力证明。

体细胞胚发生首先是由 Reinert 和 Steward 等人于 1958 年分别从胡萝卜贮藏根培养获得的，因而胡萝卜一直是体细胞胚研究的重要模式植物。之后国内外不少学者在从事并推动植物体细胞胚发生的研究方面做了大量工作，并取得了有意义的成绩。据不完全统计，目前已有至少 30 多个科 80 多个种的植物有形成体细胞胚的报道。现在，体胚发生已被认为是植物界的普遍现象，是植物细胞在离体培养条件下的一个基本发育途径。

Haccius（1978）曾对体细胞胚作了组织学方面的定义：即①体细胞胚最根本的特征是具有两极性；②体细胞胚的维管组织与外植体的该组织无解剖结构上的联系，而不定芽或不定根往往总与愈伤组织的维管组织联系；③体细胞胚维管组织的分布是独立的“丫”字形，而不定芽的维管组织无此现象。

5.1.2　体细胞胚发生的特点及意义

在植物的组织培养中，诱导体细胞胚发生与诱导器官发生相比具有明显的不同：体细胞胚具有两极性；存在生理隔离；遗传性相对稳定；重演受精卵形态发生的特性；体细胞胚发生具有普遍性与两极性等特点。作为 20 世纪后期植物组织培养中的一个重大发现和突破，体细胞胚发生已经或将在很多领域中具有广泛的应用：①理论研究上，为植物细胞分化、全能性表达过程和机理等重大理论问题的研究提供了理想的实验体系；②人工种子作为建立在体细胞胚发生应用基础研究之上的高新技术，是促进离体快速繁殖、实现田间和温室栽培的重要途径。利用体细胞胚发生进行乔木树种的人工种子育苗，可能成为未来人工林苗木来源的一种重要手段（Bozhkov *et al.*，2002；Ipekci *et al.*，2003）；③体细胞胚或胚性愈伤组织可在适宜的条件下长期保存，从而实现种质资源保存，为挽救濒危植物提供了可能；④体细胞胚再生系统遗传上稳定、再生频率高，是多数植物最理想的转化受体系统；⑤间接体细胞胚发生过程中众多体细胞无性系变异可为突变体的筛选提供新的来源；⑥以胚性细胞为材料制备原生质体为细胞分化和植株再生等奠定了基础（孔冬梅，2004）。

5.2 体细胞胚的形态建成

5.2.1 体细胞胚发生的方式

植物体细胞胚发生的方式分直接发生和间接发生两种。直接发生是指体细胞胚直接从原外植体不经愈伤组织阶段发育而成，其来源细胞可以是外植体表皮、亚表皮、合子胚等，目前有数十种外植体可按直接发生产生体细胞胚。但相当一部分植物，其体细胞胚胎发生是间接发生，即体细胞胚是从愈伤组织，有时也从已形成体细胞胚的一组细胞中发育而成。此外，某些植物既可按直接方式又可按间接方式进行体细胞胚胎发生，如取自鸭茅叶基的外植体，先形成愈伤组织，再进行体细胞胚胎发生；若取其叶尖则体细胞胚直接从外植体上产生（黄学林等，1995）。而香雪兰体细胞胚胎发生的方式则是由培养基中植物生长调节物质种类、浓度配比决定（Wang *et al.*，1990）。

目前，人们对这两种体细胞胚胎发生的机理尚未取得一致共识，一般认为直接发生是由原先存在外植体中的胚性细胞——预胚胎决定细胞（preembryogenic determined cells，即 PEDCs）培养后直接进入胚胎发生而形成体细胞胚；间接发生则是外植体分化的细胞先脱分化，并对其发育命运重决定（redetermination），而诱导出胚性细胞——诱导胚胎决定细胞（induced embryogenic-determined cells，即：IEDCs），由其进行胚胎发生形成体细胞胚（Williams *et al.*，1986）。

植物体细胞胚胎发生的细胞学基础方面，人们普遍关心的一个问题是体细胞胚的起源问题。早期根据对胡萝卜的观察认为体细胞胚胎发生是单细胞起源的，即是从一个细胞发育而来，后来在小麦、石龙芮、大叶茶等的研究中也证实了这一点。许多植物的原生质体可直接形成体细胞胚，如柑橘、紫花苜蓿、咖啡等。但后来越来越多的研究发现，体细胞胚也可起源于多细胞，有时外植体先脱分化形成愈伤组织，从它的表皮内部形成一小团类似分生组织的细胞团，进而分裂形成体细胞胚。有时外植体不脱分化，而直接发生胚性细胞团。常常是同一个植物种中，单细胞和多细胞发生方式共存，这与作为一个形态发生群内的相邻细胞间的协作行为直接相关。Michaux - Ferriere 等（1992）给体细胞胚发生的定义是“体细胞胚发生是从一个胚发生细胞的单细胞或从一群胚细胞的多细胞发育而成一个具两极结构的过程”（somatic embryogenesis is a process in which a bipolar structure arises either from single embryogenic cells or from clusters of embryonic cells）。

5.2.2 体胚发生的主要阶段

关于体细胞胚发生的过程及发育阶段，目前尚无严格定义，一般参照合子胚的发育阶段，将其过程划分为胚性愈伤组织的诱导，体细胞胚的诱导，体细胞胚早期的分化发育（球形胚到鱼雷形胚的发育），体细胞胚成熟，体细胞胚萌发和成苗等几个阶段。

5.2.2.1 胚性愈伤组织和体细胞胚的诱导

许多研究指出，分化成熟的外植体细胞对受伤信号、胁迫环境条件或生长素的反应是诱导成熟体细胞脱分化进行细胞分裂，形成胚性细胞的因素。对于许多植物来说，生长素是诱导胚性细胞形成的主要因素，其他因素的作用在于调节细胞内源生长素的水平。最有效的生长素类生长调节剂是2,4 - D，其作用有两个，一是提高细胞内源生长素水平，二是作为胁迫因子起作用。受伤、高盐浓度、重金属离子、高温或渗透胁迫等对不同植物体胚诱导也具有一定的促进作用，从这方面来说，体胚发生是离体培养细胞适应培养环境的过程。

不同植物的体胚发生所需要的条件有很大差异：有的植物不需要添加任何生长调节剂就可诱导出体胚，如柑橘、枸骨叶冬青；有的仅需要细胞分裂素就足以诱导体胚发生，如红豆草；有的需要加入2,4-D，这对禾本科植物的体胚诱导尤其重要；而大多数植物体胚发生都需要生长素与细胞分裂素的配合。Raemakers等1995年报道了65种双子叶植物的体胚发生，其中17种植物需要无植物生长调节物质培养基，29种植物需要含生长素的培养基，25种植物适合添加细胞分裂素的培养基。不同生长素的使用频率是，2,4-D为49%，NAA为27%，IAA为6%，毒莠定（Picloram）和麦草畏（Dicamba）分别为5%。不同细胞分裂素的使用频率是，6-BA为57%，激动素（Kinetin）为37%，玉米素和TDZ分别为3%。

需要指出的是，胚性细胞或原胚细胞团是在生长素的诱导下形成的，但生长素同时也使部分胚性细胞伸长和使细胞分离，导致胚性细胞继续生长，分裂成新的原胚细胞团的同时也形成非胚性细胞。如果培养基中生长素浓度过高，或继代频繁，细胞伸长和细胞分离加速，胚性细胞团会很快减少，最终失去体胚发生的潜能。因此，即使在胡萝卜胚性细胞培养物中，胚性细胞的比率也是相当低的，只占细胞总量的1%～2%。

5.2.2.2 体细胞胚的早期分化发育

胚性愈伤组织或原胚细胞团转移到低生长素浓度或无生长素培养基后，球形细胞团发育成球形胚，以后进一步分化，经历心形胚、鱼雷形及子叶形胚的发育阶段。球形期胚的生理生化代谢活跃，许多基因特异性表达，与合子胚发育相似，球形期胚是体细胞胚茎端分化的关键时期，并为体细胞胚继续发育提供和准备了物质基础。如果培养条件不适宜，体胚的形态发育会受到抑制，并逆转到愈伤组织状态。随着球形胚的发育，体细胞胚自身能合成生长素，生长素极性运输的建立对球形期后的胚胎发育是必须的。

在早期分化阶段，体胚通常表现形式多样的形态和发育阶段。这是因为：

（1）一般来说，原胚被转移培养后所发育的体细胞胚群体中含有单胚、双胚及其细胞团块

体胚群体中各类胚的比例由多种因素决定。其中原胚复合物离解成单个原胚的效率和原胚本身的大小是重要因素。若原胚复合物在其形成的早期分离出较多的单个胚，当他们转移培养时则单胚结构居多。如果原胚复合物离解单原胚的速度过慢或过晚，经转移培养后则多胚结构居多。

（2）较小的原胚可以顺利地度过体胚发育的各个阶段　如果过大，在转入无植物生长调节物质培养时可形成两个生长中心，从而发育成双头胚甚至多重胚；如果原胚增大的部位发生在芽端，则在带根的胚轴中形成两个苗芽。如果悬浮培养物经过筛选（过筛或离心），仅将小块组织和单原胚转移入培养中，则成熟发育的仅是单胚。ABA对形成单胚起重要作用，尽管ABA阻抑胚性感受态的表达，但对那些胚性已被诱导的原胚的成熟有利。

（3）在某种程度上，体胚发生是反复进行的　这样，新的胚胎发生中心就会从原胚细胞群中或是从成熟的胚中产生，从而使得在一个群体中同时有不同发育阶段的体胚存在。

使所有的胚整齐一致地通过每一发育阶段，无论对理论研究还是生产应用都有极重要的意义。要达到这种同步化发育，就必须解决2个问题，一是提高接种物的均匀性，而是抑制次生胚的产生。

5.2.2.3 体细胞胚的后期发育和萌发

经早期生长分化的体细胞胚当转入特定的培养基后，就会像合子胚那样经历一个后期发育和成熟的过程：组织进一步分化（通常是改变细胞形态）；子叶原基进一步发育和生长；贮藏物质合成及累积等。

体细胞胚正常的分化、发育顺序通常是细胞分裂、细胞增大和分化，这种顺序对于形态发生

的结果影响很大。如果上述的结构性发育过程过早或推迟出现甚至消失，会导致不正常的形态特征（畸形胚）。在原胚发育的前期阶段如果持续地进行细胞分裂，会引起胚生长新中心的产生而导致多胚或次生胚的形成。Ammirato（1987）曾从细胞学方面总结过双子叶植物体细胞胚子叶发育畸形的几种发生情况：一般子叶的形成是由原胚经过一系列的细胞分裂，其中一圈细胞形成子叶托（cotyledonary collar），并出现两个生长中心，由此发育出两个子叶原基。如出现过多的细胞分裂或过早的细胞增大，上述“子叶托”这圈细胞的结构将受影响，可能形成多个生长中心，发育出多个子叶；如形成子叶托的细胞分裂过少，最后则只形成一个子叶；如在子叶托形成之后，甚至在子叶原基发生之后，细胞分裂活动仍旺盛进行，子叶发育将会彼此连成一片；如细胞分裂活性过低，细胞液泡化出现过早，将会导致子叶发育失败。

后期生长发育对体细胞质量及其转株率有很大影响，许多研究中只有3%～5%的胚胎能生长成植株。除了畸形胚的影响外，体胚没有经历合子胚一样的“胚成熟”阶段也是转株率低的原因之一。“胚成熟”过程是胚胎积累营养物质和耐干燥的蛋白质的过程，该过程中胚胎大小基本不变。如大豆的体细胞胚明显小于合子胚，子叶发育不全，鲜重差异大。ABA、湿度和渗透胁迫等处理可以促进体细胞胚的成熟，提高萌发率。例如，用1μmol·L^{-1} ABA和5mmol·L^{-1}脯氨酸处理芹菜体细胞胚，可使其干燥存活率从13%上升到84%。

影响体胚萌发的另一个因素是休眠。一些植物的体细胞胚成熟后进入休眠不能直接萌发，需要低温解除休眠后才能萌发。这种特性与该植物种子需要层积处理的情况一致。球形期至子叶期之间的葡萄体胚在4℃下处理2周即可度过休眠期。而适当时间的脱水或渗透处理可打破红栎体细胞胚的休眠，促进其萌发和成苗。

5.2.3 影响体胚发生的主要因素

体细胞胚的发生发育是多种内外因素综合作用的过程，其中外植体、培养基和植物生长调节物质起决定作用。

5.2.3.1 外植体的选择

根据细胞全能性的理论，植物体任何部分的细胞、组织和器官如根、茎、叶、种子等，都能在人工条件下脱分化，从而恢复到幼龄的胚胎性的细胞阶段。但是，由于技术和试验规模的限制，目前还不能轻而易举地使每一种植物的任何部位的任何一个细胞都恢复胚性，并重新开始它的胚胎发育。尽管全能性是客观存在的，但全能性的表达则需要一定的条件和信号。不同植物、同一植物的不同部位对刺激等外界信号的感应程度不同，反应不同，其体细胞胚诱导的难易程度也就有所差异，这涉及到分化和脱分化实质，即基因差别表达的问题（黄坚钦，2001）。一般用胚性感受态（embryogenic competence）来描述组织培养中诱导体细胞胚发生的相对容易程度。黄学林等认为胚珠、幼胚、成熟胚、幼苗和成花结构中的非分生组织中细胞的胚性感受态通常较高。实践证明，大多数植物的幼胚都是组织培养和再生植株的最佳外植体（Bonga *et al.*，1992）。受精卵是全能性最好的细胞，从受精卵到幼胚发育过程短，细胞特化少，而发育成熟的植株的各类体细胞经过长时间的生长发育，不断特化，其全能性也随之下降（黄璐等，1999）。

Merkle认为，森林树种的胚性培养只能来源于种子和幼苗，合子胚或种子的发育程度对诱导胚状体的影响是很大的。事实上，从营养器官诱导出体细胞胚的树种也有，但还是以胚或幼苗为外植体的居多。据Evans等1981年统计，在已成功体胚发生的63种木本植物中，有23种是用胚作外植体的。许多树种的研究表明，未成熟种子的胚比成熟种子或幼苗有更高的诱导潜能。William和Maheshwaran认为幼胚中许多细胞是处于胚发生“决定态的”（determined），随着胚的成熟和萌发，胚性细胞的数量逐渐减少，体细胞胚发生能力也逐渐降低。据唐巍等1997年收录的34种成功体胚发生的针叶树中，以未成熟胚、成熟胚和幼苗为外植体的分别为18种、15种和1种。周丽依等（1996）分别用荔枝的幼胚、幼叶、茎尖、根尖、胚轴、子叶等作外植体进行培养，结果只有幼胚和茎尖诱导获得胚性愈伤组织并成功发生体细胞胚。核桃开花后7~17周的幼胚可用来诱导体细胞胚（Preece *et al.*，1995）。我们也对水曲柳体细胞胚发生的适合的外植体进行过大范围的搜索，只有合子胚的子叶上发生了体细胞胚，而且发现未成熟子叶胚的体胚诱导率高于成熟胚（孔冬梅，2004）。总之，体细胞胚胎发生中外植体的筛选是培养成功的重要前提，以一定发育阶段的合子胚为首选材料。

5.2.3.2　基本培养基及其附属成分

基本培养基成分及其状态等对体细胞胚的发生至关重要，常用的基本培养基有含盐量较高的B5、SH和MS培养基。据Evans等1981年统计，70%的植物体细胞胚胎发生用MS或改良的MS培养基。据Ammirato在1983年统计的92种植物体细胞胚胎发生中，有68种使用MS基本培养基（约占74%）。MS中较高浓度的NH_4NO_3和螯合铁对体细胞胚发生有一定作用。但针叶树体细胞胚发生中，通常用DCR、LP、LM等培养基作体胚诱导培养基。培养基根据树种不同可用固体或液体的，有些树种在体细胞胚胎发生的不同阶段要求使用不同状态的培养基。

氮素的形态及K^+对体细胞胚胎发生也起重要作用。通常含高浓度NH_4NO_3的培养基对针叶树的体细胞胚发生不利，明显降低NO_3^-及NH_4^+的含量，可促进体细胞胚的发生和发育。还原性氮对核桃等多个树种的体细胞胚发生具促进作用。谷氨酰胺等酰胺类物质常被作为还原性氮源而加入培养基。培养基中添加椰乳（CW）、水解酪蛋白（CH）、酵母抽提物（YE）等天然复合物对许多木本植物体细胞胚的诱导也很有效。

碳水化合物一方面作为能源，另一方面又作为渗透调节剂对体细胞胚的诱导和发育产生重要作用（Bellettre *et al.*，1999；Biahoua *et al.*，1999）。高频率诱导体细胞胚胎一般使用蔗糖，浓度多在2%~6%之间。一定范围内提高蔗糖浓度可增加可可生物碱、花青素、脂肪酸（黄学林等，1995），有利于体细胞胚的成熟。苹果叶片离体培养时，在保证碳源供应的前提下，降低蔗糖浓度有利于直接体细胞胚胎发生（达克东等，1996）。甘油、半乳糖和乳糖比蔗糖更有效地刺激柑橘珠心体细胞胚胎发生（严菊强，1994）。而在裸子植物的体细胞胚胎发生中，通常利用肌醇或聚乙二醇作渗透调节剂。

另外，调节乙烯、多胺等的生物合成均可改变愈伤组织的胚性及其体细胞胚发生能力。而聚乙烯吡咯烷酮（PVP）、活性炭等则常被作为促进体细胞胚胎成熟或防止褐化的物质添加于培养基。

5.2.3.3　生长调节物质

很早人们就意识到，植物生长调节物质特别是生长素在植物体细胞胚胎发生中有重要作用。但由于有效的胚胎发生实验体系很少，至今人们对体细胞胚胎发生中植物生长调节物质的调控作用还缺乏足够的了解。尽管如此，生长调节物质仍是目前诱导体细胞胚最有效的一个因素，因此，在未弄清体细胞胚胎发生机制的情况下，用生长调节物质控制来提高体细胞胚胎发生的频率与质量在实践中是行之有效的方法之一。

生长素是诱导体细胞胚发生研究最多的植物生长调节物质，在不少植物中已证明是胚胎发生所必需的。2,4-D是诱导多种植物离体培养的体细胞转变为胚性细胞的重要植物生长调节物质，其次是NAA。Evans等曾经在1981年统计得有57.7%的双子叶植物以及所有单子叶植物在其体细胞胚发生的诱导阶段都使用2,4-D。2,4-D的作用十分重要而且微妙，一方面，它对胚性愈伤组织的产生必不可少，另一方面又抑制体细胞胚的进一步发育。所以，一般把体细胞胚发生分为两个阶段，一是诱导阶段，必须加2,4－D；二是体细胞胚发生阶段，此阶段降低或去除2,4－D（Zimmerman，1993）。Dudits等曾对羽扇豆叶肉细胞原生质体进行研究，发现2,4－D浓度高时能诱发不均等分裂，浓度低时只诱发均等分裂。一旦发生不均等分裂，细胞就对生长素失去敏感性，在无生长素的条件下能自发形成体细胞胚。周丽依等认为，体细胞胚间接发生途径所需2,4－D的作用是诱导核仁产生各种RNA，从而增加蛋白质的合成，促进酶的合成或活性增加，启动细胞分裂，由此完成脱分化过程。很多直接发生体细胞胚的诱导培养中不使用2,4－D，如水曲柳。2,4－D对胚胎表达的抑制作用是体细胞胚直接发生途径中不能使用2,4－D的主要原因。事实上，有些植物在愈伤组织诱导与体细胞胚胎发生两阶段都需要或都不需要2,4－D，这可能与不同植物内源激素的状况有关。

早期的研究特别强调生长素的作用，但越来越多的研究表明，细胞分裂素在植物体细胞胚发生中的作用也很重要，许多材料要求生长素与分裂素结合使用，如红醋栗、檀香、桉树、油茶、桃等，有少数材料如茶树未成熟胚子叶、欧洲冷杉雌配子体、塞尔维亚云杉幼茎培养中，只用细胞分裂素就可诱导体细胞胚发生，而同时添加生长素可提高体细胞胚发生频率。许多裸子植物的研究表明，细胞分裂素在体细胞胚发生中起着比生长素更重要的作用。近年人们又发现一种更高细胞分裂素活性的物质——TDZ，TDZ在木本植组织培养中作用相当明显，已在胡桃、美国白蜡、悬钩子等植物中相继用TDZ诱导了体细胞胚胎发生（Huetteman *et al.*，1993；孔冬梅等，2003）。

也有少数植物，只要提供适当的培养基，不需要添加任何植物生长调节物质就可诱导其胚性愈伤组织或体细胞胚发生，如柑橘的珠心细胞和枸骨叶冬青的子叶，这可能是由于外植体本身已含有足够的刺激体细胞胚胎发生所必须的内源激素（Centeno *et al.*，1997；1989；Ivanova *et al.*，1994）。有人将体细胞胚胎发生对细胞分裂素的需求归纳为两种情况，其一是体细胞胚胎发生是各类生长调节物质平衡作用的结果。细胞分裂素对植物体细胞胚胎发生是不可少的，只是有些植物外植体或培养物本身已含有足够的细胞分裂素，因此不必补加外源的细胞分裂素就已满足体细胞胚发生的各类植物生长调节物质的平衡要求，如果所加的细胞分裂素引起体细胞胚胎发生的植物生长调节物质平衡失调，则对体细胞胚胎发生显示抑制作用。其二是存在体细胞胚胎发生需要和不需要细胞分裂素两种类型的植物。事实上，体细胞胚胎发生对生长素的需求也是如此。

除生长素和细胞分裂素外，脱落酸（ABA）对多数树种体细胞胚的发育特别重要，其作用主要是促进体细胞胚成熟，防止畸形胚的产生，抑制体细胞胚的过早萌发，防止针叶树中的裂生多胚现象。Boulay等认为ABA对体细胞胚的促进机理可能在于ABA有利于外植体中贮藏库的增加，这些贮藏库包括贮藏蛋白、贮藏脂肪等。

总之，体细胞胚胎发生过程中，每种植物生长调节物质都各有其特异性。只有将各种植物生长调节物质交互配合使用，才能充分发挥植物生长调节物质平衡的调节作用，诱导出高质高量的体细胞胚。

此外，植物生长调节物质与氮源、碳源作用之间也具有协同效应，在体细胞诱导中需合理配合使用。胡自华使用含不同浓度的ABA、GA_3和脯氨酸及三者不同浓度的组合诱导胡萝卜体细胞胚胎发生，发现三因素在适当浓度配合时，体细胞胚的质量比单独使用任何一种调节物都要明显。

5.2.3.4 培养的环境条件

培养基的状态，环境的光照、温度和气体状态等对体细胞胚发生都会产生不同程度的影响。

（1）培养基的物理状态　培养基的物理状态可分为液体、固体和半固体，一般认为，培养基的物理状态对胚的形成和发育影响很小，但并非所有植物都如此。有些植物在体胚发生的不同阶段，对培养基物理状态的要求不同，如胡萝卜和石刁柏，在阶段Ⅰ（诱导愈伤组织形成）要求固体培养基，阶段Ⅱ（细胞和体细胞胚增殖）采用液体培养基，阶段Ⅲ（成株）采用固体培养基。而烟草愈伤组织需要从固体培养基转到液体培养基才能有效分化苗。

（2）渗透压　许多实验表明，培养基中的渗透压对胚状体发生和植株再生有显著影响。一般体胚发生的较早时期通常要求较高的渗透压，但较高渗透压会抑制胚性愈伤组织的增殖。培养基中蔗糖、葡萄糖等浓度的改变可以引起渗透压的改变，从而改变培养效果。文颖通过低温处理结合渗透压调节法使甘蔗的体细胞胚发育达到了部分同步化。

（3）pH 值　培养基 pH 值的变化直接或间接地影响愈伤组织的生长及其形态建成。愈伤组织或体细胞胚发生均要求一个较为合适的 pH 值。烟草花粉诱导体细胞胚适宜的 pH 值为6.8，柑橘则以 pH 值5.6 为好。pH 值7.0 处理1d 可显著提高水稻花粉愈伤组织分化绿苗的能力。Jay 等发现，生物反应器中 pH 值 4.3 时胡萝卜体细胞胚发生频率高，但胚发育被抑制在鱼雷胚阶段前，只有在 pH 值5.8 时体细胞胚才继续生长发育。目前 pH 值对愈伤组织形成和分化影响的规律还不是十分明确。

5.2.3.5　光照

体细胞发生对光照的要求因植物种类而异，例如烟草和可可的体细胞胚发生要求高强度的光照，而胡萝卜、黄蒿、咖啡、水曲柳等的体细胞胚发生则在黑暗的条件下较为合适。对胡萝卜悬浮细胞培养，白光、蓝光抑制体细胞胚发生和生长，黑暗、或红光、绿光下所得体细胞胚产率最高，蓝光还可促进心形胚中 ABA 的合成，而红光则促进心形胚的发育。蓝光有利于芽的分化，而红光、远红光抑制芽分化，同时促进根分化。

5.2.3.6　温度和湿度

各种愈伤组织增殖的最适温度有差异，从 20～30℃不等，一般为（25±2）℃。如可可愈伤组织诱导的最适温度为27℃。在高温高湿的同时使用较高浓度的细胞分裂素，容易导致玻璃化苗的出现。培养温度一般为恒温，但夜晚适当降温对苗和根形成都有好处。

5.2.3.7　气体

通气状况对体胚的形成有一定影响，当封口膜的透气性差时容易产生玻璃化胚。一般，对体细胞胚的发生发育来说，培养容器内的气体成分比通气状况更为重要，而且气体成分在液体培养或生物反应器中的影响比固体培养中大。对胚发生影响较大的气体成分主要指氧气、二氧化碳和乙烯。Preil 等曾报道，一品红悬浮细胞培养中，O_2 浓度低于 10% 时，生物反应器中的细胞生长停止；当 O_2水平提高到 80% 时，与 40% O_2 相比，细胞数从 $3.1\times10^5\cdot ml^{-1}$上升到 $4.9\times10^5\cdot ml^{-1}$，而 60% 的 O_2 有利于其体细胞胚发生。浓度为 5%～10% 的 O_2抑制胡萝卜细胞生长和体细胞胚的分化，O_2 浓度为 20% 最有利于体细胞胚形成。关于 CO_2对细胞增殖和分化的作用目前还存在争论，原因是一定范围内 CO_2 水平的变化，对一部分植物（如蓝春星花）细胞增殖无影响，对另一部分植物（如仙客来）却有明显影响。乙烯的变化对欧洲云杉胚性细胞的显微形态和胚性愈伤组织的诱导率无显著影响（谢耀坚等，1998）。

5.2.3.8　电场

应用弱电流刺激能明显增强组织培养中器官发生和体细胞胚发生的潜能。Goldsworthy 曾报道，将两个电极分别插入烟草愈伤组织和附近的琼脂培养基中，通过弱电流（微安培）几周后，处理的组织形成苗频率为对照的 5 倍。目前也有关于电流刺激原生质体融合的报道。

5.3 体细胞胚发生的生物学机理

5.3.1 体胚发生过程中的生理生化反应

测定体细胞胚胎发生过程中氨基酸、糖类、酚酸、多胺、激素以及离子的含量，尤其是蛋白质和酶的动态变化，分析其对体细胞胚胎发生发育的调节作用，找出体细胞胚胎发生的分子标志物，对揭示体细胞胚胎发生的分子机理具有重要意义。目前，了解体细胞胚胎发生过程中生理生化变化及其对体细胞胚发生的意义，相当一部分是从胚性愈伤组织和非胚性愈伤组织的对比研究着手的。Wann 等（1987）报道挪威云杉非胚性愈伤组织的乙烯产生速率比胚性愈伤组织高 19 ~ 117 倍，因此可将乙烯作为胚性愈伤组织的分子标志物，直接跟踪乙烯与体细胞胚胎发生的关系。对华北落叶松胚性、非胚性愈伤组织生理生化的对比研究发现，不同类型愈伤组织在氨基酸、乙烯释放量、金属离子、氨态氮与硝态氮的比值上存在明显差异，这反映了二者在代谢上的不同（齐力旺等，2001）。柑橘胚性愈伤组织发育到某特定阶段，细胞壁加厚，此时酸性 POD 同工酶特异地表达，调节细胞壁 POD 活性，使 POD 迅速释放至细胞内自由空间，在厚壁内细胞状态发生改变，表现出胚胎发生潜能，形成原胚并进而分化成球形胚。因此，在球形胚形成前特异性表达的酸性 POD 同工酶与柑橘珠心愈伤组织体细胞胚胎发生早期密切相关，可以作为珠心胚发生早期的生化标记（陈力耕等，1997）。

杨和平于 1991 年提出了植物体细胞胚发生大致的生理生化轮廓，认为植物细胞具有的全套基因是体细胞胚胎发生的分子前提，经过切割或游离，体细胞由于外源理化因子的诱导，内源理化因子发生相应的变化，结果导致一系列酶的活化和钝化，接着 RNA 合成被活化，在染色质探制下进入活跃的周转，在这之前和同时，新的蛋白质（酶）合成与周转也活化，随后就是 DNA 合成加速，导致细胞的活跃分裂和球形胚的形成。以后，在内外源信息作用下，通过转录与翻译水平复杂而精巧的控制，基因在时间上和空间上得以选择性激活和表达，导致细胞生理代谢的阶段性和区域性差异，结果用于形态建成的物质基础不同，于是实现胚胎发生。近年有关方面的研究也可推断出类似结论，但真正证实上述观点是否正确，还要在转录及翻译水平上做深入的研究。

5.3.2 体细胞胚发生的细胞生物学

细胞生物学主要通过石蜡切片技术、超微切片技术和组织化学等方法研究植物体细胞胚胎发生的形态学建成，观察体细胞胚的发育过程，分析胚胎发生过程中的组织化学变化。

石蜡切片法是体细胞胚胎发生中最基础的研究手段，也是最常用的方法，其优点是可以制作连续切片，跟踪体细胞胚胎发生全过程。借助该手段，许多学者了解了体细胞胚胎发生的细胞起源和发生方式，从细胞形态上将胚性与非胚性愈伤组织区分开来。例如，Button 等（1974）对柑橘胚状体的起源和结构研究结果表明，胚状体由单细胞分化而成，将要形成原胚的细胞具有显著加厚的细胞壁，这种细胞无胞间连丝或胞间连丝被堵塞，细胞分裂发生于厚壁之内并形成原胚，将这种变化与生化过程结合分析，就会发现细胞壁的加厚与体细胞胚的形成密切相关。对水曲柳体细胞胚发生的细胞学观察表明，水曲柳的体细胞胚起源有单细胞和多细胞两种，直接起源于合子胚子叶表皮单细胞的占较高比例（孔冬梅等，2006）。对白云杉（Hakman *et al.*，1987）和塞尔维亚云杉（Jain *et al.*，1995）胚性胚柄团超微结构的研究发现，胚细胞内含有大量的核糖体、线粒体、内质网、高尔基体等细胞器，显示了其代谢活动极为活跃，而胚柄细胞内仅有少量微丝分布，出现衰亡的趋势。

将细胞学与组织化学结合起来，可了解胚性细胞发育过程中糖类、蛋白质和核酸等大分子的代谢动态，有助于从生理生化水平来了解体细胞胚的形成和发育。杨金玲等利用整体染色法结合PAS反应研究白杆体细胞胚胎发生过程发现，非胚性愈伤组织细胞中始终无淀粉粒出现，而胚性愈伤组织只要转到分化培养基便开始有淀粉积累。淀粉粒的分布位置和积累量随体细胞胚发育时期呈规律性变化。从而进一步证明淀粉是一种积极参与组织培养过程中形态建成的活跃代谢物质。

5.3.3 体细胞胚发生的分子生物学

体细胞胚胎发生，归根到底是体细胞在各种内外因素的影响下，启动了某些特异基因的表达，表现为胚性蛋白的产生。体细胞胚胎发生中基因表达的研究有两种方式，即分离体细胞胚胎发生中的基因并鉴定该基因的功能；或是从非胚性组织中分离一些基因，进而了解这些基因的表达差异及其在体细胞胚胎发生中的作用。通过比较体细胞胚胎和愈伤组织的基因和蛋白质表达情况，已经从发育中的胚状体中分离到一些基因，其中部分基因正被用来研究体细胞胚胎发生中的基因调控机制。研究得比较清楚的有以下几种基因：编码晚期胚胎发生丰富蛋白（LEA）的基因，体细胞胚胎分泌蛋白基因，脂体跨膜蛋白基因，与翻译有关的延伸因子 EF－1 的基因和ATP合成酶亚基的基因，另外还有体细胞胚胎发生中的“非胚性基因”等（陈金慧等，2003）。

有学者鉴定并克隆了白云杉体细胞胚发生中的三个热激蛋白（*HSPs*）基因 cDNA，其中有两种 *HSPs* 基因的表达与体细胞胚的发生发育有关（Dong *et al.*，1996）。他们还观察到白云杉体细胞胚胎发生中有丰富 mRNA 表达，从子叶胚中分离出 28 个 cDNAs，这些 cDNAs 编码不同的产物，显然这些基因是在体细胞胚胎发育晚期表达的，白云杉成熟体细胞胚的蛋白贮藏液泡（PS-Vs）中还检测到另一种晚期表达的胚胎相关性蛋白 TIP，该蛋白可能是一种运输蛋白体，与营养的积累和消耗有关。而 35－55KD 的胚胎相关性多肽是枸杞等多种植物胚胎发生早期共有的胚性发生分子标志（陈雄等，1995）。

5.3.4 体细胞胚与合子胚两种胚胎发生体系的比较

胚胎发生发育是一个生物个体新生活史的起点，对其进行深入研究是发育生物学研究的中心问题之一。由于高等植物合子胚的发生是在胚囊内进行的，因而对早期合子胚直接进行操作几乎是不可能的，这给合子胚的系统研究造成一定障碍。

20世纪50年代末，植物体细胞全能性理论得到证实，继之而兴起的体细胞胚胎发生为研究植物的合子胚发生提供了良好的替代系统。对体细胞胚，特别是胡萝卜体细胞胚的研究使人们对胚胎发生的了解深入了很多。从20世纪80年代开始，随着分子生物学技术的成熟，从基因水平上了解胚胎发育的分子机理成为现实。之后，利用胚胎操作法和遗传解剖法，结合生物化学和分子生物学技术，胚胎发育的研究在分子水平上取得了长足的进展，已从拟南芥分离到近300个与胚胎发育有关的基因位点的大量突变体，从玉米中也分离到50多个类似的突变体，这些基因分别控制着胚胎发育过程中的形态发生或细胞分化（许智宏等，1999）。

尽管如此，对胚胎发育的了解还主要是通过一些模式植物如荠菜、拟南芥、玉米等研究取得的，相当一部分重要的植物种，包括一些木本植物胚胎发育缺乏系统的研究，有待用现有的条件与理论来加强研究。

由于体细胞胚发生重演了合子胚形态发生的进程，因而合子胚形态发生的知识对确定体细胞胚胎诱导和培养条件，了解体细胞胚胎发生和细胞分化机制具有重要的指导作用。反过来，体细胞胚胎发生体系的建立和调控又可为合子胚发育机制提供重要信息。有关两个胚胎发生体系在形态解剖、生理生化及分子水平上的对比研究越来越多。体细胞胚与合子胚不仅在形态特征上，而且在生化水平上都有相似性，特别是基因表达产物、蛋白质组分的相似性。尽管如此，两种胚胎发生体系在某些方面的差异还是不容忽视的，例如：原胚复合物产生的体细胞胚在发育上往往不同步化，在任何时间内都可出现处于不同发育阶段的体细胞胚。当营养接近耗尽需要更换新的培养基时，由于那些处于不同发育阶段的体细胞胚对营养环境变化的反应不一样，以致它们之间发育状态发生更大的差异性。在上述的培养环境中，体细胞胚容易又变为无序结构的新的胚性细胞团，而不进入体细胞胚成熟发育阶段，甚至形成畸形胚。在这种环境中，即使是相对成熟的体细胞胚胎，其胚性器官也会以不同的速度进行发育而导致超前萌发，结果仅形成苗或根而不形成健康的植株。因此尽管许多植物都可进行体细胞胚胎发生，但真正作为理想体细胞胚胎发生体系的植物却很有限。

5.3.5 胚胎结构形成

自然条件下，被子植物经过特有的双受精过程，形成了由胚乳和种皮包被的合子胚。而非自然条件下离体诱导产生的体细胞胚胎显然没有胚乳，这里培养条件代替了胚乳的作用。

合子形成后通常要经过一个休眠期，休眠期长短因植物不同而异，期间，随着合子成熟、胚囊增大而出现一系列的变化，这些变化与体细胞胚发生早期胚性细胞中的变化基本一致。主要表现是：

（1）合子或胚性细胞的极性加强，特别是受精卵的极性与周围的珠心组织有关，在合点端具有浓厚的细胞质和细胞核，在珠孔端被液泡所充满。胚性细胞极性虽然不像合子细胞明显，但细胞内含物也呈现区域性集中，从而加强了它的极性化。

（2）细胞质中各种细胞器丰富，细胞核被大量的造粉质体和线粒体包围，核糖体聚集成多聚核糖体，高尔基体数目增加。

（3）卵细胞在受精前，合点端无细胞壁或壁不完全，而受精以后细胞壁是连续的、完全的，胚性细胞早期细胞壁薄，而且与周围细胞存在广泛的胞间连丝，随着胚性细胞的发育，核偏移、细胞壁加厚、胞间连丝消失，与合子胚相似，处于相对独立状态。这些变化表明合子细胞和胚性细胞不仅具有极性，而且代谢十分活跃（崔凯荣等，2000）。

5.3.6 生理生化变化

合子胚发生与体细胞胚胎发生在生理生化的变化动态上表现相同的趋势，但二者的差异在许多植物中也是明显存在的，特别是成熟体细胞胚干物质的积累，蛋白质合成和多糖的含量明显少于相应的合子胚，而且在组成上也存在明显的不同。这可能是体细胞胚成熟率、萌发率和转换率低的主要原因。例如，挪威云杉的体细胞胚和种胚都含有 42 kD、33 kD、28 kD 和 22 kD 四种贮藏蛋白，两种胚的贮藏蛋白质组成与其时间上的合成模式非常相似，都在成熟生长阶段累积贮藏蛋白，但相同鲜重的体细胞胚所含总蛋白只有合子胚的 1/4，体细胞胚的含糖量和 triacylglycerol（TAG）都远远低于合子胚，使得体细胞胚的生理活性也明显低于合子胚（Bornman *et al.*，2003）。黄豆合子胚和体细胞胚之间脂类、蛋白质含量，特别是糖类的含量和组成存在广泛的差异。这也可能是细胞离体培养诱导的体细胞胚生活力低和再生植株困难的主要原因。特别是体细胞胚发育后期干物质积累少，其中棉子糖和水苏（四）糖等低聚糖可能对体细胞胚的萌发率和转换率尤为重要，因为萌发前的成熟胚常常要失水，而此类寡糖与种子脱水耐受性有关（Blackman *et al.*，1992）。

人们将合子胚的胚胎发生过程与体细胞胚胎发生进行比较研究，探讨体细胞胚后期发育不正常和再生植株困难的原因。根据合子胚的生理生化指标，提出了各种措施，以改善体细胞胚后期的培养条件，从而保证体细胞胚的正常成熟和萌发。如调节培养基中生长素的类型和浓度，以延长体细胞胚的生长期，增加体细胞胚的形成；在体细胞胚后期增加寡糖的含量，从而增强体细胞胚脱水的耐受性；通过添加 ABA 或提高内源 ABA 含量来促进体细胞胚的成熟。实践证明，这些措施对改善不同植物体细胞胚的质量具有较好效果。

5.3.7　胚胎的极性形成

自然界中卵细胞已表现出明显的极性，故合子胚极性的形成与母体信号有关。对拟南芥各类突变体的遗传学研究证明了合子胚的顶 - 基极性格局的形成是受特定基因控制的（崔凯荣等，2000）。

离体培养条件下，大量植物体细胞胚发生一开始就表现明显的极性和不对称分裂（王亚馥等 1990，1994），而不同植物的体细胞胚诱导频率相差显著，这种现象促使人们去思考母本的基因型对体细胞胚诱导与极性形成的影响。

大量实验结果表明，外源生长调节物质既是体细胞分化为胚性细胞的诱导因子，也是诱导胚性细胞极性形成的重要因素（Dudits *et al.*，1995）。它可能是通过诱导相应基因表达，从而改变细胞的分裂面，启动体细胞向胚性细胞转化。外源生长调节物质还可通过改变细胞周围的 pH 值、电场强度等进一步增强胚性细胞的极性。植物细胞对其环境条件，如植物生长调节物质、光和热激等均会作出如细胞分裂、扩展、分化和极性形成等反应。体细胞胚发生中的极性和不对称分裂是胚胎发生的重要机制。由于不对称分裂形成子细胞的细胞质决定子的不均等分配，从而导致细胞的分化（崔凯荣等，2000）。

5.3.8　胚胎发育的调控

多种植物体细胞胚的图式形成不如合子胚精确而规范，既有不对称分裂而形成的多细胞原胚，也有对称分裂后形成的多细胞原胚，以致还有不正常的原胚。但胚性细胞分裂程序与合子胚是相似的，也是从辐射对称转变为两侧对称。但两种胚胎发育有两个主要的差别，那就是：①体细胞胚中一般没有胚柄的分化，或胚柄不明显；②体细胞胚没有胚乳的形成。然而这两种成分对合子胚分化、发育和成熟具有重要意义。体细胞胚发生中没有胚柄和胚乳的分化，说明这两种成分在体细胞胚发育中并非起着不可替代的作用，或离体培养条件与细胞之间的相互作用代替了胚柄与胚之间和胚乳与胚之间的相互作用，但这种代替作用并不是完全的。体细胞胚发生频率和生活力，特别是转换率远远低于合子胚，而且畸形胚发生率又高于合子胚，其发育过程中缺乏胚柄和胚乳就是一个重要因素。

在合子胚中生长素的极性运输对胚胎的形成和分生组织的分化起重要作用。同样，在体细胞胚的发育过程中，植物生长调节物质的平衡也是控制胚胎发育的重要条件，生长素对体细胞胚的辐射对称转变为两侧对称可能是必需的。事实上，一些体细胞胚畸形与合子胚中所表现的十分相似，如分生组织只有部分建成，或完全缺失，因而缺乏芽原基或根原基停止发育等。还有植物的体细胞胚染色体出现广泛的变异，以致很难分化再生植株。这些体细胞胚的变异有环境的因素，如植物生长调节物质、光照和继代的次数等，因而调整植物生长调节物质的平衡、改善培养条件是诱导体细胞胚频率和提高生活力的重要因素；另一方面，植物的遗传基因、控制体细胞胚发生的基因及其差别表达与调控等也直接关系到体细胞胚的发生与发育。

5.3.9 胚的成熟与萌发

在胚发育过程中，胚细胞内 DNA 总含量随着合子分裂、胚的分化发育和细胞数的增加，直到胚器官原基分化完全，胚细胞分裂基本结束时才停止。胚内 RNA 含量随着胚的发育而急剧增加，增加的延续期也长。蛋白质的形成和积累常与 RNA 变化相伴发生。胚胎发育后期，最重要的事件是有特异性的 mRNA 和相应蛋白质的合成，特别是贮藏蛋白的积累是胚胎成熟的重要标志。

尽管种胚和体细胞胚发育模式和一些生理生化过程极其相似，但贮藏物质成分、合成模式和数量还是有所不同。从已有资料看，贮藏成分不足是体细胞质量欠佳的关键因素。种子成熟时，随着贮藏成分的增加，水分降低，ABA 合成却增加到一定峰值，随之种子获得脱水耐性，代谢活性降低，进入静止状态。ABA 是胚胎发育过程必需的调节因子，它参与了贮藏蛋白基因和 LEA 蛋白基因表达的调控，从而控制种子过早萌发，促进种子成熟和休眠等。

模仿合子胚成熟时的一些变化特点，在培养基中加 ABA 或用高浓度的糖，或提供其他适当的环境条件，也可以使体细胞胚进入与正常种胚一样的发育途径——成熟、静止。但诱导体细胞胚处于静止状态后，其耐脱水能力因种而不同，例如芹菜体细胞胚耐脱水效果就不如苜蓿和葡萄。

与合子胚相比，体细胞胚发芽率低。一般认为是体细胞胚发育不正常造成的，有的也可能因体细胞胚的休眠所引起。具有休眠特征的合子胚所得的体细胞胚往往具有休眠特征。对那些发育良好而萌发能力差的体细胞胚，可采用打破种子休眠的方法，如冷处理或加生长调节剂（崔凯荣等，2000）。

5.4 体细胞胚发生在园林上的主要应用

5.4.1 植物的快速繁殖

很多园艺植物如胡萝卜、矮牵牛、山茶花、一品红及夜来香等，易于诱导体细胞胚胎发生，因此可应用此技术来进行离体快繁。利用体细胞胚发生技术繁殖植物类似于器官发生，但由于体胚发生具有繁殖系数高、成苗快、结构完整、遗传性相对稳定等优点，因而在植物快速繁殖上比器官发生具有更大的应用潜力。对于那些器官发生较难的植物，例如很多草坪草和针叶树种，体胚发生已成为植物离体再生的主要途径。将生物反应器应用于细胞培养获得体细胞胚植株，在培育园林基因工程新品种，解决许多用经典繁殖方法和遗传育种方法很难解决或解决不了的问题上显示出其独特的魅力，在推动园林生物技术繁殖和育种的快速发展方面，具有广阔的应用前景。最近，中国林业科学院林业研究所与中国科学院工程研究所合作，针对针叶树体细胞胚的特点，研制、开发了落叶松和其他针叶树种专用系列生物反应器，实现了针叶树体细胞胚胎发生与专用生物反应器技术的有机结合，为现代高新技术的产业化运用，提供了可靠保证。

5.4.2 人工种子生产

植物快速繁殖的另一种方式是播种人工种子。人工种子与天然种子相比，具有很多特点：①可对一些自然条件下不结实的或种子很昂贵的植物进行繁殖。②固定杂种优势，使 F_1 杂交种可多代利用，使优良的单株能快速繁殖成无性系品种，从而大大缩短育种年限。③节约粮食。因为人工种子作为播种材料，在一定程度上可取代部分粮食（种子与块根茎）。④在人工种子的包裹材料里加入各种生长调节物质、菌肥、农药等，可人为地控制作物的生长发育和抗性。⑤可以保存及快速繁殖脱病毒苗，克服某些植物由于长期营养繁殖所积累的病毒病等。⑥与试管苗相比成本低，体积小，运输方便，可直接播种和机械化操作。

人工种子有巨大的应用潜力，已引起了世界各国的广泛重视。目前，国内外对30多种植物进行了人工种子的研究，包括经济价值较大的蔬菜、花卉、果树、农作物等。美国加州植物遗传公司（PGI）、植物DNA技术公司等已投入巨资进行研究。法国南巴黎大学于1985年研制出了胡萝卜、甜菜及苜蓿人工种子，他们预计2005年形成产业，并将三倍体番茄人工种子的研究纳入欧洲尤里卡计划。1985年，日本麒麟啤酒公司与美国合作研究了芹菜、莴苣与杂交水稻的人工种子。在美国，芹菜、苜蓿、花椰菜等人工种子已投入生产并打入市场。匈牙利已对马铃薯人工种子进行了大规模田间试验。我国也于1987年将人工种子研究纳入国家高科技发展规划（863计划），目前已有番木瓜、橡胶树、挪威云杉、白云杉、桑树等许多种林木及胡萝卜、芹菜等蔬菜作物的体细胞胚初步应用于制作人工种子。

经过20多年的努力，人工种子研究已取得了很大进展。但总的来说，生产中大规模的应用还基本没有，一个重要原因就是人工种子生产成本大大超过天然种子。但人工种子能够工厂化大规模生产、贮藏和迅速推广良种的优越性，使人工种子的研究和应用仍然具有十分广阔的前景。随着体胚发生技术的发展和人工种子技术的成熟，生产成本也将逐步降低。人工种子将成为21世纪高科技种子业中的主导技术之一，在园林生产中发挥重要作用。

5.4.3 利用体胚发生系统进行基因转导

随着生物技术的不断发展，通过分子育种进行植物种质改良成为传统育种方法的重要补充，并且具有更加诱人的前景。体细胞胚发生除了应用于植物快繁和人工种子生产外，更是基因转化最理想的受体系统。胚性细胞具有很强的接受外源DNA的能力，是理想的基因转化感受态细胞。研究表明，转化的胚性细胞系再生植株频率高，且体细胞胚发生多是单细胞起源，转化获得的转基因植株嵌合体少。利用转基因的体细胞胚可以生产人工种子，有利于转基因植株的生产和推广。因此，近年来，这方面的研究逐渐增多，并取得了可喜的进展。例如，以葡萄“胜利”品种的花药和花丝为外植体诱导胚性愈伤组织，并以此愈伤组织作受体进行农杆菌介导，将苏云金杆菌内毒素蛋白基因转入其中，通过体细胞胚发生途径获得了转基因植株。利用桉树、北美鹅掌楸、欧洲落叶松等树种体胚发生体系，已成功实现了抗病、抗虫和抗逆性等基因的转移，大大改良了这些树种的品质和适应性。云杉属、松属、落叶松属、杨属等的体细胞胚性培养物也成功地进行了基因转化。在国外，以观赏植物体细胞胚为受体的转基因工程的研究技术已经成熟并走向市场，产生了显著的经济效益和社会效益；在国内，相关的研究尚处于起步阶段，但进展很快，市场应用前景十分广阔。

第6章　园艺植物细胞培养

细胞、组织和器官培养是3种最基本的离体培养方式。植物细胞培养（cell culture）是指以单细胞或细胞团为单位进行的植物组织培养方式。通过植物细胞培养可以揭示多细胞有机体中细胞之间的相互关系和相互影响；可以分析细胞的代谢途径；可以进行生物转化，将外源底物转化为所需要的产物；可以获得大量所需的各种天然产物；可以用于体细胞突变体的筛选；可用于植物种质资源保存、人工种子的制备和植物的大规模快速繁殖等。因具有操作简单、试验重复性好、单次试验群体大等特点，植物细胞培养越来越受到人们重视。

6.1　植物单细胞培养概述

6.1.1　植物材料的准备

细胞培养所用植物材料的筛选、预处理、灭菌处理等同一般组织和器官培养。需要强调的是，在进行植物细胞培养时一定要根据培养目的来选择合适的材料。如果细胞培养的目的是诱导体细胞胚，则应该选择幼嫩的胚性强的植物材料，如幼胚、成熟胚、幼嫩的花器官、幼叶等；如果细胞培养的目的是生产次生代谢产物，则应选择这种物质含量高的器官或组织，如人参细胞培养选择人参皂苷含量高的肉质根为外植体；如果为了探索新的培养方法和技术，则选择前人未曾研究过或试验未成功的植物或组织；如果为遗传转化、育种、细胞生物学研究等目的，则根据遗传转化、育种和细胞生物学研究的目标有针对性地选择材料（沈海龙，2005）。

6.1.2　植物细胞培养基

基本培养基的选择原则和制备方法与植物组织和器官培养也基本相同。愈伤组织培养所用的培养基对细胞培养具有更大的参考价值，一般可以根据愈伤组织液体培养的结果确定适宜培养基。

植物细胞培养常用的基本培养基有MS、B5、SH、LS、NT、TR、VR、SS、SCN、SLCC等。其中MS、B5、SH、LS培养基最常用。当植物细胞培养的目的是植株再生时，适宜用MS和LS；B5培养基及其衍生出来的其他培养基适用于植物细胞的悬浮培养和愈伤组织培养，Nitsch培养基通常也被采用。实际中往往根据不同的培养目的在培养基中加入其他一些成分，如酵母提取物、水解酪蛋白、椰乳、吡哆醇、泛酸、生物素、叶酸和L－谷氨酰胺等。

6.1.3　植物细胞培养的方法

植物细胞培养根据培养对象可以分为大量细胞培养和单细胞培养两类，其中大量细胞培养又分为悬浮培养和固相化培养两类。

6.2　植物细胞悬浮培养

植物细胞悬浮培养（suspension culture）是指将游离的细胞悬浮在液体培养基中进行培养。

它是在愈伤组织的液体培养的基础上发展起来的一种进行细胞大量培养的培养技术，在培养中使用类似于微生物培养所用发酵罐的生物反应器，由生物反应器提供满足细胞正常生长和生物物质合成的可控环境。

6.2.1 悬浮培养细胞的诱导

悬浮细胞培养是使游离的植物细胞悬浮在液体培养基中进行培养。

用不同材料进行培养时，有些能得到大量的游离细胞，有些则只能得到少量的游离细胞，大量的是多细胞的聚集体。诱导植物细胞悬浮培养的主要目的之一就是快速地得到大量同质的细胞材料，以便定量地研究细胞的生长与代谢，遗传和变异。目前用于诱导细胞悬浮培养的方法有3种：

（1）选择易碎的愈伤组织。转移到合适的培养液中，经振荡培养，得到呈分散状的细胞培养物。

（2）选择有用的培养材料。在匀浆器中，破碎其软组织，然后用尼龙网收集细胞和较小细胞团，转入液体培养基中培养。

（3）选择一种有用的培养材料。转移到液体培养基中振荡培养。经多次转移培养直至材料达到碎裂和较好的分散性。

上述几种材料经一定时间的振荡培养后，得到第一代的悬浮细胞培养物。其中既有单细胞和小细胞团，也有大的组织残块。在以后的继代培养中，通过逐渐缩小转移吸管的口径，或筛网过滤，或静置使大的细胞团或组织块沉淀等方法，吸取单细胞或小细胞团进行接种。

适宜于愈伤组织生长的液体培养基，对同种植物细胞的悬浮培养具有很大的参考性，可以把其作为确定最适悬浮培养基的起点。悬浮培养对植物生长调节物质的浓度要求更加严格。

悬浮培养细胞起始密度一般应在$0.5\times10^5\sim2.5\times10^5$个·$ml^{-1}$。

6.2.2 悬浮培养物的保持

大多数悬浮培养的细胞应在旋转式摇床上进行，一般转速控制在120rpm·min^{-1}以下。悬浮细胞培养应定期作继代培养，继代所需的时间和接种量应视不同细胞系而定，一般适宜的周期为1~2周。继代时间为1周的细胞系可用1∶4的接种量，2周则可用1∶10的接种量。继代培养过程中一定注意操作所造成的污染。为了避免由于污染造成细胞系的损失，应独立地保持两套亚细胞系。在继代培养中，还应定期检查污染情况，可通过肉眼观察细胞的色泽、培养液面的清澈度等来判断是否有微生物污染发生，也可在显微镜下观察。

6.2.3 悬浮培养细胞的生长测定

为了掌握悬浮培养中细胞生长的基本规律，有必要对已建立的细胞系进行细胞生长动态的测定。常用的生长测定方法如下：

（1）细胞计数

悬浮培养的细胞并不全是游离的单细胞，在计数前必须将细胞团中的细胞都游离出来，然后再作细胞计数。一般愈伤组织可用5%三氧化铬在20℃下离析6h，进行适当预处理可提高细胞的游离率。以大豆为例，1ml细胞悬浮培养物加等体积1mol·L^{-1}的HCl于0℃预处理15min，接着加入等体积15%铬酸于70℃处理15min，同时用吸管不时吹打，然后迅速在冰浴中冷却并强力振荡10min，即可得到离散的细胞悬浮液。离析后得到的细胞悬浮液经适当稀释后即可用血球计数板计数。

（2）细胞体积　取一定量的细胞悬浮液进行离心，以每毫升培养液中细胞体积的毫升数来表示细胞体积。

（3）细胞的鲜重和干重　将一定量细胞悬浮液加到预先称重的尼龙布上，用水冲洗并抽滤除去多余水分，然后称重。将离心收集的细胞转移至80℃烘箱内充分烘干，在干燥器中冷却后称重。计算得到每毫升悬浮培养物中细胞的鲜重和干重。

（4）有丝分裂指数　在一个细胞群体中，处于有丝分裂的细胞占总细胞的百分比称为有丝分裂指数（简称MI）。有丝分裂指数的高低，可以说明细胞分裂的快慢。在一个活跃分裂的悬浮培养系统中，分裂指数可以初步反映细胞分裂的同步化程度。

对于愈伤组织培养系统，测定有丝分裂指数通常采用孚尔根染色法，即先将组织用1mol·L^{-1}的HCl在60℃水解后染色，然后置于载玻片上按常规方法作镜检，随机检查500个细胞，统计其中处于分裂间期和有丝分裂各个时期的细胞数目，计算出分裂指数。悬浮培养的细胞需先用固定液处理，然后用同法染色镜检。

6.2.4　细胞悬浮培养的工艺

6.2.4.1　成批培养

成批培养（分批培养）是把细胞接种到一个与外界隔绝的密闭系统（生物反应器）中进行培养，这个系统只允许气体和挥发性的代谢物质的交换，而营养液体积保持不变。

成批培养期间定期向培养基中添加一定量培养物，然后定期再将一小部分培养物转移到新鲜培养基中。成批培养的特点是培养细胞的环境条件时刻发生变化，因而生物产量的增加遵循一定规律，而不是保持不变的稳定生长。

6.2.4.2　连续培养

连续培养是用非密闭的反应器来进行的，在培养过程中不断注入新鲜培养基，使其营养物质不断得到补充，从而细胞的生长和增殖连续进行。连续培养又分开放式连续培养（open continuous culture）和封闭式连续培养（closed continuous culture），前者在注入新鲜培养基的同时，排出使用过的培养液及其中的细胞，而后者将排出液中的细胞收集起来后，又放入原培养容器，随着培养时间的延长，容器中的细胞数量持续增加。

开放式连续培养通过不断添加新鲜培养液，同时排出等体积的、内含培养细胞的原培养液，使培养液的体积保持恒定，从而容器中培养物也无限地处于恒定，其生长速率接近于最高的生长速率。从这个意义上来讲，开放式连续培养用途更广泛。开放式连续培养有两种主要方式：恒化培养（化学恒定培养）和恒浊培养。

在恒化培养系统中，不断地注入新鲜培养基，该新鲜培养基的某一种营养液或成分（如氮、磷或葡萄糖）被调节成限制因子的浓度，并以恒定速率输入培养系统从而建立一个恒定状态。营养液的其他成分的浓度则要高于为支持细胞生长达到恒定速率所需要的浓度。生长限制因素浓度的增减与细胞生长率的增减呈正比。所以，通过调节生长限制因子及其他成分的浓度，就可以保持所要求的细胞生长率。

恒化培养在次级代谢产物的生产上应用还没有取得满意的结果，目前主要是用于烟草细胞的培养。恒化培养需要通过恒化器来进行。恒化器除有培养液的入口和出口外，还有空气的出、入口。此外，还有取样、磁力搅拌等附属装置。

恒浊培养主要根据细胞生长产生的浑浊度的变化，间歇性地注入培养基。恒浊培养是用恒浊器来进行的。恒浊器通过用比浊计来定量测定培养液中的细胞混浊度，通过控制培养液的流入量使悬浮液浊度恒定，从而控制系统的恒定。

连续培养除应用于工厂化生产之外，还具有如下一些特点：①易于长期保持无菌；②机械故障期间产生的不利影响小；③自动化程度高；④各种生长条件（如温度、通气、搅拌速度、光照、养分和生长调节剂水平）都可以调节。

6.3 细胞固相化培养

植物细胞固相化培养（immobilised culture）是把细胞固定在琼脂、藻酸盐、纤维、膜、聚丙烯酰胺等某一种惰性基质的上面或里面，使细胞固定不动，而培养基可以在细胞间流动，为细胞生长和生物物质合成提供所需营养，进行细胞大量培养的方法。

在植物细胞培养中，固相化是最新的培养技术，也是一种最接近自然状态的培养方法。由于细胞处于静止状态，细胞周围的物理和化学因子就能对细胞提供一种最接近细胞体内状态的环境。植物细胞固相化培养目前主要用于植物次生代谢物的生产。

固定植物细胞的方法是将细胞与用某种凝胶，如藻酸盐、角叉藻聚糖、琼脂糖和琼脂等，按一定比例均匀混合，制成一定大小的凝胶球，使细胞既被固定又保持活性。固相化技术除用于固定细胞外，也可固定整个器官或部分器官。凡是需要一个较好的体内环境的都可用固相化技术达到，并且便于进行各种处理，在发育遗传学、生理学研究上具有很大的应用潜力。

6.4 单细胞培养

植物单细胞培养（single cell culture）又叫单细胞克隆技术。是从外植体、愈伤组织、群体细胞或者细胞团中分离得到单细胞，然后在一定条件下进行培养的过程。其特点是培养系统中的细胞是成群存在的，但细胞群体中的细胞是以纯粹单离方式存在，而不是以小细胞团方式存在。

单细胞培养为研究植物细胞的特征和潜能性提供了一个很好的实验系统。单细胞培养可以通过单细胞分裂、繁殖获得细胞团，进而得到从单细胞形成的细胞系；用这种具有相同基因和特性的细胞系进行大规模细胞培养，有利于进行细胞生长规律、代谢过程及其调控规律等方面的研究，并得到较为均一的细胞及其代谢产物。细胞系筛选技术还可用于培养农林园艺上具有优良性状的株系。

6.4.1 植物单细胞的获得

6.4.1.1 从植物器官分离单细胞

分离单细胞进行培养的最佳材料是叶组织，因为叶片中的细胞近似于一个同质的细胞群体，很适用于特定和调控的大规模细胞培养。从植物叶片或其他器官中分离单细胞常用的方法是机械法和酶解法，有时也用化学的方法。

（1）机械法　从叶片中分离单细胞的方法最简单：撕去叶表皮，使叶肉细胞暴露，然后用小解剖刀把细胞刮下来，这些细胞可直接用于液体培养。现在比较通用的分离叶肉细胞的方法是：将叶片放入研钵中，加入适量研磨培养基后，把叶片轻轻磨碎，然后再通过过滤匀浆和离心把细胞净化，最后用同一培养基洗涤游离细胞。Edwards 等曾应用该方法从马唐中分离出了具有代谢活性的叶肉细胞和维管束鞘细胞，从菠菜中分离出叶肉细胞。

用机械法分离单细胞特别适用于排列松散，细胞间接触点很少的薄壁组织。与酶解法相比，用机械法分离细胞至少有两个明显的优点：①细胞不致于受到酶的伤害作用；②无需质壁分离。这对生理和生化研究来说是很理想的（沈海龙，2005）。

（2）酶解法　Takebe 和他的同事最早报道通过果胶酶处理叶肉组织从烟草中分离得到具有代谢活性的叶肉细胞，他们发现在离析混合液中加入硫酸葡聚糖钾能提高游离细胞的产量。用于分离细胞的离析酶不仅能降解果胶层，还能软化细胞壁，若在用酶解法分离细胞期间加入适当渗透防护剂，可以将对细胞的伤害减小到最低程度。Street（1971）在假挪威槭细胞悬浮液中加入 0.05% 果胶酶和 0.05% 纤维素酶，得到了有活力的单细胞培养物。用酶解法分离细胞，某些情况下，有可能得到海绵薄壁细胞或栅栏薄壁细胞的纯材料。半乳糖是维持细胞间粘连的化合物，所以在用酶解法分离细胞时，加入高浓度的 β－葡萄糖苷酶和半乳糖苷酶，可提高细胞的分散程度。

（3）化学方法　1974 年 Umetsu 等用 0.1mmol・L^{-1} 秋水仙素处理大豆细胞悬浮液，得到了有活力的单细胞和小的细胞团。草酸盐能结合细胞间质中果胶钙的钙离子，用 100μg・L^{-1} 草酸盐处理胡萝卜细胞悬浮培养物，可以获得较为分散的细胞。

化学方法和酶解法获得的分散细胞数量大，但常引起细胞的某些改变，所以不使用于研究正常细胞的生长和分化，但对恒化器中生长的细胞及次生代谢物的生产影响不大。

6.4.1.2　*从培养组织中分离单细胞*

细胞培养研究中更多的情况是从离体培养的组织中获得单细胞。首先将经过灭菌处理的外植体放在适当的培养基上诱导其愈伤组织化，接着将愈伤组织从外植体上分离，放在琼脂培养基上进行继代培养，使其增殖，继代培养还能提高愈伤组织的松散性。选择质地疏松的愈伤组织，放到液体培养基中，用旋转式摇床（100～110rpm・min^{-1}）或其他适宜设备持续振荡培养基，使细胞分散。振荡的培养基对愈伤组织块产生适度的压力，从而将愈伤组织分离成游离单细胞和小细胞团。向细胞悬浮液中通入脉冲压缩空气，能使细胞更加分散。

另外，也可从无菌幼苗或其他培养物获得单细胞。将无菌培养物放在手动的玻璃匀浆器中，破碎其软组织，然后放入液体培养基中振荡培养。适当时间后，将含有完整活细胞、细胞碎片及未分散的愈伤组织块的悬浮液，用 200～300 目不锈钢网过滤，将细胞滤液用 1 500rpm・min^{-1} 的速度离心 5min，便可收集沉淀下来的单细胞。

一般来说，不论用哪种方法获得的单细胞，均混有小细胞团，需要在显微镜下操作才能获得较纯的单细胞。

6.4.2　植物单细胞培养方法

在适当条件下培养单细胞，使其生长繁殖，可以获得由单细胞形成的细胞系。但植物细胞具有群体生长特性，经过分离获得的单细胞，往往不能按照常规的方法来培养，为此发展出多种适合单细胞培养的技术。目前植物单细胞培养的方法主要有看护培养法、微室培养法、平板培养法和条件培养法等。

6.4.2.1　*看护培养法*

看护培养是指采用一块活跃生长的愈伤组织块来看护单细胞，使单细胞持续分裂和增殖，而获得由单细胞形成的细胞系的培养方法。该方法由 Muir 等人于 1953 年创立并在万寿菊细胞培养中成功应用。

看护培养的基本过程如下（王水琦，2007）：

①配制适宜于愈伤组织继代培养的固体培养基；

②将生长活跃的愈伤组织块植入固体培养基的中间部位；

③在愈伤组织块的上方放置一片面积为 1cm^2 左右的无菌滤纸，滤纸下方紧贴培养基和愈伤组织块；

④取一小滴经过稀释的单细胞悬浮液接种于滤纸上方；

⑤置于培养箱中，在一定的温度和光照条件下培养若干天，单细胞在滤纸上进行持续的分裂和增殖，形成细胞团；

⑥将在滤纸上由单细胞形成的细胞团转移到新鲜的固体培养基中进行继代培养，获得由单细胞形成的细胞系。

有关愈伤组织块可以促进单细胞生长繁殖的原因尚不清楚。可能是由于愈伤组织的存在给单细胞传递了某些生物信息，或为单细胞的生长繁殖提供了某些物质条件，例如植物激素等内源化合物。

看护培养效果较好，已在单细胞培养中广泛采用。不足之处是不能在显微镜下直接观察细胞的生长过程。

6.4.2.2 微室培养法

微室培养是将接种有单细胞的少量培养基，置于微室中进行培养的方法。

1955年，De Ropp最早使用该技术，将接种有单细胞的小液滴培养基在微室中进行单细胞悬浮培养。此后，有不少学者进行研究，并对微室培养方法进行某些改进，这些改进主要是将微室培养与其他方式结合起来进行单细胞培养。

1957年，Torry将一滴固体培养基滴在盖玻片中央，中间接种一小块愈伤组织，再将单细胞接种于固体培养基周围，然后将盖玻片翻转，置于有凹槽的载玻片上，培养基正对凹槽中央，用石蜡将盖玻片密封、固定（图6-1），然后置于培养箱中，在一定的条件下进行培养。这种将微室培养与看护培养技术结合在一起的培养方式称为微室看护培养（王水琦，2007）。在微室看护培养中，接近愈伤组织块的单细胞首先分裂，然后按照与愈伤组织块的距离，由近至远相继分裂。

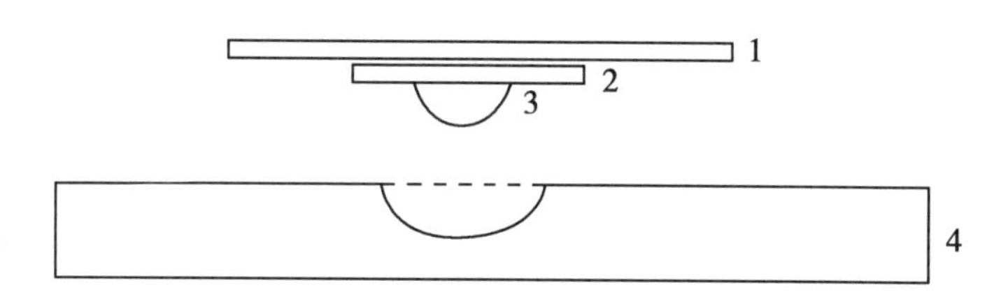

图6-1 植物细胞微室培养

1. 大盖玻片；2. 小盖玻片；3. 悬滴；4. 凹槽载玻片

（引自王水琦，2007）

还可以将接种有单细胞的少量液体培养基置于培养皿中，使之形成一薄层，在静止条件下进行培养。这种微室培养方法又称为液体薄层静止培养。液体薄层静止培养中，接种的单细胞密度必须达到临界细胞密度以上。密度过低，单细胞无法进行生长繁殖；密度过高，则形成的细胞团混杂在一起，难以获得单细胞形成的细胞系。

微室培养的优点在于：①培养基用量少；②便于通过显微镜观察单个细胞的生长、分裂、分化、发育情况，从而对细胞特性和单个细胞生长发育的全过程进行跟踪研究。

6.4.2.3 单细胞平板培养法

单细胞平板培养，是指将单细胞接种于固体培养基中，在培养皿中进行培养的方法。单细胞平板培养法应用较广泛。

（1）单细胞平板培养的基本过程

①确定材料：选择易于分散的花粉材料、分散性好的愈伤组织材料或直接从叶肉、根尖、髓

组织取材，经过酶处理使其分散。

②细胞悬浮液的制备：将分散性好的，或者经酶处理过的组织，置于液体培养基中，振荡培养一段时间后，经不锈钢网过滤，除去大的细胞团和组织块；再经离心沉降，除去比单细胞体积小的残渣碎片，即得纯净的细胞悬浮液。

③单细胞悬浮液的密度调整：大量研究表明，单细胞平板培养过程中，植板的细胞（即接种于平板培养基中的细胞）必须达到某一临界密度，细胞才能顺利地生长繁殖，如果低于这一密度细胞便不能分裂，甚至很快解体。其原因可能是由于细胞能够合成某些进行分裂所必需的化合物，并把这些化合物散布到培养基中，只有当这些化合物浓度达到一个临界值以后，细胞才能进行分裂，若细胞密度过低，分泌到培养基中的化合物总量达不到一定的水平，细胞的生长繁殖就会受阻。为了有利于细胞的生长繁殖，获得由单细胞形成的细胞系，用于平板培养的单细胞悬浮液必须进行细胞密度的调整。

通过血球计数器计数即可得知单细胞悬浮液的细胞密度。如果细胞密度过高，可用一定量的无菌蒸馏水进行稀释；若密度过低，则可采用膜过滤等方法进行浓缩。一般经过密度调整，将单细胞悬浮液的细胞密度控制在 $10^3 \sim 10^4$ 个 · ml^{-1}。

④培养基准备与接种：配制所需琼脂培养基，将经过密度调整的单细胞悬浮液与50℃左右的固体培养基以1：1的比例混合均匀，分装于无菌培养皿中，水平放置并冷却。然后将单细胞培养平板置于一定条件下培养数天，使单细胞生长繁殖并形成细胞团。

⑤继代培养：选取生长良好的细胞团，接种于新鲜的固体培养基上进行继代培养，得到由单细胞形成的细胞系。

（2）单细胞平板培养效率的检测

单细胞平板培养的效率可以通过植板率来表示。植板率是指通过平板培养后形成细胞团的单细胞数与接种细胞总数的比值，即：

植板率 =（平板中形成的细胞团数/平板中接种的细胞总数）×100%

接种的细胞总数可以用血球计数法得出，细胞团数目则可以通过肉眼观察计数、借助在低倍显微镜下观察计数或用照相显影后计数的方法进行。如果植板率低，说明有较多的细胞未能有效形成细胞团，这就要从培养基、培养条件、细胞的分散程度、接种的单细胞密度等方面查找原因并进行调节，以提高植板率。

6.4.2.4 条件培养法

条件培养是将单细胞接种于条件培养基中进行培养的方法。条件培养基是指含有植物细胞培养上清液或静止细胞的培养基。

条件培养是在看护培养和平板培养的基础上发展起来的单细胞培养方法，具有看护培养和平板培养的特点，是单细胞培养的又一常用方法。条件培养基中的植物细胞培养上清液或静止细胞具有与看护培养中的愈伤组织相类似的作用，不但可以促进同种单细胞的生长繁殖，而且对异种细胞也具有促进效果。

条件培养的基本过程如下：

（1）植物细胞培养上清液或静止细胞悬浮液的制备　首先将群体细胞或者细胞团接种于液体培养基中进行细胞悬浮培养，然后通过离心法得到植物细胞培养上清液和细胞沉淀。将得到的细胞沉淀用X射线照射或其他方法处理，得到没有生长繁殖能力的细胞，即为静止细胞或称为灭活细胞。将这些细胞悬浮于一定量的无菌水中，得到静止细胞悬浮液。

（2）条件培养基的制备　将植物细胞培养上清液或者静止细胞悬浮液与50℃左右的琼脂培养基混合均匀，分装于无菌培养皿中，水平放置冷却，即为条件培养基。

(3) 接种　条件培养的接种有多种方式，是仿照看护培养和平板培养建立起来的：①将一小片滤纸置于条件培养基上，在滤纸上方接种单细胞；②将单细胞直接接种于条件培养基的表面；③含有单细胞的固体培养基铺在条件培养基的上面。

(4) 培养　将上述已经接种的条件培养基在适宜的条件下进行培养，使单细胞生长繁殖，形成细胞团。

(5) 继代培养　选取生长良好的细胞团，转移到新鲜的固体培养基进行继代培养，获得由单细胞形成的细胞系。

第7章 园艺植物花药和花粉培养

花药培养和花粉培养都是在离体培养条件下，诱导花粉细胞发育成单倍体细胞，最后发育成单倍体植株，即将花药或花粉接种于适宜培养基上，诱导其发生细胞分裂、分化，最终由单个花粉粒发育成完整植物。由花药或花粉培养获得的植株为单倍体植株，经染色体加倍成为可正常结实的二倍体植株，这些二倍体植株是真正的纯系，与常规多代自交纯化方法相比，可节省大量的时间和劳力。花粉培养和花药培养的不同点在于花药培养属器官培养，花粉培养属细胞培养。

7.1 花药培养

花药培养（anther culture）是指用植物组织培养技术，把发育到一定阶段的花药，通过无菌操作技术，接种在人工培养基上，改变花粉的发育进程（即形成成熟花粉最后产生精子的途径），诱导其分化，并连续进行有丝分裂，使其分裂形成细胞团，进而形成一团无分化的薄壁组织——愈伤组织，或分化成胚状体，进而获得单倍体植株。

7.1.1 花药材料的选择

选择合适的花粉发育时期是提高诱导成功率的重要因素。一般来说，在单核期即细胞核由中央移向细胞一侧的时期，适宜对花药进行离体培养，因此时花粉中尚没有淀粉的积累，花药对离体培养敏感，培养成功率高，易获得单倍体植株。

花粉发育时期和花蕾的某些外部形态特征（如花冠筒长度、花蕾大小、外观形状和色泽等）之间有很大的相关性，接种前应根据花蕾外部形态和花粉镜检，选取发育相对一致的花药材料，进行离体培养。如草莓品种“西班牙”，花粉发育为单核期时花蕾直径为3~5mm，花粉发育为双核期时花蕾直径在6mm以上，选前者其愈伤组织的诱导率是后者的6倍（杭玲，1999）。

花粉镜检通常采用醋酸洋红或碘化钾染色、压片镜检，来确定花粉的发育时期。某些植物的花粉细胞核不易着色，可采用焙花青－铬矾法，这种方法能将花粉细胞核染成蓝黑色；对DNA含量较低的植物种，采用孚尔根化学试剂染色效果较好；水稻和玉米可以用KI染色。

根据历年的工作经验，根据气候和花期也可获得生长相对较一致的花药，如月季的花药培养时间一般在5月初到5月中旬，即初花期进行培养，易诱导成功。

7.1.2 培养基及培养条件

花药培养所采用的基本培养基有MS、N6、B5等。不同植物适宜的基本培养基不同，如小麦采用N6基本培养基，马铃薯、月季采用MS，油菜采用B5培养基。

植物生长调节剂是影响花药培养的重要因素之一。其中细胞分裂素有6－BA、KT和ZT，生长素有2,4－D、NAA和IAA等。诱导愈伤组织时添加较多量的生长素，如可添加1~3mg·L^{-1}的2,4－D；分化培养基中适宜加大细胞分裂素与生长素的比例，如添加1~3mg·L^{-1}的6－BA和0.1~0.5mg·L^{-1}的NAA，有利于植株再生。

蔗糖浓度也影响花粉的培养。不同植物适宜的蔗糖浓度不同，如6%的蔗糖浓度适宜诱导辣椒花药胚状体生成。

培养方式不同，花药培养效果不同。花药培养有三种不同培养方法，第一种是在固体培养基中培养，第二种是进行液体培养基漂浮培养，第三种是固体－液体双层培养基培养。

不同物种需要的培养条件不同。花粉培养初期培养温度一般在23～28℃，但也有例外，如小麦花药培养时给予30～32℃的高温，然后转入28～30℃培养，有利于提高花药愈伤组织诱导率。光照时间依植物种不同而不同，如烟草需要连续培养，禾谷类则需要暗培养或散射光，但大部分植物光照时间为11～16h・d^{-1}，光照强度为2 000～4 000lx。待形成愈伤组织或胚状体后，宜在光照条件下（1 000～2 000lx）诱导分化形成再生植株。

7.1.3　预处理

对花粉进行预处理，有利于愈伤组织或胚的诱导。常用方法是对花粉进行低温冷藏或短时间热激。不同植物处理温度和处理时间不同，如烟草花粉宜在7～9℃低温冷藏7～14d，然后对其培养，效果较好。

7.1.4　消毒、接种

选取生长健壮无病虫害的植株为母株，条件允许时可于采花蕾前1周对母株喷洒杀菌药剂，增加接种的成功率。结合镜检，选未开放的花蕾，用70%酒精棉球擦洗花蕾表面或用70%～75%的酒精浸泡30s，然后用20%次氯酸钠或0.1%升汞溶液消毒5～10min，然后用无菌水漂洗3～5次。

无菌条件下用解剖刀、镊子小心把花蕾剥开，从雄蕊上取出花药，平铺在培养基上，注意不要弄伤花药，避免由花药伤口诱导形成二倍体的愈伤组织和再生植株。同时还要彻底去除花丝，因为与花丝相连的花药不利于愈伤组织或胚状体的形成。花器官较小的植物应在显微镜下剥取花药，如果剥取花药困难，可以将经灭菌的花蕾接种于培养基上培养，从再生植株中筛选单倍体植株。

花药培养有密度效应，每次接种时接种花药量应大，使其有良好的群体效应，如月季每瓶接种花药7～10个。

7.1.5　花粉植株的诱导

花药培养可通过两种途径获得再生植株。

体细胞胚途径。花药中的花粉首先分裂形成原胚多细胞团，然后在药室内侧经过球形胚、心形胚、鱼雷形胚等发育阶段，最后以胚状体的形式出现。茄子、甜椒、烟草、大白菜、油菜等作物均可通过该途径获得单倍体。如烟草花药培养中，首先接种花药于MS培养基上，1周后花粉粒明显膨大，2周后逐渐形成球形胚、心形胚和鱼雷胚，约3周时有淡黄色胚状体形成，至光照条件下培养后再生出具根、茎、叶的完整植株。因一个花药内会产生大量幼小植株，必须在花药开裂后尽快将幼小植株分开，并转移到新的培养基上，促其健康发展。

愈伤组织途径。一般接种花药于含2,4－D（1～2mg・L^{-1}）的培养基，花药中的花粉经过多次分裂形成单倍性愈伤组织，待愈伤组织增殖到1～3mm时，将愈伤组织及时转移到附加细胞分裂素的分化培养基上，从而获得单倍体植株。番茄等作物经此途径可获得单倍体植株。

7.2　花粉培养

花粉培养（pollen culture）是在花粉发育到一定阶段，将其从花药中分离出来，以单个花粉粒作为外植体，诱导花粉启动脱分化，进而发育成完整植株的一种技术。花粉是小孢子母细胞经过减数分裂而形成的，因此由花粉再生获得的花粉植物是单倍体植株。花粉培养不受花药组织如药隔、药壁、花丝等体细胞的干扰，避免花药组织与花粉在培养过程中对养分等的竞争及非单倍体的形成，减少了后期对再生植株的鉴定工作，但花粉培养难度较大，因而诱导花粉植株相对较难。

7.2.1 预处理

花粉的发育要经历四分体时期、单核期、双核期，其中单核后期适宜于花粉培养和获得再生植株。通过对花粉镜检和花蕾发育外部特征相结合的方法，选取处于单核后期的花粉进行离体培养。对花粉进行预处理有利于花粉离体培养。常用方法有低温处理和重力作用。低温处理一般于花粉第一次有丝分裂期进行。重力的作用则是在取花药前 1h，于 5℃条件下离心，以提高单倍体的诱导率。

7.2.2 培养基

花粉培养基本培养基及附加的植物生长调节剂同花药培养。培养基中添加某些物质如硝酸钙、硝酸银、活性炭、柠檬酸铁、酵母浸出液和椰子胚乳等有利于花粉的发育和植株再生。

7.2.3 消毒、接种和花粉培养

取新鲜的花蕾用自来水冲洗 10min，75% 的酒精浸泡 20 ~ 30s，20% 次氯酸钠或 0.1% 升汞消毒 5 ~ 10min，无菌水漂洗 3 ~ 4 次，然后剥开花蕾，取出花药，并分离花粉进行培养。

花粉分离和培养主要有以下几种方法。

机械分离培养法。取出花药置液体培养液中，再用机械方法，如用注射器的内管轻轻挤压花药，使花粉从花药中释放出来。用尼龙筛过滤掉药壁组织等，对花粉悬浮液进行低速离心（100 ~ 160rpm · min^{-1}），弃上清，用相同培养液悬浮沉淀，重复离心 3 次，使花粉含量为 10^3 ~ 10^4 个 · ml^{-1}，并对花粉进行悬浮培养，约 25d 后可见到胚状体，随后转到固体培养基上培养，并诱导植株再生。

散落花粉培养法。将花药在液体培养基中漂浮培养，待花药开裂后，弃去花药，对散落于培养基中的花粉进行培养，注意培养过程中及时更换新的培养基。该方法操作简单，适于那些漂浮培养中花药能迅速开裂、释放出花粉的植物种。对花蕾进行一定的预处理有助于花粉的散落。

微室培养法。取含有 50 ~ 80 粒花粉的培养液一滴置微室培养装置中，注意在低温条件（4℃以下）下接种（避免花粉破裂），然后转移至 25 ~ 28℃培养。

看护培养法。看护培养是在固体培养基中培养花药，花药发育过程中释放物质，其中有些物质有利于花粉发育，通过滤纸桥将花药释放物供给花粉，促进花粉发育。具体做法是看护培养前将花粉悬浮液稀释至每毫升液体培养基含 20 个花粉粒，然后将花药接种于固体培养基表面，在每个花药上覆盖一小块滤纸。用移液管吸取 1 滴花粉悬浮液，滴在小圆片滤纸上，于 25℃和一定光照强度下培养，注意保持适宜的空气湿度，避免滤纸干燥影响花粉发育，约 1 个月后可见明显的细胞群。

7.3　影响花药与花粉培养的因素

7.3.1　基因型

花药或花粉培养的难易是受多基因控制的数量性状，因此材料的基因型是花药或花粉培养是否成功的关键因素。不同基因型的材料，诱导成功率不同，如烟草属植物、水稻属中的某些种，花药、花粉培养中愈伤组织、胚状体或花粉植株获得率高，而其他物种获得花粉植株相对较难。同时同一属中不同种或品种花粉植株诱导难易也不同，如 Irikura 对茄属植物的 46 个种或品种进行培养，只有 23 个种或品种可以获得花粉植株。

基因型主要从几方面影响花粉或花药的培养的，即产生单倍体的途径、胚状体或愈伤组织诱导率、植株的再生能力和再生中单倍体与二倍体的比例等。王子霞等对 10 个不同玉米品种进行花药培养，其中 6 个品种可诱导出愈伤组织，诱导率为 0.0167% ~0.317%，有 2 个品种获得花粉植株。不同水稻种、亚种或品种间愈伤组织或胚状体诱导难易程度不同，在栽培稻中，花药对离体培养反应由高到低依次为糯 > 粳 > 粳/籼 > 籼型杂交稻 > 籼。

7.3.2　花粉发育时期

花粉所处的发育阶段不同，其培养效率差别很大。只有对外界刺激最敏感时期的花粉，才容易诱导获得愈伤组织、胚状体或花粉植株，此阶段花粉在生理上已基本成熟，且该阶段是不同分裂方式和发育途径的共同起点（董艳荣，2000），此时进行离体培养可诱导花粉向愈伤组织或胚状体发育方向改变。因此花粉接种时所处的发育时期是花粉或花药培养的首要决定因素之一，但不同植物的花粉对外界刺激的敏感时期不同，一般来讲，对多数植物来说，单核中期至单核晚期的花粉都易形成花粉愈伤组织或花粉胚。如水稻、烟草的花粉，从单核中期到双核期均易诱导形成胚状体或愈伤组织，玉米、辣椒的花粉培养以单核中后期为佳，番茄花培的最适时期为单核期，杂种芍药适宜花粉或花药诱导的时期是第一次有丝分裂前或稍后，矮牵牛花药培养的适宜时期是双核期（代色平，2003）。

7.3.3　生理状态

供给花粉或花药的母株生理状态影响培养的效果。

母株的年龄、栽培环境、不同部位的花蕾和不同时期的花蕾，其花粉的生理状态和发育状态不同，从而影响愈伤组织或胚状体的诱导率。一般幼年植株、开花初期植株外围树冠上获得的花粉或花药对培养基等较敏感，离体培养容易成功，而由衰老植株或末花期采集的花药或花粉不易诱导获得愈伤组织或胚状体。大田植株比温室植株的花药或花粉易培养成功。短日照和低温环境下的植物花药形成花粉胚的比例大，可能低温和短日照改变了花粉发育方向，即偏离了向配子体发育的方向（董艳荣，2000）。

7.3.4　预处理

接种前对花药进行预处理，可以改变其细胞生理状态，进而改变其分裂方式和发育途径（董艳荣，2000），有利于花药或花粉的培养，常用的预处理的方法主要有光周期、低温、高温以及甘露醇等，其中低温预处理应用较广泛。

7.3.4.1　温度处理

（1）低温处理　接种前对花蕾或植株进行一定时间的低温处理后再行接种，有利于花粉或花药离体培养。不同植物适宜的低温温度和处理时间不同。如6～8℃低温预处理4d，可提高水稻出愈率及绿苗分化率，0～4℃低温预处理3～5d可提高辣椒花药愈伤组织的形成率。玉米4～8℃预处理7～14d效果较好。也有人认为不同时间的低温预处理对花粉愈伤组织诱导率没有明显的促进作用。同时需要注意的是同一植物，处理的温度不同，处理时间也不同。一般温度越低，处理时间越短。

关于低温预处理提高花粉愈伤组织或胚胎发生能力的作用机理有以下几种不同理论观点。

①低温预处理引起花药内源激素发生变化，有利于愈伤组织或体细胞胚的形成。如低温下花药内ABA含量增加，有利于花药或花粉愈伤组织或花粉胚形成（黄斌，1985），徐武等研究也发现低温预处理过程中大麦花药内源激素的含量发生变化，可能内源激素的变化阻断了花粉原来的发育方向，使其由配子体的发育途径转向孢子体的发育途径。

②低温使花药壁细胞和绒毡层逐渐退化解体，只有孢子体可以正常分化（黄斌，1985）。

③低温条件下保持生活力的小孢子数量多，且保持生活力的时间长。Sunderlandca（1977，1980）也认为，低温条件下可使花粉保持较长时间的活力，使营养细胞得以完成细胞质的改组转向胚胎发生。赵成章（1983）研究认为，低温条件下花药呼吸强度降低，减少物质消耗，延长花药寿命。

④低温处理改变了花药中某些物质代谢过程，使花药有利于向孢子体发育的方向转变（刘国民，1994）。H. krogaard研究发现低温处理后花粉中游离氨基酸含量增加，而游离氨基酸有利于花粉胚的形成。同时花药壁中淀粉粒消失，也有利于花粉发育。物质代谢的改变受酶的催化进行，而酶的活性受温度的影响，不同酶其最适温度不同，如淀粉水解酶在低温0～9℃条件下有较强的活性，促使淀粉水解，为花粉发育提供丰富的营养物质，因此低温处理有利于花粉发育（刘国民，1994）。

⑤Nitsch等认为低温改变花粉粒第一次有丝分裂纺锤体的轴向，并且破坏纺锤体的微管蛋白，从而阻止纺锤体的形成，打乱有丝分裂的正常过程，导致去分化过程的发生。

（2）高温处理　高温处理也称热击处理，是指将花药接种后，先置较高温度（30～35℃）下培养一段时间，然后于常温下培养。高温处理有利于某些植物花药或花粉培养，如茄子的花药只有经过热处理才能产生胚状体，辣椒花药接种后经32℃条件下培养12～16h有利于花药愈伤组织的形成，但超过60h则易抑制愈伤组织的形成。可能高温预处理导致花粉内源激素和蛋白质产物发生改变，其中某些成分有利于花粉胚或愈伤组织的形成，但更深入的作用机理尚待进一步研究。

对低温预处理和短期热处理的效果进行比较，结果显示单独热激处理的效果稍优于单独低温预处理，两者配合处理的效果与单独热激处理的效果差异不明显。

7.3.4.2　光周期预处理

对有些植物而言，短日照处理有利于花粉或花药培养。如从短日照条件下生长的烟草花粉培养获得的花粉植株是长日照条件下的4～5倍。

7.3.4.3　甘露醇预处理

花药在离体条件下经过一定浓度的甘露醇预处理可以提高花药的培养效率。李文泽等发现：甘露醇预处理能明显地提高大麦花粉存活频率和愈伤组织诱导率、绿苗分化率，其效果要强于低温预处理。甘露醇预处理的作用机理目前主要存在两种观点：一些学者认为，甘露醇作为一种渗透压稳定剂，可以保持花粉活力；另一些学者认为，甘露醇预处理导致小孢子短时间的营养饥饿，从而使小孢子改变其发育方向，引起小孢子的去分化过程。

7.3.5 培养基

（1）培养基类型　花药或花粉培养应用的培养基有MS、N6、White、Miller、B5、Nitsch等，其中应用较广泛的是MS基本培养基。不同的植物种类对基本培养基的要求不同。如在烟草花药或花粉培养中，Nitsch、H培养基效果较佳，水稻常用Miller、N6培养基，玉米常用N6培养基，小麦采用MS培养基，一些十字花科的植物如甘蓝、油菜等常使用MS和B5培养基，人参的花药在MS、B5、N6、Miller、改良White培养基中，都有较高的花粉愈伤组织诱导率。

（2）碳源　花药或花粉培养中常使用蔗糖、麦芽糖、葡萄糖等做碳源。其中蔗糖在培养基中还起渗透压稳定剂的作用，不同植物小孢子细胞的渗透压不同，因此对蔗糖浓度的要求不同，如玉米花药培养中适宜的蔗糖浓度是12%～15%，毛刺槐为9%，烟草、甜椒、柑橘、油菜等为3%，水稻为3%～6%，番茄为13.6%（司军，2002）。原因可能是花粉细胞的渗透压比花丝等体细胞渗透压高，因此小孢子培养过程中需要附加较高的糖，而高浓度糖不利于体细胞的生长，但不妨碍花粉的生长。

不同碳源条件下，花药或花粉培养效果不同。如诱导矮牵牛、小麦、大麦、小黑麦、黑麦、燕麦和玉米等作物花粉形成胚状体或愈伤组织阶段，麦芽糖比蔗糖作用效果好。辣椒花药培养中用麦芽糖作碳源，胚的发生率最高。麦芽糖作碳源效果比蔗糖好的原因可能是：一是麦芽糖可分解为葡萄糖和葡萄糖-1-磷酸，蔗糖分解为葡萄糖和果糖，果糖可能对培养物有害；二是麦芽糖分解速度显著慢于蔗糖，可使培养物保持相对稳定的渗透压环境。

（3）植物生长调节剂　不同植物花药或花粉培养中对植物生长调节剂的需求不同，其中一些植物如烟草、毛曼陀罗等花粉发育过程中不需要植物生长调节剂，另一些植物则需要植物生长调节剂诱导愈伤组织、胚状体的形成和再生植株。因此对前一类型的植物花药或花粉培养时不需要添加生长调节剂，后者则需要添加适宜的生长调节剂种类和配比。

在培养基的各种成分中，植物生长调节物质的水平和配比非常重要，常对诱发细胞的分裂，生长和分化起决定作用。在花培中常用的植物生长调节物质有二类：一类为生长素，如2,4-D、IAA、NAA等。另一类称为细胞分裂素，如KT、6-BA和玉米素，一般生长素类物质对诱导细胞脱分化形成愈伤组织及生长有决定性作用，分裂素对愈伤组织的分化和胚状体形成有主要作用。在花培中，广泛使用的2,4-D对于许多植物的花粉启动、分裂、形成愈伤组织和胚状体起着决定性的作用。如曹晓燕等发现，毛刺槐的花培中单独附加BA无法诱导愈伤组织的形成，单独附加2,4-D可诱导愈伤组织的形成，且BA与2,4-D配合使用比BA与NAA配合使用对愈伤组织的诱导效果好，2,4-D在毛刺槐花药愈伤组织的形成过程中起着非常重要的作用。但是，由于2,4-D是一种其他植物生长调节物质的拮抗物质，其本身具有刺激组织形成层活性的作用；虽然随着浓度增大，诱导愈伤组织的频率也增加，由此产生的愈伤组织其分化能力都显著降低，因此不能为了追求较高的愈伤组织诱导率而在初代培养基中加入过多的2,4-D。如褚云霞等在百合的花培研究中发现2,4-D浓度的升高将降低愈伤组织的分化能力；王玉英等研究也表明在辣椒花培中高浓度的2,4-D、NAA促进了愈伤组织的形成而降低了胚状体的形成。因此，在花培中应该通过调整生长素和分裂素的比例来控制花粉细胞的脱分化和再分化，以求得大量的愈伤组织，并从愈伤组织中分化出大量花粉植株或获得胚状体。

（4）培养方式　不同的培养方式影响花药或花粉的发育，一般液体培养基比固体培养基容易诱导花粉获得愈伤组织或胚状体，花药培养以固体培养为宜。

（5）活性炭（AC）　AC具有较强的吸附特性，在植物的组织培养中常用来吸附培养基中的有害物质，特别是蔗糖在高温灭菌过程中降解产生的5-羟甲糠醛，花药组织产生的乙烯、酚、醌类物质以及琼脂中的杂质。油菜、马铃薯、烟草、玉米、黑麦、小黑麦、龙眼、辣椒和甜椒等花药培养中都有用到活性炭。如在玉米、马铃薯花药培养中加入0.5%的活性炭可以提高愈伤组织、胚状体的诱导频率，分化培养基中加入0.5%的活性炭也有利于植株再生。但是，活性炭的吸附作用没有专一性，它吸附有害物质的同时也吸附培养基中的其他有益物质，如植物生长调节物质、Fe-EDTA、VB_5、叶酸和烟酸等，因此对于必须依赖外源植物生长调节剂的植物，活性炭使用量应小或不加活性炭。

（6）*其他添加物* 硝酸银、ATP钠盐、椰乳、水解酪蛋白、酵母提取物等可以提高花粉愈伤组织或体细胞胚的诱导率，如1.0mg·L^{-1}的硝酸银、100mg·L^{-1}的ATP钠盐可提高彩色甜椒的花粉胚形成率。

7.3.6 培养条件

（1）*温度* 温度是花药培养的一个重要培养条件，不同基因型对培养温度反应差异很大，因此适宜的培养温度不尽相同。大多数植物水稻、小麦、曼陀罗等花药培养初期温度一般为25～28℃，温度过高或过低都不利于愈伤组织和胚状体的产生，而有些植物在较高的温度下培养效果好，温度过高易导致花药、花粉或愈伤组织死亡，但某些植物种在适宜高温条件下，可以提高愈伤组织的诱导率。

（2）*光照* 有关光照对离体花药培养的影响的研究报道很少。一般认为愈伤组织或胚状体诱导期间进行暗培养或散射光培养较好，诱导分化期给与适宜光照，可提高单倍体植株形成的频率和促使植株生长强健。

由于以上因素的影响，目前花药或花粉培养中胚状体或愈伤组织的诱导率和分化率均较低，为了提高花粉植株的获得率，还应继续探讨有关理论如小孢子诱导机制、发育途径、小孢子发育中的生理生化变化和基因调控网络，同时应不断探索更有效的培养技术。

7.4 单倍体植株的加倍

花粉或花药组织培养与叶片、花瓣、茎段、根段等的离体培养有雷同点，即离体的植物组织均需经脱分化形成愈伤组织或胚状体，然后诱导分化获得再生植株。不同之处在于外植体为体细胞，染色体数无需加倍，而花药或花粉培养获得的为单倍体幼苗，单倍体植株生长弱小，由于缺少同源染色体，他们能进行正常的营养生长，但不能正常结实。单倍体植株只有通过染色体加倍才能应用于育种或生产中。一般用秋水仙素处理，使染色体加倍，恢复正常植株的染色体数，经加倍的植株为纯合的二倍体。

一般用0.1%～1.0%的秋水仙素处理培养组织、无菌苗、顶芽等细胞分裂活动活跃的部位，从后代中筛选可获得加倍的植株。如将花粉植株浸于一定浓度的秋水仙素中一定时间后，将其转移到新鲜培养基上，促其生长。也可用浸有秋水仙素的脱脂棉涂抹叶腋处，然后去掉顶芽，促使侧芽萌发，并对其进行检测。在培养基中加入秋水仙素可促进染色体加倍，如Street于1974年在悬浮培养基中加入1g·L^{-1}秋水仙素，悬浮培养24h后，转移培养物于无秋水仙素的培养基中诱导其生长分化，结果有70%的细胞加倍。不同植物种使用的秋水仙素适宜浓度和浸泡时间不同，如烟草适宜浓度和时间分别为0.4%、96h。另外，值得注意的是秋水仙素溶液中添加1%～2%的二甲基亚砜（DMSO）等物质可以提高秋水仙素的效果，促进二倍体的形成。

单倍体植株的移栽同其他无菌苗，见第9章部分。

第8章　园艺植物原生质体培养

原生质体培养技术是20世纪70年代发展起来的一门先进技术，目前已有320多种植物通过原生质体培养获得再生植株。由于原生质体去除了细胞壁，有利于不同植物细胞之间原生质体融合和体细胞杂交或摄入外源DNA，细胞器、细菌或病毒颗粒等，这些特性与植物全能性相结合可对高等植物进行遗传饰变，在植物育种上有重要意义。目前通过原生质体进行远源杂交已获得50多种近缘和远缘杂交种。这些杂交种核基因、线粒体和叶绿体基因进行重组，获得变异幅度较大的细胞无性系，是选育突变体的优良起始材料，从中可筛选获得优良的植物新品种，创造新的种质资源，实现现有资源的创新性利用和可持续利用。同时原生质体融合技术可克服远缘杂交障碍，在野化育种中尤其重要，可将野生种的优良性状如抗逆性、高的观赏性等转移到栽培种中，大大提高植物对不良环境的适应性，减少农药等的使用量，有利于维护生态环境。最后原生质体还是基因工程的良好受体，通过遗传转化可实现定向育种。

8.1　原生质体的分离

原生质体是去细胞壁的裸露细胞，即由细胞质膜所包围的裸露细胞。1892年Klereker首先用机械法分离得到了原生质体，但数量少且分离的原生质体易受损伤。1960年，英国植物生理学家Cocking首先用酶解法分离番茄幼苗根原生质体获得成功（李俊明，2002）。纤维素酶和离析酶的成功研制使得植物原生质体研究成为一个热门的领域，至今从植物体的几乎每一部分都可分离得到原生质体，并从烟草、胡萝卜、百合、柑橘、矮牵牛、甘蓝、甘蔗、矮牵牛、茄子、番茄等70多种植物的原生质体再生成完整的植株。

8.1.1　外植体材料

一般来说，植物的各个器官如根、茎、叶、花、果实、胚芽鞘、子叶、花粉、四分体、愈伤组织细胞或细胞悬浮培养物等都可作为分离原生质体的材料。其中由叶肉组织分离的原生质体遗传一致性较好，而离体培养的细胞或愈伤组织由于培养条件和继代培养时间等的影响，细胞易发生遗传变异，导致分离获得的原生质体一致性差。在此介绍两种分离原生质体的常用材料。

（1）*细胞悬浮培养物*　在建立细胞悬浮培养物之前，需提前培养愈伤组织，即接种无菌或经表面消毒的幼叶、成熟种子胚、未成熟胚、茎段、花药、胚芽鞘等于适宜的培养基上诱导愈伤组织，从中选出增殖较快、颗粒状的愈伤组织，转移到液体培养基中于（25±1）℃、黑暗条件下低速（80~120rpm·min^{-1}）震荡培养。悬浮培养初期应每隔3d继代1次；1个半月后，每隔7d继代1次；3~4个月后，悬浮培养细胞的细胞质变得较浓且细胞大小较为均匀一致，此时可用来分离原生质体。

（2）*叶肉细胞*　叶肉细胞是分离原生质体的最好的细胞材料。植株的生长环境、叶片的年龄和生理状态等都影响原生质体的分离。

8.1.2 原生质体分离方法

植物细胞壁由纤维素（占细胞壁干重的25%～50%）、半纤维素（占细胞壁干重的53%左右）和果胶质（占细胞壁的5%）三种主要成分构成。分离植物原生质体，必须去掉由果胶质、纤维素和半纤维素及木质素等构成的细胞壁物质。

8.1.2.1 机械法

该方法的原理是将细胞置于一种高渗的糖溶液中，使细胞发生质壁分离，原生质体收缩成球形，然后用机械法分离原生质体如利刃切割、机械法磨碎组织等，其中有些质壁分离的细胞只被切去了细胞壁，从而释放出完整的原生质体。

该方法的优点是避免酶等化学制剂对原生质体的破坏，缺点是获得的完整的原生质体较少，适用的植物种类少。该方法适用于高度液泡化的细胞如洋葱的鳞片、黄瓜的中皮层、萝卜的根、甜菜的根组织等，不适用于分离液泡化程度不高的细胞原生质体如分生细胞等。

8.1.2.2 酶解法

酶解法的优点是可以获得大量的原生质体，且该方法适用范围广，不同物种、不同组织、器官、细胞等均可采用酶解法。缺点是酶制剂（含有核酸酶、蛋白酶、过氧化物酶、酚类物质等）会影响分离获得的原生质体的活力，同时酶的使用量、酶解时间、分离材料的生理状态等都会影响分离效果。

（1）酶解法分离条件

①酶　分离原生质体最常用的酶有纤维素酶、果胶酶、半纤维素酶、蜗牛酶、胼胝质酶、EA3－867复合酶等。其中纤维素酶是从绿色木霉中提取的一种复合酶制剂，主要含有纤维素酶C，作用并分解天然的和结晶的纤维素。果胶酶是从根霉中提取的，降解细胞间的果胶质，把细胞从组织内分离出来。半纤维素酶制剂可以降解半纤维素为单糖或单糖衍生物。蜗牛酶、胼胝质酶主要用于花粉母细胞和四分体孢子的原生质体分离。EA3－867复合酶是含有纤维素酶、半纤维素酶、果胶酶的复合酶。

②渗透压稳定剂　去除细胞壁的细胞置溶液中后，如果溶液的渗透压和细胞内的渗透压不同，原生质体有可能涨破或收缩，因此在分离原生质体的酶溶液、洗液和培养液中，需加入一定量的渗透压稳定剂，保护原生质体膜的稳定和活力。选择适宜的渗透压有利于原生质体的分离、纯化，因此渗透压大小应与原生质体内的渗透压相接近，或者比细胞内渗透压略大些。常用的渗透压稳定剂有两种，一种是糖溶液系统，主要有甘露醇、山梨醇、蔗糖和葡萄糖等，浓度在0.40～0.80mol·L^{-1}，可促进分离的原生质体再生细胞壁并继续分裂，缺点是抑制某些多糖降解酶的活性。另一种是盐溶液系统，包括KCl、$MgSO_4$和KH_2PO_4等。有些酶在盐溶液中有较大的活性，缺点是盐溶液易使原生质体形成假细胞壁，同时分离的原生质体细胞易分散。酶解时可先在盐溶液内进行原生质体分离，然后于糖溶液作渗透压稳定剂的培养基中培养。此外，酶溶液中添加牛血清蛋白可减少或防止降解壁过程中对细胞器的破坏，加入适量的葡聚糖硫酸钾则可提高原生质体的稳定性。

③酶溶液的pH值　酶溶液的pH值对原生质体的产量和生活力影响较大，不同植物适宜的pH值略有差异。

（2）原生质体分离的方法　酶解过程可以采用顺序法和直接法。顺序法又称两步法，分离原生质体时先用果胶酶处理材料，降解细胞间层使细胞分离并释放出单个细胞，再用纤维素酶消化细胞壁释放出原生质体。该方法步骤较多，增加了微生物等污染培养物的机会。直接法又称一步法，弥补了顺序法的不足，即把一定量的纤维素酶、果胶酶和半纤维素酶等配置成一定浓度的混合溶液，材料在其中处理一次即可获得分离的原生质体。不同植物酶解时间长短不一，多数植物采用一步法可取得好的分离效果，以叶片为例其操作流程如下（李俊明，2002）。

①培养基、洗液、酶混合液的配制及灭菌，其中酶混合液需过滤灭菌并调 pH 值为 5.6。

②于超净台中取无菌叶片并置培养皿内萎蔫 1h，如以室外培养的叶片为初始材料应进行表面灭菌。

③去叶脉并用镊子撕去表皮，将叶片剪成 0.5cm^2 的小块（不易太小，否则会得到过多地破碎细胞），如果去表皮很困难，可直接将材料切成小细条。将叶片无表皮一面朝下，置含 600mmol · L^{-1}甘露醇的 CPW 溶液（表 8－1）中，黑暗条件下培养 30min～24h（依材料不同培养时间不同）。

④将去表皮的一面朝下浸在酶混合液中，封上透气膜。静置（酶解过程中偶尔轻轻摇晃几下）或置摇床上低速（60～70rpm · min^{-1}）振荡培养，于 25～28℃黑暗条件下酶解。

表 8－1 CPW 溶液组分及含量

组分	含量（mg · L^{-1}）	组分	含量（mg · L^{-1}）
磷酸二氢钾	27.2	碘化钾	0.16
硝酸钾	101.0	五水硫酸铜	0.025
二水氯化钙	1 480.0	七水硫酸镁	246.0

注：pH 值为 5.8

以悬浮细胞等为材料时，如果细胞团的大小不均一，在酶解前用尼龙网筛过滤一次，弃去较大的细胞团，留下较均匀的小细胞团。由于悬浮细胞液主要由单细胞和小细胞团组成，分离其原生质体时可不经过果胶酶处理，直接用纤维素酶或半纤维素酶酶解悬浮细胞，于 25～33℃条件下酶解 12～18h。如悬浮细胞、愈伤组织等材料难以分离原生质体时，可置摇床上低速振荡（40～60r · min^{-1}）培养，促进酶解。

8.1.3 影响原生质体分离的因素

8.1.3.1 植物材料的生理状态

材料的生理状态是原生质体质量的决定性因素之一。要获得高质量的原生质体，必须选用生长旺盛、生命力强的组织作材料。

8.1.3.2 渗透压稳定剂及渗透压

为了获得完整的原生质体，一般在酶解前，将植物器官或组织、细胞等进行高渗溶液处理，使细胞处于微弱的质壁分离状态，然后进行酶解。常用的渗透压稳定剂有甘露醇、山梨醇、蔗糖、葡萄糖、盐类等，并用含渗透压稳定剂的溶液稀释酶制剂。其中山梨醇和甘露醇适宜的浓度为 450～800mmol · L^{-1}，如烟草叶片原生质体制备中使用 600mmol · L^{-1} 甘露醇（李俊明，2002）。选用适宜的渗透稳定剂和合适的渗透压是分离并获得原生质体的前提。

8.1.3.3 酶

不同植物种类或同一植物种的不同器官、组织等适宜的酶不同，应根据不同组织或器官的细胞壁结构组成不同，选择适宜的酶进行酶解分离。如叶片适宜用纤维素酶和果胶酶，花粉母细胞适宜用蜗牛酶和胼胝质酶，成熟花粉适宜用果胶酶和纤维素酶，根尖细胞适宜用较多量的果胶酶和少量纤维素酶。

不同物种酶用量不同，应按比例和酶液混合才能有效地分离原生质体，一般去表皮的叶片需酶量较少，而悬浮细胞则用酶量较大。如烟草叶片适宜的酶量为4%纤维素酶和0.4%离析酶（李俊明，2002）。

酶解时间依植物种不同而不同，酶解时间过长易损伤原生质体，过短则不利于原生质体的分离。酶解时间的确定以原生质体游离下来为准。

8.1.3.4 培养条件

影响原生质体分离的培养条件主要有温度、光照、pH值、培养基成分等。

酶溶液的pH值对原生质体的产量和生活力影响较大，低pH值（$pH<4.5$）时，酶活性强，分离原生质体速度快，但原生质体活力差，影响后期原生质体的培养、融合和植株再生等。pH值高时，酶活性高，原生质体分离速度慢，但获得完整原生质体的比例高。酶解时一般pH值调控在4.8~7.2之间，但不同植物适宜的pH值不同，如pH值为7.0时菜豆叶片原生质体的产量和存活率高，月季适宜的酶解pH值是5.5~6.0。

温度影响酶解速度及原生质体的完整性和活力。温度在40~50℃时酶的活性最高，但不适宜外植体材料的生长发育，因此一般在较低温度下进行酶解。不同植物酶解温度不同，如胡萝卜适宜25℃，柑橘适宜37℃，烟草适宜26℃等。

酶处理一般在暗处进行，但有些材料适宜在光下处理。培养过程中，间断低速震荡有利于酶渗透。

分离原生质体的培养基中一般含有Ca^{2+}、Mg^{2+}、PO_3^{4-}，这些离子对分离的原生质体质量有影响，其中Ca^{2+}是细胞壁的主要成分，同时能稳定膜结构，Mg^{2+}、PO_3^{4-}能保持原生质体活力。

8.1.3.5 酶制剂活力和纯度

粗制的商品酶含有核酸酶和蛋白酶等杂质，它们会影响原生质体的活力。因此，在使用之前应将这些酶纯化。

酶的活性也影响原生质体的活力。酶活性与pH值有关，如Onoznka纤维素酶R-10和离析酶R-10的最适宜pH值分别为5~6和4~5。

8.1.3.6 植物材料的预处理

对原生质体材料进行预处理能提高原生质体的分裂频率，逐步提高植物材料的渗透压，以适应培养基中的高渗环境。预处理措施有暗处理、预培养、低温处理、高渗前处理，植物生长调节物质处理、植物生长调节物质与低温结合等。如在分离原生质体前，先将材料置一定湿度条件下暗培养1~2d，有利于提高原生质体的存活率，并保持原生质体的活力。有些材料如羽衣甘蓝先去掉叶片的下表皮，在诱导愈伤组织的培养基中预培养7d，有利于原生质体的分离。低温处理有利于保持原生质体的分裂能力，如龙胆叶片只有用4℃低温处理才能保持原生质体的活力。

8.2 原生质体的收集与纯化

8.2.1 原生质体的收集

当材料在酶溶液中保温足够的时间后，小心地振动容器或轻轻挤压外植体材料，使原生质体充分释放出来。将酶液、分离的原生质体和组织碎块等用200目筛过滤去除未完全消化的残渣，滤液用400目筛过滤，或直接用300目筛过滤（筛网的大小视分离的原生质体大小而异），收集滤液。

8.2.2 原生质体的纯化

在分离的原生质体中，除含完整的原生质体外，还混杂有未消化的细胞、细胞器、破碎的原生质体和其他碎片等。它们的存在影响原生质体的活力和分裂，因此必需对酶处理后的原生质体进行纯化，去掉酶溶液、净化原生质体。目前纯化效果较好的方法有沉降法、漂浮法和界面法三种。

8.2.2.1 沉降法

沉降法又称过滤离心法，原理是根据原生质体和细胞或细胞碎片的比重有差异，离心后不同比重的物质分层，残渣碎屑悬浮于上清液中，原生质体沉于离心管底部。

具体操作是将收集的滤液加入离心管中，低速离心，弃去上清液。用含有与酶解液同样渗透压的无酶 CPW 溶液（也称清洗培养基）悬浮沉淀，低速离心后，去上清，用清洗培养基悬浮沉淀再次离心，如此反复 3 次，可获得纯化的原生质体。

沉降法操作简便，易收集大量原生质体。缺点是原生质体沉积在试管底部，且互相挤压易造成完整原生质体的获得量少。

8.2.2.2 漂浮法

该方法的原理同沉降法，不同之处是采用比重大于原生质体的高渗蔗糖溶液，低速离心后，原生质体位于上清液表层，管底沉淀为残渣碎屑等。一般将含原生质体的酶混合液或清洗培养基中的原生质体沉淀与蔗糖溶液（21% ~23%）混合，低速离心 5 ~10min，用移液管小心吸出原生质体，并转入到另一个离心管中，重新悬浮并离心，如此重复 3 次，最后将原生质体清洗 3 次即可得到纯化的原生质体。

该方法可以获得较为完整和纯净的原生质体，但高渗溶液易破坏原生质体，导致完整原生质体的获得率小。

8.2.2.3 界面法

用高分子的聚合物做成不同的密度梯度，将原生质体置其中并离心，经纯化、完整的原生质体处在两液相的界面，管底为碎屑，用吸管将原生质体层吸出来，重复离心可获得完整原生质体。

该方法的优点是可以获得大量较完整的纯净的原生质体。

8.2.3 原生质体活力测定

测定原生质体活性可采用形态识别、观察胞质环流、活性染料染色、荧光素双醋酸酯（FDA）染色等方法。现介绍两种常用方法。

（1）形态识别法　选取形态完整、富含细胞质的新鲜原生质体，将其置低渗透压的培养液中，其中部分发生质壁分离的原生质体恢复原状，此类可吸水膨大的原生质体是有活力的原生质体。

（2）荧光素双醋酸酯（FDA）染色法　FDA 本身无荧光、无极性，可透过完整的原生质体膜、FDA 进入原生质体后被脂酶分解而产生荧光素。因其不能自由进出原生质体膜，因此有活力的细胞便产生荧光，不产生荧光的为无活力的。FDA 染色法具体操作为：加 FDA 溶液于纯化的原生质体悬浮液，使其最终浓度为 0.01%，混匀，室温静置 5min 后用荧光显微镜观察。

8.3 原生质体的培养

将有生活力的原生质体用培养基调到一定密度（一般为10^4~10^6个·ml^{-1}），在适宜的条件下培养，首先再生获得细胞壁，接着原生质体分裂，1~2个月后，在培养基上出现肉眼可见的细胞团，待细胞团长到2~4mm时转移到分化培养基上，诱导芽和根的形成。其中温度22~25℃、暗培养有利于细胞壁形成和细胞再生，而强光影响植板率（植板率=形成小愈伤块个数/接种时细胞总数×100%）。适宜的渗诱压、生长素、细胞分裂素、维生素、水解酪蛋白、椰汁等能促进原生质体的生长。

原生质体常用的培养方法有固体培养平板法、液体培养及固液结合培养等几种方法。

（1）固体培养平板法　将原生质体悬液与热融的含琼脂的培养基（冷却至40℃左右）等量混合，使琼脂的最终浓度为0.5%~0.8%，将培养基铺成一薄层琼脂平板，并轻轻摇动培养皿，使原生质体均匀分布。置培养物于适宜条件下培养。

该法的优点是原生质体彼此分开并固定于培养基中不同位置，避免了细胞间有害代谢产物的影响，同时可以定点观察单一原生质体的生长和发育。缺点是原生质体生长较液体培养基中慢。

另外值得注意的是琼脂对原生质体有毒害作用，可以改用琼脂糖。琼脂糖熔点低，且可促进原生质体细胞分裂和再生，尤其是对那些在琼脂培养基上不易发生分裂的原生质体，使用琼脂糖可以取得较好的效果。如在琼脂中不能分裂的天仙子属的品种能在琼脂糖中持续分裂并且比在液体培养基中形成较多的细胞团，高浓度的琼脂糖也明显地提高水稻原生质体的成活率和出芽率。

对固体培养进行改良后有饲养培养法和固体共培养法两种方法。饲养培养法中将一些处理过的原生质体用一薄层琼脂培养基固定在下层，而活的原生质体固定在上层。固体共培养方法则是把一种快速生长的原生质体和一种难以培养的原生质体相混合，用琼脂培养基固定共同培养，使难以培养的原生质体可吸收快速生长的原生质体产生的有益物质，从而促进其生长。

（2）液体培养　该方法是将原生质体悬浮在液体培养基中培养，常用的有液体浅层培养法和微滴培养两种不同培养方法。

①液体浅层培养法：将含有一定密度原生质体的液体培养液置于培养皿或三角瓶中，厚1mm左右，封口后置适宜条件下培养。培养期间每天轻轻摇动几次，有利于原生质体的生长。容器中液体培养基的量影响原生质体的活力和分裂，原生质体悬液量太少，则由于水分蒸发损失易造成原生质体死亡；液层太厚则易造成通气不良，细胞分裂频率降低。合理的做法是每隔5~7d加一次新鲜培养基。该方法优点是操作简便，便于更换、添加培养基和转移培养物，通气性好，排泄物易扩散，对原生质体伤害较小；缺点是原生质体在培养基中分布不均匀，容易造成局部密度过高或原生质互相粘连而影响原生质体进一步的生长发育，且难以定点观察，很难监视单个原生质体的发育过程。

②微滴培养：该方法适合于极低密度原生质体的培养。将原生质体悬浮液用滴管以0.1ml左右的小滴接种于培养皿中，由于表面张力的作用，小滴在培养皿表面呈半球形，或将原生质体悬浮液分成单个原生质体，置于特制的具许多小培养池的培养容器中，封口，防止培养液和原生质体干燥和污染。该法的优点是含原生质体的微滴体积小，在一个培养皿中可以做多种培养基的对照实验，也容易添加新鲜培养基。缺点是原生质体分布不均匀，且容易发生粘连，影响他们的生长发育，且液滴与空气接触面大，水分容易蒸发，造成培养基成分浓度偏高和干燥，影响原生质体的分裂生长。

（3）固液结合培养法　在培养皿的底部先铺一薄层适宜细胞增殖的固体培养基，再在其上进行原生质体的液体浅层培养。固体培养基中的营养成分可以慢慢地向液体中释放，以补充培养物对营养的消耗，并可保持培养基湿润，同时培养物所产生的一些有害物质，易被固体部分吸收，有利于原生质体的分裂生长，如在固体培养基中添加活性炭，效果更好，可大大提高原生质体的分裂能力。同时该方法可定期加入新鲜培养液，有利于原生质体的生长。该方法原生质体分裂速度快，细胞壁发育好。

另外还有一种培养法称为“念珠培养”法，即把含有原生质体的琼脂糖培养基切成块放到大体积的液体培养基中，低速振荡培养，促使原生质体分裂发育。该法使一些未超过细胞团阶段的植物如芜菁和矮牵牛原生质体能够持续地分裂。

8.4 影响原生质体培养的因素

影响原生质体培养的因素有培养基成分、渗透压稳定剂、原生质体密度、培养条件、原生质体活力等。

8.4.1 植物材料的生理状态

植物的生理状态决定了原生质体的质量，因而影响原生质体的培养效果。植株生长环境、植株生理年龄等影响植物的生理状态。现有研究和实践证明：在可控环境下生长的植株，且发育相对较一致的外植体制备获得的原生质体容易培养，获得愈伤组织或再生植株。如选取无菌条件下的适宜外植体制备的原生质体可以形成愈伤组织或进一步分化获得再生植株，生长在温室、生长箱或田间的植株，其原生质体则培养成功的几率不大，即使培养成功，重复性也较差（李俊明，2002）。对叶片、茎等器官进行预培养（3～7d），在一定程度上可促进某些植物如甘薯、大豆等的原生质体培养。

8.4.2 培养基成分

对原生质体进行培养时，培养基中需要大量元素、微量元素、糖类物质、有机物和适量的植物生长调节剂等。由于原生质体去掉细胞壁，其结构和代谢生理上与细胞有很大差异，因此在培养原生质体时，应对不同培养基成分进行筛选，以利原生质体正常生长发育。

（1）无机盐　无机盐是培养基的主要构成成分，主要有大量元素和微量元素两部分。无机盐以离子状态存在于培养基中，其中Ca^{2+}、Fe^{2+}、NH_4^+对原生质体培养效果影响最大。Fe^{2+}浓度高不利于原生质体分裂，如把MS培养基中的铁盐浓度降低10倍可以大大增加原生质体的存活率和分裂的数量。Ca^{2+}能保持原生质体质膜的电荷平衡，适当提高培养基中Ca^{2+}浓度能提高原生质体的稳定性，对原生质体的生长发育有利。如高浓度的Ca^{2+}提高了豌豆原生质体的存活率和细胞分裂。高浓度的NH_4^+抑制某些植物原生质体如马铃薯的生长发育，降低铵盐浓度，有利于原生质体的存活，并促进细胞再生和分裂。

（2）有机成分　有机成分如维生素、氨基酸、有机酸、核苷酸、糖及糖醇、多胺、酵母提取物、水解酪蛋白、椰乳等物质对原生质体发育有一定的促进作用。

（3）植物生长调节物质　植物生长调节剂即生长素和细胞分裂素及其适宜的比例对原生质体的生长发育至关重要。不同的植物种需要的植物生长调节剂种类和浓度不同，如2,4－D有利于牛豆树原生质体培养，而NAA和IAA则不利于其发育。同时，在不同的发育阶段应及时调整植物生长调节剂的种类和浓度。如2,4－D有利于牛豆树原生质体的前期培养，但抑制后期的器官分化。

(4) 其他　细胞培养时，细胞内合成的激素和其他合成物如氨基酸等易向培养基中释放，即内容物外渗，不同植物细胞培养外渗的速度和能力不同。当内源激素或其他细胞内合成物外渗后，提高了培养基中生长调节物质或营养的浓度。利用这个特点制成“条件培养基”，即对某种细胞培养一段时间后，去掉细胞，用这种培养基培养其他材料，促进原生质体的生长，如用培养了3d的长春花细胞悬浮培养液作“条件培养基”，加到长春花原生质体悬浮液中，便可极大地促进长春花等原生质体的生长和分裂。

8.4.3 渗透压稳定剂

原生质体培养基中须有一定浓度的渗透压稳定剂来保持原生质体的稳定。现有研究表明葡萄糖或蔗糖是原生体培养中比较理想的渗透压稳定剂和碳源。不同植物适宜的渗透压稳定剂种类不同，如禾谷类适宜用甘露醇或山梨醇，而马铃薯、甘薯、木薯或雀麦草多采用蔗糖（李俊明，2002）。随原生质体发育的不同阶段逐渐降低渗透压有利于原生质体的生长。如杨树原生质体培养过程中，每周渗透剂浓度降低0.1mol·L^{-1}有利于原生质体的发育及最终的再生植株。

8.4.4 培养条件

培养条件是原生质体培养成活的关键。

(1) pH值　培养基的pH值直接影响原生质体及再生细胞的生理活性，不同植物原生质体生长发育需要的pH值略有差异（一般为5.6~5.8），如pH值为6.0时，豇豆原生质体具有持续的细胞分裂能力。

(2) 光照　原生质体培养初期（4~6d）以暗培养较好，但具叶绿体的原生体最好在光下培养。

(3) 温度　25~30℃温度适宜大多数植物原生质体的培养。低于25℃，原生质体分裂频率降低或根本不分裂，温度过高也不利于原生质体培养。

8.4.5 原生质体密度

在原生质体培养基中原生质体的密度对其分裂影响很大，适宜密度在10^4~10^5个·ml^{-1}，密度低于10^4个·ml^{-1}时，原生质体不能正常生长。

8.4.6 原生质体活力

原生质体活力高的原生质体培养易成功，无活力的原生质体则无继续培养价值。

8.5 原生质体再生技术

没有细胞壁的原生质体具有“全能性”，可以经过离体培养获得再生植株，迄今已经有不少植物如胡萝卜、烟草、矮牵牛、拟南芥、油菜、玉米、水稻、豌豆、甘蔗、柑橘及猕猴桃等的原生质体成功获得再生植株。

将原生质体置散射光（强光刺激会使原生质体致死）、湿润环境、25℃温度条件下培养，第二天可观察到大而圆的原生质体，2~3d后细胞壁再生，3~6d原生质体第一次分裂，2周左右可见到小细胞团，细胞团继续分裂成愈伤组织，最终可获得再生的完整植株。

原生质体能否持续分裂和分化获得完整的小植株，受多种因素的影响，如外植体的来源和状态、培养基的成分、原生质体的密度、光照、温度和培养方法等。

8.6 原生质体融合

原生质体融合是20世纪70年代兴起的一项新技术，即两个或两个以上的原生质体的质膜彼此靠近，形成共同的质膜，然后两个或两个以上原生质体的细胞质呈现连续状态，或是出现桥，即胞质融合，此时将两个或两个以上细胞核包围起来，核融合形成异核体或同核体，然后再生出新的细胞壁即完成原生质体融合。

根据融合时细胞的完整程度，原生质体融合可分为对称融合和非对称融合两大类。其中对称融合指双亲的完整细胞原生质体的融合。而非对称融合则是在融合前利用物理或化学方法对一方亲本原生质体进行处理，使某亲本的核或细胞质失活，然后和另一亲本原生质体进行融合。

根据原生质融合的方法又可分为自发融合和诱导融合两类，其中自发融合是用酶分解细胞壁和原生质体分离过程中，原生质体进行的融合。诱导融合则是在制备并纯化原生质体后，用物理的或化学的方法使两个亲本原生质体融合。

原生质体融合可以是种内、种间、属间、科间的原生质体融合。原生质体融合克服了远缘杂交中杂交不亲和、染色体倍性差异等杂交不利点，有利于更广泛地组合不同植物的遗传性状，获得种间、属间远源杂交种，为植物育种提供新材料，是有效培育新品种的途径之一。

8.6.1 原生质体融合方法

原生质体自发融合的几率小，一般以诱导融合为主。可通过物理法或化学法进行诱导使亲本原生质体融合。物理法常采用离心、振动等机械措施或射线处理等方法促使原生质体融合，物理诱导与诱导剂相结合可以促进融合效率。化学融合法采用不同的化学试剂作诱导剂，促使原生质体融合。下面介绍几种常用的原生质体融合方法。

8.6.1.1 $NaNO_3$ 处理诱导融合

该法是通过 Na^+ 造成膜电位改变而完成细胞融合。缺点是融合率低，对叶肉高度液胞化的原生质体有伤害。

除 $NaNO_3$ 外，其他盐如硝酸盐类的 KNO_3、$Ca(NO_3)_2$，氯化物如 NaCl、$CaCl_2$、$MgCl_2$ 等也可诱导原生质体融合。

8.6.1.2 高 pH 值－高浓度钙离子处理

在原生质体中加入 0.05mol·L^{-1} $CaCl_2$ 和 0.4mol·L^{-1} 甘露醇，用甘氨酸钠调整 pH 值至 9.5～10.5 之间，37℃下保温 0.5h，最后用 0.4mol·L^{-1} 的甘露醇洗净 $CaCl_2$ 和高 pH 值。高浓度钙离子可以改变膜电位及膜的物理结构而促使原生质体融合，钙也能稳定原生质体，同时高 pH 值能改变质膜表面离子特性，有利于原生质体融合。该方法缺点是高 pH 值影响原生质体的存活率，融合频率不高，且易诱发多个原生质体融合。

8.6.1.3 PEG（聚乙二醇）处理

该方法的优点是融合成本低，勿需特殊设备；原生质体融合频率高，达 10%～15%；原生质体融合不受物种限制。其缺点是融合过程繁琐，PEG 可能对细胞有毒害，且 PEG 的种类、纯度、浓度、处理时间，以及原生质体的生理状况与密度等都会影响融合效率。

（1）PEG 的作用机理　PEG 分子具有轻微的负极性，可以与具有正极性基团的物质如水、蛋白质和碳水化合物等形成 H 键，PEG 直接或间接地通过 Ca^{2+} 在相邻原生质体之间形成分子桥，使原生质体发生粘连。当 PEG 分子被洗脱时，膜上电荷紊乱或再分布使膜表面局部脱水或改变构型，促使原生质体融合。此外，PEG 能增加类脂膜的流动性，也有利于细胞核、细胞器、原生质发生融合。

（2）PEG 处理　取等量、密度相近的两亲本原生质体悬浮液于玻璃容器内混合均匀，从中取 150μl 左右的原生质体悬浮液滴在盖玻片上，然后缓慢加入 450μl 左右的 PEG 溶液，20～30℃温度下保温培养 0.5～1h，融合过程中加入融合促进剂，如二甲基亚砜、伴刀豆球蛋白、链霉素蛋白酶等，可以提高原生质体的融合率，最后用原生质体培养液洗净融合剂。

PEG 与高 Ca^{2+} 和高 pH 值相结合（高国楠，1974），诱导原生质体融合率较高，为 15%～30%。其操作方法是先用 PEG 处理 30min，然后用高 pH 值的高 Ca^{2+} 溶液稀释 PEG，最后用培养液洗去高 Ca^{2+} 和高 pH 值。

8.6.1.4　电融合

电融合技术对原生质体无毒害，操作简便且融合效率高。电融合中交流电压、交变电场的振幅频率、交变电场的处理时间，直流高频电压、脉冲宽度、脉冲次数等影响原生质体的融合。

电融合操作步骤为：在装有原生质体悬浮液的两电极间加高频交流电场（一般为 0.4～1.5MHz，100～250V·cm^{-1}），此时原生质体在电场作用下极化、产生偶极化，沿电场线方向泳动并形成与电场线平行的原生质体链，然后用一次或多次瞬间高频直流脉冲（1～3kV·cm^{-1}），使原生质膜击穿，发生可逆性破裂，原生质体融合形成异核体或同核体。

8.6.2　影响原生质体融合的因素

8.6.2.1　原生质体的发育状况

原生质体质量是原生质体融合的最基本条件，只有高质量的原生质体才有可能实现原生质体的融合。原生质体的悬浮状况也会影响融合，如果两亲本原生质体密度相差较大，亲本之间的原生质体接触机会少，则不易融合。另外两亲本原生质体中各自的核处于相同的发育阶段，则原生质体容易融合，若发育进程不同则影响融合。综上所述，只有高质量的、密度均匀且发育阶段一致的原生质体融合的效率较高。

8.6.2.2　融合时间

原生质体再生细胞壁的能力不同，如原生质体可以较容易的再生细胞壁，则原生质体容易融合成功。一般在洗去酶液后，应及时进行融合处理，否则细胞壁再生困难，影响原生质体融合。

8.6.2.3　融合方法

融合方法影响原生质体融合的效果，一般电融合法较容易使原生质体融合，其次是 PEG 融合法，其他方法融合效果差，但不同物种间有差异。

8.6.2.4　渗透压稳定剂

Ca^{2+}、Mg^{2+}、蔗糖等渗透压稳定剂有利于原生质体稳定和再生，也有利于原生质体融合。

8.6.2.5　酶解时间和酶液浓度

随着酶解时间的加长，原生质体的释放量增大，但酶解时间过长易导致原生质体融合失败。同时酶解浓度不易太大，否则原生质体的再生率下降，也易影响原生质体融合。

8.7　杂种植株的鉴定

将获得的原生质体融合体悬浮液铺于固体的愈伤组织诱导培养基上，于温度（25±2）℃，光照强度 1 000lx，光照时间 14～16h·d^{-1}的条件下培养，1～2 个月后有肉眼可见的细胞团出现。待细胞团长到2～4mm时，转移到分化培养基上，诱导不定芽再生。

不同植物种的原生质体融合后，可能产生几种类型的杂种，如综合双亲全部遗传物质的对称杂种、部分遗传物质丢失的非对称杂种、只具有融合双亲之一核遗传物质的胞质杂种等。对原生质体融合后再生的植株进行筛选有利于获得高观赏性、抗逆性强等的具优良特性的杂种。

对杂种进行鉴定有以下两种方法。

形态特征鉴定法。把亲本和杂种体栽植于相同的培养条件下，对其主要形态特征（植株高矮、叶片、枝条等生长量，花期，开花量，花径、花瓣数量，结实量，果实色泽和产量）等进行观察记录和比较。但组织培养中经愈伤组织再生的植株也易产生变异，因此仅从形态变化尚不能确定形态特性变异的植株是否为杂种，需借助其他措施。

分子标记鉴定法。通过分子标记鉴定杂种是目前较准确的鉴定法，常用的有RAPD、SSR、AFLP等标记法，参照（分子克隆实验指南.Sambrook，2002）。

第9章　园艺植物组培苗的工厂化生产

园艺植物的工厂化生产主要是对优良种或品种的外植体进行离体培养，诱导腋芽、鳞茎芽等萌发或诱导外植体分化大量不定芽，然后诱导不定芽生根，待不定芽发育为健壮的具根、茎、叶的无菌苗后进行移栽。其中未经种子萌发获得的种苗可以保持品种的优良遗传特性，同时还可以结合脱毒培养获得无毒种苗。通过组培进行工厂化生产具有生产周期短、增殖倍数高、节约繁殖材料、种苗质量高等优点。

9.1　初代培养

9.1.1　外植体的选择

组织培养中用来进行离体培养的材料称为外植体。细胞具有全能性，理论上讲任何组织和细胞都可以作为外植体并发育为完整的植株，但在实际生产中并非所有组织和细胞都可获得不定芽，生产中常用的外植体有茎尖、侧芽、根、茎、叶、花器官（花药、花瓣，花轴、花萼、胚珠、胚、子房、花粉、花柱）、茎尖分生组织、种子、鳞茎、块茎、根茎等。其中带芽的外植体如茎尖、侧芽、鳞茎、块茎、根茎等，可直接诱导形成丛生芽，诱导成功率较高，变异性较小，可以保持材料的优良遗传性状，而诱导其他外植体如根、茎、叶、花器官等分化产生不定芽时，不定芽的获得量大，但诱导外植体产生不定芽对基因型和外植体类型的依赖性强，并非所有的外植体都可诱导成功。针对不同园艺植物选取适宜的外植体是实现园艺植物工厂化生产的前提之一。如以脱毒为目的适宜采用茎尖生长点或分生组织，如以获得无菌培养体系为目的，木本植物常以带芽的幼嫩茎段为外植体，草本植物以种子、叶片等为原始材料，鳞茎类花卉则适合以鳞茎片为外植体，若以诱导不定芽为主要目的可选择根段、茎段、叶、鳞茎、花器官等。

取材季节、外植体的取材部位、植株年龄及植株的生理状态、质量、大小等都影响离体培养的成功与否。大多数植物在生长开始的季节如春季芽萌动期，取幼龄的生长健壮的外植体容易诱导腋芽、顶芽萌发或诱导外植体分化不定芽，而老龄组织或器官、休眠期的组织或器官不宜诱导成功。春季接种可以最大程度减少外植体的污染，有利于无菌培养体系的建立和初代培养的成功。另外，有些外植体如鳞茎、种子接种前需要低温或 GA 等处理，打破休眠后才能接种。

9.1.2　材料的灭菌

植物材料表面常附有多种真菌和细菌，进行初代培养时应对外植体进行灭菌处理，如灭菌不彻底菌类接触到培养基，即会迅速繁殖滋长，影响外植体的生长和无菌培养体系的建立。同时应注意消毒剂的种类和使用浓度、灭菌时间，原则上是既能起到灭菌的作用又不伤害材料的生活力。

在外植体灭菌消毒中常用到的灭菌剂有洗衣粉、洗涤剂、巴氏消毒液、次氯酸钠、异丙醇、次氯酸钙、氯化汞、无水乙醇等。不同灭菌剂的灭菌原理和灭菌效果不同，其中洗衣粉、洗涤剂主要用来去除附着在外植体表面的污物和脂质性物质，有利于灭菌剂与外植体表面直接接触，提高灭菌效果。一般将外植体置含洗衣粉或洗涤剂的溶液中浸泡5~30min，然后用流水冲洗干净。乙醇除杀菌作用外，也是材料表面浸润剂，有利于增强次氯酸钠等灭菌剂的灭菌效果，但酒精穿透力强，对植物细胞杀伤力大，一般用70%~75%的乙醇溶液灭菌10~30s，然后倒出酒精并用蒸馏水冲洗一次。次氯酸钠和次氯酸钙利用分解产生氯气来杀菌，过氧化氢通过分解释放原子态氧杀菌，这三种灭菌剂对外植体杀伤力小，残留少，也可以取得好的灭菌效果。氯化汞属剧毒药剂，灭菌彻底，效果最好，但对外植体杀伤力大、残留严重。实际工作中应根据材料的性质、立地条件等灵活选择灭菌剂及灭菌时间。另外在使用上述表面灭菌化学药剂时，为更好地使杀菌药品浸润整个组织，一般还需在药液中添加表面活性剂，常用的是吐温-80或吐温-20。吐温的使用浓度为0.1%。

常见灭菌剂使用浓度及灭菌效果见表9-1。

表9-1 常用灭菌剂使用浓度及灭菌效果比较

灭菌剂	使用浓度（%）	灭菌时间（min）	残留及对外植体影响	灭菌效果
次氯酸钠	20	1.5~30	残留少，对外植体损伤小	+ + +
次氯酸钙	9~10	1.5~30	残留少，对外植体损伤小	+ + +
氯化汞	0.1	1.5~20	残留多，对外植体损伤大	+ + + +
过氧化氢	10~12	5~15	残留少，对外植体损伤小	+ + +
异丙醇		~	残留少，对外植体损伤小	+ +
洗衣粉	0.1~0.3	5~30	残留少，对外植体损伤小	+
巴氏消毒液	5~10	5~30	残留少，对外植体损伤小	+ +
酒精	70~75	0.2~0.5	残留少，对外植体损伤大	+ +

注："+ + + +"代表灭菌效果最好，依次类推。

不同外植体材料消毒方法不同，现介绍几种常见外植体的消毒。

茎、叶、花等材料的灭菌和消毒：首先选生长健壮、无病虫害的茎、叶、花等为材料，去除浮土并置流水下冲洗10~30min，不同材料冲洗时间长短不同，然后将材料置含洗衣粉或洗涤剂的水中浸泡5~30min，用流水冲洗外植体，最后于无菌条件下用70%~75%的酒精浸泡20~30s，灭菌蒸馏水冲洗一次，继续用次氯酸钠或升汞等灭菌剂灭菌5~30min（不同外植体灭菌时间不同），期间轻轻摇动材料，促使消毒溶液与植物材料充分接触，最后用灭菌蒸馏水冲洗3~5次备用。

根、鳞茎、地下茎等的灭菌和消毒：该类材料生长在土中，常带有泥土和较多的微生物，灭菌消毒相对较难。消毒前剪去受损伤、腐烂根系，鳞茎和球茎应去除外层膜质鳞片，用流水洗净材料表面的泥土（时间30min~2h），然后于超净工作台中用70%~75%酒精溶液浸泡30~60s，无菌水冲洗一次，然后用20%次氯酸钠溶液或0.1%升汞溶液分别灭菌10~30min，无菌水漂洗3~4次，备用。

花药、花粉的灭菌和灭菌：花药和花粉外有花瓣、花萼包裹着，因此宜选花蕾为材料，于无菌超净台中用70%~75%的酒精棉球擦拭花蕾表面，然后用无菌镊子等从花蕾中剥出花药、花粉，接种于培养基上。

种子灭菌和消毒：先用70%~75%的酒精浸泡10~30s，再用灭菌剂灭菌1.5~15min，然后用无菌水冲洗3次，接种于培养基中。值得注意的是种子大小和种皮质地不同，灭菌时间差异较大，如柳兰、大岩桐等种子细小，用20%次氯酸钠消毒1.5min可取得好的效果，而羽扇豆、文冠果等大粒种子适宜消毒 15 ~ 20min，中小粒种子如三色堇、菊花、金莲花等适宜消毒 5 ~ 10min，无菌水冲洗 3 ~5 次，备用。有些园艺植物种类如柑橘、早熟桃和葡萄等进行胚培养时，表面灭菌只需先将果实清洗干净，再在乙醇中浸泡或用乙醇棉球擦拭烧灼，然后剖开果实剥取种子。

9.1.3 接种

在无菌条件下，把经灭菌处理的外植体放置到培养基上的过程称为接种。不同植物种或品种及不同的离体培养目的，适宜的外植体类型、大小等都不同。以诱导腋芽或顶芽萌动为主建立无菌培养体系时，宜将茎段剪成长 1 ~ 1.5cm 的带芽茎段，接种后 10 ~ 15d 腋芽、顶芽萌动并抽生嫩枝。以叶片、鳞茎、花瓣、花梗等为外植体诱导其产生不定芽时，宜将外植体剪成 0.5cm × 0.5cm 大小或 0.5 ~ 1cm 长，平置于培养基表面，20 ~ 60d 后形成愈伤组织或不定芽。而以脱毒为主进行的离体培养，宜剥取 0.35mm 左右的茎尖分生组织（不同外植体大小略有差异），外植体太小不易成活或无形态发生能力，不能再生出不定芽。以种子为起始材料建立无菌体系时，要根据种子大小及种皮质地做相应的处理，如种皮坚硬、质地致密影响种子萌发，宜在消毒后去除种皮，取出内部组织或种胚进行接种，7 ~ 15d 种子萌发。

接种后置无菌培养室内，注意培养室的环境控制，一般情况下光照采用人工补光措施，光照强度 500 ~ 4 000lx，每天保证有 10 ~ 12h 光照，温度控制在 22 ~ 28℃。另外培养基 pH 值调整到 5.4 ~ 5.8，pH 值太小，培养基凝固性差，影响植株生根和正常的生长，植株常白化和玻璃化，pH 值太大则培养基硬度加大，也不利于外植体发育或分化。培养器皿应选择透气性较好的封口膜或瓶盖密闭，既达到无菌保湿的作用，又不影响植株的生长发育。

9.2 不定芽的获得

细胞具有全能性即多数植物组织或细胞在离体培养条件下可以再生不定芽。由外植体再生出不定芽的过程称为不定芽再生，该系统称为不定芽再生系统。根据不定芽再生途径不同将再生系统分为愈伤组织再生系统、器官直接再生系统和体细胞胚再生系统。

9.2.1 愈伤组织再生系统

愈伤组织再生系统是指在离体培养中外植体的一部分细胞经脱分化，恢复分裂能力形成愈伤组织，并通过分化培养促使愈伤组织中的部分细胞或细胞团经过再分化，获得再生植株的过程。愈伤组织是指形态上没有分化但能进行活跃分裂的一团排列疏松无序或较为紧密的细胞，通常呈圆球形、体积较大、细胞质相对稀薄。可通过该途径获得不定芽的外植体类型多样，如叶、花器官、茎段、根系、种胚、鳞茎、茎尖分生组织、萌发幼苗的子叶、幼芽、幼根、胚轴等。

诱导外植体获得愈伤组织并获得不定芽，可分为两个阶段。

第一个阶段是启动、诱导外植体脱分化。该过程主要是通过外源植物生长调节剂诱导植物组织细胞改变原有的代谢途径，该阶段的时间长短取决于外植体细胞的生理状态、培养基中植物生长调节剂的种类、含量和相对比例，以及培养条件等。一般说来，外植体细胞分化程度越高即细胞越成熟，脱分化就越困难，所需时间就越长，需要的培养基及培养条件也就越苛刻。老的器官如叶、茎段等比幼嫩叶、茎段等难脱分化。在离体培养条件下，一般外植体在培养基中培养 10 ~20d 后，于外植体伤口及其附近形成愈伤组织。不同外植体形成的愈伤组织颜色、质地、大小都不同，获得不定芽的早晚略有差异。根据愈伤组织产生的速度和愈伤组织的类型，可以初步判断愈伤的质量，即产生再生植株的可能性，其中淡黄（绿）色或无色、疏密程度适中的愈伤组织有可能分化出不定芽，而过于紧实或疏松的愈伤都很难再生出不定芽。如笔者在羽扇豆的离体培养中发现，由叶片形成的十分紧密坚硬的绿色愈伤和茎段形成的部分极度蓬松状愈伤都不能分化出不定芽。在某些植物的离体培养中有时候会形成红色、紫红色愈伤，可能是外植体中碳水化合物积累较多，引起细胞 pH 值降低造成的。

第二个阶段是诱导愈伤组织分化获得不定芽，该过程称为再分化。愈伤组织具有发育成正常植株根、茎、叶或胚状体的潜能，在条件合适时可分化出不定芽。一般将愈伤组织转接到同种培养基或分化培养基上 10～30d 后，可分化获得不定芽。此阶段应注意愈伤组织应及时转移到新鲜的培养基中，一般为 20～25d，诱导其增殖并分化更多的不定芽。愈伤组织若长期在一种培养基上培养会导致培养基中某些成分的不足和代谢分泌物（尤其是有些毒素）的积累，同时培养基的胶体性质也会改变，以上因素会影响愈伤组织的生长和发育。

值得注意的是，愈伤组织的产生是由于植物受伤部位的组织代谢发生暂时紊乱，诱导内源生长素和细胞分裂素加速合成且分布不均匀的结果。已有的研究认为生长素有利于愈伤组织的形成，而细胞分裂素有利于不定芽的分化，因此在诱导愈伤组织的过程中经常在培养基中添加较多的生长素，而在分化培养基中则增大细胞分裂素和生长素的比例。不同植物种或品种适宜的植物生长调节剂种类和比例不同，应有针对性地选择最佳培养基。

该途径几乎适用于每一种通过离体培养途径能再生不定芽的植物。但该系统获得的再生不定芽有可能产生变异，原因是外植体诱导的愈伤组织是由多细胞形成的，因此不定芽也多是多细胞起源，不定芽为嵌合体比例较高，随着愈伤组织继代培养时间的延长，不定芽嵌合体的比例有增加的趋势。同时愈伤组织继代次数增加，植株再生能力逐渐下降，甚至完全丧失再生能力。

9.2.2 器官直接再生系统

器官直接再生系统是指外植体细胞越过脱分化产生愈伤组织阶段，而由细胞直接分化出不定芽获得再生植株。外植体的生长状况或生理状况、内源激素的含量、培养基中植物生长调节剂的种类和含量或各营养成分的含量、培养室的环境条件、内源激素与外源植物生长调节物质的相互作用等，都影响不定芽的直接再生能力。

一般，叶、无芽茎段、鳞茎、花器官等外植体接种于分化培养基后 15～30d，由伤口边缘或外植体表面直接产生不定芽，其中叶片培养过程中在中脉部位的切口处更易获得不定芽。每 20～30d 及时转移外植体于新鲜培养基中可以获得更多的不定芽和丛生芽。有研究认为器官直接再生是由细胞分裂素和生长素相互之间的比例所决定的，而不是由这些物质的绝对浓度决定的，一般细胞分裂素与生长素的浓度比为（10～100）：1。若两种生长调节剂比例相对较高，则可能分化出芽，若两者比例低则有利于形成根或愈伤组织。同时内源激素和外源生长调节剂相互作用也影响不定芽再生，应根据植物种的特性调整外源生长调节剂的配比。实际培养中器官直接再生往往受基因型的限制，笔者在诱导菊花不定芽过程中，供试的若干菊花品种中，只有“玉人面”、“神马”、“日本黄”、“黄秀芳”、“L12M57”、“铺地金”等品种有不定芽再生，且不定芽的再生率差异较大。同时发现有的品种如“神马”在不同时期诱导培养，其不定芽再生率很不稳定，而“玉人面”、“日本黄”、“黄秀芳”再生率高，重复性好（吕晋慧，2005）。

该途径不经过愈伤组织诱导培养过程，获得再生不定芽的周期短，操作简单，且由于外植体未经脱分化直接分化芽，体细胞无性系变异小，能较好地保持植物的遗传稳定性，因此适宜于种子播种易产生变异或种子获得困难的园艺植物。

9.2.3 胚状体再生系统

植物二倍体或单倍体细胞未经性细胞融合而发育形成一个新的个体的过程。经体细胞胚发生而形成的在形态结构和功能上类似于有性胚的结构称之为体细胞胚或胚状体。这些胚状体可以像有性胚那样在特定的条件下发育成完整的植株。该途径胚状体的发生多数是单细胞起源，获得的再生植株嵌合体少、无性系变异小。胚状体具有两极性，在发育过程中可同时分化出芽和根，形成完整植株，减少了生根培养环节，节约生产时间及生产成本。在园艺生产中可通过获得胚状体来生产、保存、流通人工种子（详见第 5 章部分）。

9.2.4 原生质体再生系统

原生质体是“裸露”的植物细胞，在适当的培养条件下诱导其再生不定芽，称为原生质体再生系统。该途径培养过程复杂，周期长、难度大、再生频率低，体细胞无性系变异大，不利于优良特性的保持（详见第 8 章部分）。

9.3 增殖培养

从外植体获得的从生芽、不定芽、胚状体、愈伤组织等数量少，规模化生产中常常需要增殖培养，扩大繁殖系数，达到快速繁殖的目的。具体做法有以下几种：

愈伤组织增殖时，可切割并转移愈伤组织到新鲜培养基中。如增殖过程中发现愈伤组织有玻璃化现象，可能是培养基中植物生长调节剂含量高，或愈伤组织在增殖过程中细胞内积累了较多的植物生长调节剂，此时应适当降低植物生长调节剂浓度。

诱导丛生芽和不定芽增殖时，一般将植物嫩茎剪切为 1 ~ 1.5cm 的带芽茎段（注意去掉顶芽），并转接于增殖培养基中，增强腋芽生枝能力，待侧枝长约 2cm 时，重复接种可以扩大繁殖系数。该方法繁殖的植株可以较好地保持植物种或品种的优良遗传特性。一般情况下较低含量的细胞分裂素和生长素有利于丛生芽增殖。笔者在菊花组培快繁体系研究中发现在较低的细胞分裂素和生长素诱导下（MS + 6 - BA 0.5mg · L^{-1} + NAA 0.05mg · L^{-1}，MS + 6 - BA 0.2mg · L^{-1} + NAA 0.02mg · L^{-1}）增生健壮、深绿色、生长均匀一致的丛生芽，而高的植物生长调节剂含量（MS + 6 - BA 2mg · L^{-1} + NAA 0.5mg · L^{-1}，MS + 6 - BA 2mg · L^{-1} + NAA 0.2mg · L^{-1}）条件下增殖的不定芽数量少，不定芽生长细弱，且不定芽有不同程度的黄化现象，随培养时间的延长黄化现象加重，生长调节剂含量过低则丛生芽高生长加速，生长细弱黄化。

不同植物种或品种适宜的增殖培养基不同，实际应用中应针对性地进行试验，获得最佳的增殖效果。从生芽增殖培养 20 ~ 25d 后，可将从生芽转接到壮苗或生根培养基中。

9.4 继代培养

继代培养可在生根培养基、壮苗培养基或增殖培养基等培养基中进行，例如菊花、月季、苹果、葡萄等离体快繁中既可在生根培养基中继代，也可在增殖培养基中继代，在生根培养基中继代获得的是生长健壮的生根苗，继代 20 ~ 30d 后可进行移栽，而在增殖培养基中继代获得的是大量从生芽，需要经生根壮苗培养后才可以移栽。离体培养目的不同或实际生产需求不同可选择不同的继代培养方法。

9.5 无菌苗的生根培养

剪切生长健壮的不定芽或丛生芽于生根培养基中培养，7～15d即可诱导其产生不定根。已有研究表明生长素有利于植物生根，适宜的生长素有IBA、IAA、NAA等，适宜的剂量为0.1～0.2mg·L^{-1}或不加任何生长素，基本培养基有MS、B5等。笔者在菊花生根培养中发现有些品种如“Goldenpeas”、“L12M57”和“美矮黄”在以MS为基本培养基的生根培养中培养，无菌苗黄化现象严重，把大量元素减半后生根苗为健康的绿色，原因可能是全MS培养基中过量的NO^{3-}螯合培养基中的Fe^{2+}盐，从而影响Fe^{2+}盐的吸收。也有研究认为矿质元素浓度较高时对无菌苗茎叶生长有利，浓度较低时有利于不定根形成，因此生根培养基一般以1/4～1/2MS为基本培养基为宜。

9.6 无菌苗的移栽

生根培养20～30d后，挑选健壮的无菌苗进行移栽。无菌苗长期处在无菌，温度、光照和湿度相对稳定的环境中，而大田的温度、水分、光照等条件与培养室有较大的差异，为了保证无菌苗在新的环境中正常生长，应在移栽前对无菌苗进行炼苗。首先置培养瓶到移栽场所封口炼苗3～7d，然后打开瓶口继续炼苗2～5d，最后用镊子小心取出生根苗，并洗净根部培养基，移栽到栽培基质中，置过渡温室或遮荫棚下20～30d，待苗成活并健壮生长时定植于大田或上盆，进行正常的栽培养护。

组培苗在根系还没有能力从土壤中吸收水分、养分时，抵抗外界环境的能力低，移栽不易成活。因此，为保证移栽的成活率，应注意移栽环境的控制，主要有栽培基质、温度、湿度、水分、光照、肥料和病虫害防治等。

首先栽培基质应疏松通气、有一定的保水性和保肥性。常用的栽培基质有蛭石、珍珠岩、砂、火山熔岩、蕨根、树皮、泥炭、苔藓、谷壳、锯木屑、椰糠等，不同材料根据需要可按一定的比例混合。移栽前还应对栽培基质进行消毒，一般可用药剂熏蒸或蒸汽消毒。

（1）光照控制　一般新移栽无菌苗应置遮荫温室或荫棚下，给予适当光照，以后逐渐增加光照，增强植株的光合能力。忌将移栽苗直接暴露于全光照下，否则很容易导致叶面灼伤或蒸腾失水而导致移栽苗萎蔫甚至死亡。也不宜长期将移栽苗置遮荫条件下，否则苗株生长细高、瘦弱，影响苗株质量和对外界环境的抗性。

（2）温度控制　无菌苗移栽初期应尽可能调整温度，使之与组培室温度相接近，一般温度控制在22～28℃。

（3）水分控制　无菌苗在空气湿度大的离体培养条件下，茎叶表面角质层薄、发育差，气孔开闭功能不健全，根系不发达，移栽初期根系不能立即从基质中充分吸取水分，难以保持水分平衡，因此保持无菌苗移栽初期的水分供需平衡是无菌苗成活的关键之一。移栽环境的空气湿度和栽培基质湿度是影响无菌苗成活的关键因素，一般栽植前对基质浇透水，栽后初期的1～3d内可不浇水，以后通过喷雾等措施保证空气湿度在85%～95%（每天间隔喷雾若干次），土壤基质保持在田间持水量的60%。忌土壤水湿或干旱，否则都易导致栽培苗死亡。如果移栽苗置塑料棚、温室中还应适时通风，促使温室或棚内空气流通，避免滋生病虫害，增强移栽苗的抗性。

（4）施肥管理　移栽苗初期根系尚不能从栽培基质中吸收水分和养分，此时不宜进行土壤施肥，可以结合喷雾降温措施喷施叶面肥料如0.1%～0.3%的磷酸二氢钾或尿素等，待发出新根系后，施少量稀薄肥，以后逐渐增加施肥次数和施肥量。

（5）病虫害管理　移栽苗初期对外界病虫害的抵抗力弱，为了提高成活率，应对栽培基质、周围环境和水、肥等进行严格消毒，可结合喷雾、浇水等措施施入预防真菌性病害和细菌性病害的药剂，一般每 10 ~ 15d 使用一次，浓度不宜过大，不同药剂应交叉使用，避免病菌产生抗药性。同时注意对虫害如蚜虫、蛴螬等的防治。

9.7　影响园艺植物组织培养的因素

影响外植体离体培养成功与否的因素很多，概括起来主要有以下几方面。

9.7.1　内在因素

9.7.1.1　基因型

组织培养中尤其是以诱导不定芽或胚状体等为主的离体培养对基因型有较强的依赖性。从理论上讲植物具有全能性，即任何体细胞都具有再生完整植株的潜能，但是实际组织培养中并不是所有的体细胞都能再生出完整植株。不同分化程度的细胞，脱分化能力和再生植株的能力都不同。一个已分化的细胞必须经过脱分化与再分化的过程才能再生出植株。只有那些高度分化的细胞，容易诱导其脱分化，从而恢复到幼龄的胚胎性的细胞阶段。目前还不能使每一种植物的任何组织或细胞都恢复胚性，并重新开始它的胚胎发育。

9.7.1.2　外植体特性

外植体特性是离体培养首先要考虑的因素，其中外植体来源、外植体生理学年龄、外植体种类、外植体的生理状态、外植体取材部位及大小等都影响离体培养的成功与否，只有处于旺盛分裂阶段、生长健壮的外植体才有可能进行成功的离体培养。

外植体种类　不同的器官和组织，其形态发生能力有差异。如笔者在建立菊花再生系统的研究中发现，大部分品种叶片的再生能力高于茎段和根段的再生能力，而个别品种如“日本黄”、“黄秀芳”的叶、茎段的不定芽再生率都较高（吕晋慧，2005）。不同植物适宜的外植体种类不同，离体培养中根据培养目的应选适宜的外植体。

外植体生理学年龄　相同的器官和组织，其生理学或发育年龄的不同，也会影响形态发生能力。外植体的纤维化和木质化程度越低，对培养基和培养条件反应越敏感，越容易诱导产生新的器官和组织。按植物生理学的基本观点，沿植物体的主轴自下而上的器官和组织，越向上的部位其生长时间越短，生理或发育年龄越老，其分化、再生能力越高。一般一年生草本植物宜选择苗期或未成年的植株的幼嫩根、茎、叶等外植体，多年生的木本或草本植物，宜在初春萌芽期选择新萌动的幼嫩器官或组织为外植体，对有休眠期的植物则应选刚度过休眠期的芽或营养器官。

除以上因素外，外植体来源、取材部位都影响离体培养，其中木本植物如苹果、桃等适宜取树冠外围中上部幼嫩茎尖。

9.7.1.3　取材季节

外植体的取材季节也影响分化和再生效果。早春萌发的嫩芽、嫩叶为外植体能较好地分化、再生，秋冬季植物组织已高度木质化，此时的外植体灭菌困难，接种后分化缓慢，常导致离体培养失败。处于休眠状态的木本植物，剪取外植体后于室内进行水培（温度约 20℃），给予弱光照，待其萌芽后取幼嫩茎段或幼叶进行离体培养，容易获得成功。

9.7.1.4　继代培养

继代培养次数对繁殖率和不定芽再生的影响效果不一。以腋芽或丛生芽增殖为主进行的继代培养，继代次数对其影响不大，但以诱导不定芽再生或胚状体形成为主的离体培养，外植体在继代培养一段时间后，有些植物的形态发生能力降低甚至丧失，可能的原因有以下几方面：

(1) 植物材料的影响　不同基因型的植物，同一植物不同器官或组织和不同部位的同种器官或组织，继代繁殖能力都不相同。一般情况下草本植物继代时间可比木本植物长，被子植物继代时间比裸子植物时间长，幼嫩材料继代时间长于老年材料。不同器官的继代时间按时间长短依次为芽、胚、愈伤组织。

(2) 培养基及培养条件　培养基及培养条件适当与否对继代培养时间长短影响较大，常通过改变培养基和培养条件来延长继代培养时间，如在MS培养基中培养桃茎尖，若转入同样的MS培养基则生长不良，而转入降低氨态氮和钙，增加硝态氮、镁和磷的培养基中则能延长继代时间。

(3) 成器官中心减少甚至丧失　对愈伤组织进行继代培养时，因愈伤组织中含有从外植体启动分裂时带进来的成器官中心（分生组织），而重复继代后成器官中心逐渐减少或丧失，不能形成维管束，只能形成无组织的细胞团，导致愈伤组织丧失再生能力（谭文澄，1991）。

(4) 内源生长调节剂减少　可能内源生长调节物质的减少或丧失导致形态发生能力的减弱和丧失。

(5) 染色体变异　细胞染色体畸变，如染色体重排、缺失、易位等导致形态发生能力的降低或丧失（谭文澄，1991）。

9.7.2　外在因素

9.7.2.1　培养基成分

植物组织培养的成功与否，除了培养材料本身的因素外，很大程度上取决于培养基成分和添加物。培养基中无机盐、有机化合物、植物生长调节剂、天然提取物、琼脂、pH值、渗透压、椰乳、活性炭等都会影响离体培养材料的发育和分化。

不同植物适宜的基本培养基不同，目前常用的基本培养基有MS、B5等。培养基的添加物中植物生长调节剂的种类和比例是决定外植体发育和分化的第一因素，其次是无机盐、有机化合物、天然提取物、琼脂、pH值、渗透压、椰乳、活性炭等，应根据不同的植物调整培养基成分，使之适合外植体的发育和生长。

9.7.2.2　培养条件

环境因素：①光照：包括光照强度、光质、光周期；②温度；③湿度；④气体（详见第3章部分）。

9.7.2.3　离体培养中的褐变现象

植物组织的褐变是含铜的氧化酶如多酚氧化酶和酪氨酸酶起作用所致，其作用的底物通常是酪氨酸和邻位羟酚类化合物如绿原酸等。在离体培养过程中，当富含多酚化合物的植物组织、细胞生长状态不良，培养条件恶化，有害物质积累或细胞受到损伤、感染、辐射等作用后，其多酚化合物在多酚氧化酶的作用下氧化为活性酸化物和环形多聚体，氧化蛋白时形成深色化合物，这些物质又很快被氧化并形成复杂的抑制性物质，从而导致外植体组织或细胞逐渐变成褐色或黑色，最后死亡。另一种褐化是由于细胞受胁迫条件或其他不利条件影响所造成的细胞死亡（称为程序化死亡）或自然发生的细胞死亡（称为坏死）而形成的褐化现象，这里不涉及酚类物质的产生。

引起褐变的条件有氧、引起褐变的酶、底物等。

引起褐变的酶有多酚氧化酶（PPO 是主要的）、过氧化物酶（POD）、苯丙氨酸解氨酶等。

引起褐变的酶的底物主要是酚类化合物，可分成 3 类：

第一类是苯基羧酸，包括邻羟基苯酚、儿茶酚、没食子酸、莽草酸等。

第二类是苯丙烷衍生物，包括肉桂酸、香豆酸、咖啡酸、单宁、木质素等。

第三类是黄烷衍生物，包括花青素、黄酮、芸香苷等。

离体培养中引起褐变的因素较复杂，主要有以下几方面因素。

（1）基因型的影响　不同的植物种、品种或同一种的不同外植体之间有较大差异，其褐变与否或褐变的程度都不同。褐变越严重的种或品种，愈伤组织、不定芽和胚状体等的诱导越困难，轻者影响外植体发育，重者导致外植体死亡。如红豆杉愈伤组织、柳兰、老鹳草不定根的诱导及继代培养过程中常常有严重的褐变现象，常导致离体培养不成功。可能是不同种或品种中酚类物质的含量及多酚氧化酶的活性差异导致褐变程度不同。一般植物体内单宁类或羟酚类化合物含量高时，外植体易褐变。木本植物比草本植物易褐变，多年生草本比一年生草本植物易褐变。

（2）培养基的影响　培养基的状态、无机盐浓度、渗透压调节剂、植物生长调节剂种类及其浓度和培养基的 pH 值等都易引起外植体褐变。

过高的无机盐会引起酚类的氧化而使外植体褐变，如用 MS 培养基为基本培养基培养油棕，外植体易褐变。采用低盐培养基，尤其是 Mn^{2+}、Ca^{2+} 浓度低的培养基可减缓外植体的褐变。有些渗透压调节剂可以诱导褐变。植物生长调节剂种类或比例不当也易导致外植体褐变。

pH 值也会影响外植体的生长状况，不同植物种适宜的 pH 值不同，大多数植物适宜的 pH 值为 5.5 ~ 6.0，但易引起水稻愈伤组织褐变，水稻适宜的 pH 值为 4.5 ~ 5.0，而高的 pH 值（6.5）可缓和大白菜褐变。

（3）培养条件影响　培养条件不合适，如温度过高或光照过强，均可提高多酚氧化酶的活性，导致外植体或愈伤组织的褐变。培养室内 CO_2 浓度过高也会促进褐变。

（4）材料转移时间影响　在某种培养基上长时间培养某一组织或器官而未更换新鲜的培养基，也会导致培养物的褐变甚至死亡。

（5）外植体类型及生理状态　不同外植体类型褐变情况不同，在菊花“紫妍”组培中发现在同一种培养基中，叶片褐变严重，而根和茎段没有褐变现象（吕晋慧，2005），荔枝组培中也有类似报道，根系诱导的愈伤组织褐变比茎段褐变严重。不同树龄的外植体褐变的程度不同，在易褐变的植物中，幼嫩的外植体褐变轻，而老龄的外植体褐变严重。如欧洲栗离体培养中，成年型材料比幼年型的材料褐变严重。不同季节切取外植体褐化程度不同，一般夏季材料比冬季、早春和秋天的材料氧化褐变严重。可能不同季节、不同年龄的外植体和不同的外植体类型中内源的生长激素和有关导致褐变的相关物质含量不同，同时对外界环境的诱导反应不同造成了外植体生长状况不同。

针对引起外植体褐变的不同原因，褐变的解决措施不同，可以从以下几方面缓解或消除褐变。

（1）外植体的选取　首先尽可能选取不宜褐变的材料进行培养。春季萌动期选取幼嫩的外植体如茎尖、顶芽分生组织、带芽茎段等做外植体进行初始培养，同时注意选择不宜褐化的外植体接种。在接种前对外植体进行处理，也是降低褐变的有效措施之一。一种方法是接种前在45 ~ 50℃以上对外植体进行热激处理（约 45min，不同种耐高温时间不同），降低多酚氧化酶的活性，从而减低褐变。另一种是对外植体进行冷处理，如将外植体置 2 ~ 5℃低温处理 12 ~ 24h，然后接种到只含蔗糖和琼脂培养基中培养 5 ~ 7d，随后接种于诱导或分化培养基上，并注意每隔 3 ~ 7d 后更换新鲜培养基，连续转接 2 ~ 5 次，可以降低褐变。同时注意切割外植体或愈伤组织时，速度要快，减少外植体在空气中的暴露时间。

（2）选择最佳培养基 选择适宜的培养基，调整培养基中碳水化合物的供给形式、植物生长调节剂的种类和组成比例等，可以减缓或消除褐变。

基本培养基不同外植体反应不同。有研究认为B5培养基可有效防止褐变。

正确选用植物生长调节剂可以减少褐变。植物生长调节剂如细胞分裂素BA或KT易提高多酚氧化酶的活性，如柿树的离体培养中用ZT代替BA可减轻褐变程度。另外细胞分裂素和生长素的相对含量即培养基中较高浓度的细胞分裂素BA易引起外植体褐变。笔者在菊花品种“紫妍”的组织培养中有类似现象，当6-BA和NAA的比例在10∶1~5∶1时，叶片外植体褐化严重，当增加NAA的含量使6-BA和NAA的比例在4∶1~2∶1时，叶片外植体不再有褐化现象，并分化出大量不定芽（吕晋慧，2005）。在荔枝离体培养中也有类似现象，当培养基中附加植物生长调节剂为 $1mg \cdot L^{-1}$ 的6-BA和 $0.5mg \cdot L^{-1}$ 的2,4-D时，愈伤组织易褐变，当把2,4-D浓度提高至 $1mg \cdot L^{-1}$ 的时，愈伤组织不再有褐化现象。降低分裂素的相对使用量，或在接种的初期不使用用细胞分裂素，或用玉米素（ZT）代替6-BA可以抑制或减缓某些植物的褐变现象。综上，外植体在适宜的生长调节剂组合和配比下，可抑制酚类物质的氧化，有效抑制或减缓褐变现象，有利于愈伤组织、不定芽等的诱导。降低培养基中无机盐含量可减缓外植体的褐变。

改变渗透压的调节剂可以减缓或消除褐变，如在茼蒿的离体培养中用甘露醇或蔗糖作为渗透压调节剂易发生褐变，改用葡萄糖或山梨糖作渗透压调节剂可以减轻褐变。

降低培养基中蔗糖浓度如1%的蔗糖可减轻褐化。

（3）筛选适宜的培养条件 适宜的培养条件可以减缓或消除褐变现象。如可通过降低光照或进行短期（7~14d）暗培养，降低外植体内酚的合成和外植体伤口部位酚的氧化，减缓外植体的褐变。适当降低温度也可降低褐变。

（4）使用抗氧化剂等添加物 如果用上述办法不能消除褐变，则可在培养基中添加抗氧化剂，如硫代硫酸钠、活性炭、二硫苏糖醇、抗坏血酸、半胱氨酸盐酸盐、柠檬酸、苹果酸、α-酮戊二酸、水解乳蛋白、聚乙烯吡咯烷酮（PVP）等。不同抗氧化剂抑制褐变效果不一样，不同植物适宜添加的抗氧化剂种类和含量也不同，须经试验筛选确定。也可以用PVP、抗坏血酸、柠檬酸、半胱氨酸盐酸盐等溶液浸湿滤纸，在湿润的滤纸上进行外植体的切割，使伤口接触到抗氧化剂，从而减缓材料褐变。或者把外植体置 $Na_2S_2O_3$ 中浸泡也可以减缓或消除褐变，程家胜（2003）把核桃茎尖浸泡在2% $Na_2S_2O_3$ 中20~30min后接种大大降低核桃外植体的褐变。

（5）降低酚类物质的形成和积累 外植体接种前用流水充分冲洗，接种后12h~2d立即转移到新鲜培养基中或同一瓶培养基中不同部位，连续转接培养5~6次，直至褐变基本消失，该方法可基本克服外植体的褐化同题，减轻醌类物质对培养物的毒害作用。同时注意接种时尽可能减少外植体材料切割、接种操作过程中在空气中暴露的时间，减少外植体伤口表面氧化引起的褐变。也可在外植体开始接种时用液体培养基振荡培养一段时间，期间更换新鲜培养基，待褐变减轻后转入固体培养基中。另外，缩短转瓶周期也可以减轻褐变。

（6）抑制酚氧化酶的活性 铜是酚氧化酶的功能性金属离子，利用螯合剂如乙二胺四乙酸、二乙基二硫代氨基甲酸酯等螯合培养基中的铜离子，可以抑制多酚氧化酶的活性。

9.7.2.4 组织培养中的玻璃化现象

在离体培养中常出现无菌苗或愈伤组织玻璃化的现象，其形态结构及生化特性发生变化，是植物组织培养过程中所特有的一种生理失调或生理病变。玻璃化表现为无菌苗叶、嫩梢呈水晶透明或半透明水浸状（或称玻璃状），植株矮小肿胀，节间短或几乎没有节间，叶片增厚而狭长、叶片皱缩成纵向卷曲、脆弱易碎。解剖结构表明叶表面没有角质层和蜡质或蜡质发育不全，只有海绵组织，无栅栏组织和功能性气孔。茎内导管和管胞木质化。无菌苗水分含量高，蛋白质、干物质、叶绿素、纤维素等含量低，光合能力和酶活性降低，如过氧化物酶、苯丙氨酸解氨酶活性降低，乙烯产物增加。愈伤组织玻璃化后分化能力降低，获得不定芽困难，玻璃化苗吸收养分和光合作用能力弱，不能正常发育生长，继代扩繁、生根困难，移栽也不易成活。

无菌苗玻璃化现象是组织培养中较普遍的现象，严重影响繁殖率的提高，是工厂化育苗和离体材料保存等的严重障碍，易造成人、财、物的极大浪费，是植物组织培养中亟待解决的问题。关于玻璃化的成因及其生理机制到目前为止仍未得出一致的结论，目前主要通过控制离体培养的环境条件和生理生化方面入手研究，无菌苗或愈伤组织玻璃化形成的主要原因和预防、降低玻璃化现象的措施主要有以下几方面。

（1）选择适宜的品种和外植体　不同植物种或同一植物的不同外植体对离体培养条件的适应性不同，有些种或外植体类型容易玻璃化，应慎选不易玻璃化的种或外植体。易玻璃化的品种初始培养时，外植体灭菌过程中应尽量减少在水中的浸泡时间。另外幼嫩的器官或组织长时间浸泡在水中外植体容易呈水渍状，继而出现玻璃化。

不同部位外植体也与玻璃化有关，如留兰香组织培养中，茎尖可发育为健康的无菌苗，而中部和基部节段形成的无菌苗玻璃化现象逐渐加重，而重瓣丝石竹茎尖中部茎段形成玻璃化苗比率高，基部减少，茎尖则与留兰香类似。同时研究表明茎尖外植体大小与玻璃化相关，茎尖外植体越小，玻璃化的比率加大。

（2）改变植物生长调节剂配比或浓度　高的植物生长调节剂易导致愈伤组织或无菌苗玻璃化，如细胞分裂素 6 - BA 和 GA 易导致玻璃苗产生，随着浓度的增加，玻璃化现象严重，降低 6 - BA 和 GA 水平或将 6 - BA 改为 2ip 等其他类型的植物生长调节物质可以有效克服玻璃化现象。无菌苗继代培养若干代后，应逐渐降低细胞分裂素的含量。

不适宜的生长调节剂配比如细胞分裂素与生长素的比例失调也会使无菌苗或愈伤组织玻璃化。改变植物生长调节剂配比可以消除玻璃化现象。笔者在诱导菊花品种“玉人面”叶片不定芽再生时发现高的植物生长调节剂浓度下愈伤组织玻璃化，表面已经形成的芽点不能正常分化不定芽，降低植物生长调节剂含量后继续培养约 20d 可以分化出大量不定芽（吕晋慧，2005）。在香石竹的离体培养中也有类似现象。无菌苗继代培养中不同种类和浓度的生长调节物质交替使用也可减少或消除玻璃化现象。

（3）降低湿度　影响培养物生长的湿度主要包括瓶内的空气湿度和培养基的含水量。培养基中含水量主要由琼脂等固化物和 pH 值决定。培养瓶内空气湿度由封口膜、培养基含水量、培养室的温度和空气湿度等因素决定。已有研究表明琼脂浓度与玻璃化成负相关，琼脂影响培养基内衬质势和水分状况，琼脂浓度越低，玻璃化的比率越高，原因是琼脂等固化物量少或培养基 pH 值偏小都会导致培养基固化程度低而增加培养基的含水量。调整 pH 值至 5.8 左右，增加琼脂浓度，降低培养基的衬质势，造成细胞吸水阻遏，可降低玻璃化。培养瓶封口膜的透气性差、培养室高的空气湿度和较大的温度变化都易引起培养瓶内高的湿度。采用透气性好的封口膜等措施可以预防或减少玻璃化现象。

（4）温度　高温是造成玻璃化的原因之一，降低温度至 24 ~ 26℃ 可以预防和减轻玻璃化现象。同时变温幅度大也易造成瓶内高的空气湿度导致玻璃化现象产生。

（5）增加光照　光照强度强可促进光合作用，提高植株体内碳水化合物的含量，从而减少玻璃化现象。增加自然光照也可减少玻璃化现象（自然光中的紫外线能促进无菌苗木质化）。

（6）碳源的种类和含量　在离体培养中，碳源的种类和含量对试管苗的玻璃化有较大影响，碳源不仅为不定芽再生和无菌苗发育提供能量，而且也起渗透调节作用，主要影响培养基的渗透势，培养基渗透势不适宜易导致玻璃化现象，适当提高培养基中蔗糖含量或加入渗透剂，降低培养基中的渗透势，可降低玻璃化的比率。也有相反观点如蒋细旺认为糖含量与菊花玻璃苗率呈极显著负相关。不同碳源对玻璃化的影响随植物材料种类不同而不同。

（7）氮源的种类　培养基中减少铵态氮并增加硝态氮，可减轻玻璃化现象。

（8）乙烯含量　乙烯可改变无菌苗或组织的生理生化特性和纤维结构，如空气中含过量的乙烯时，苯丙氨酸解氨酶和酸性过氧化物酶的活性降低，妨碍植物组织木质化，从而导致玻璃化现象。同时乙烯促进了叶绿素分解及细胞的畸形发展，光合作用降低，碳水化合物合成减少，如纤维素、木质素等合成减少，影响细胞壁等的形成或壁压降低，导致细胞过分吸水，从而发生玻璃化现象。

培养环境中的胁迫条件，如水势不当，通气不畅（造成缺氧）及培养基用BA量过高等，常导致植株快速合成乙烯，另外某些植物生长调节剂也影响乙烯的形成，如降低培养基中IAA含量可减少乙烯形成。改善封口膜的透气性、降低培养瓶内乙烯含量，可以防止玻璃化现象发生。

也有研究认为乙烯对某些植物如香石竹无菌苗干物质积累及组织、器官的发育有利。

不同植物对乙烯剂量的反应不同，实践中应区别对待。

（9）促进无菌苗正常代谢途径　李云等（1996）研究发现植物呼吸途径中的光呼吸途径和磷酸戊糖途径中任何一条或两条受阻时，均会导致玻璃化现象。如磷酸戊糖途径被抑制时，将抑制细胞壁、戊糖化合物、核酸、蛋白质的生成，从而影响细胞壁的形成，而引起玻璃化。当光呼吸途径被抑制时，过剩的同化物损坏了叶绿体等光合器官，阻碍了乙醇酸的转化，植物细胞积累了过多的乙醇酸，易导致玻璃化的产生。因此在离体培养中应给予适宜的环境条件，包括湿度、光照、适宜的气体组成和各种营养物质，促进无菌苗光呼吸途径和磷酸戊糖途径良好进行，减少乙醇酸等有害物质的积累。

（10）其他　培养基中添加聚乙烯醇、活性炭或青霉素G钾或青霉素、间苯三酚、根皮苷、活性炭、PP333、CCC或增加培养基中Ca、Mg、Mn、K、P、Fe、Cu、Mn元素含量，降低N和Cl元素比例等，可以降低外植体或无菌苗的玻璃化现象。其中PP333、ACC可促进植物组织中过氧化物酶和苯丙氨酸裂解酶的活性，促进木质素合成和细胞壁形成，同时可加强磷酸戊糖途径与抗氰交替途径，磷酸戊糖途径与叶绿素前体的合成有关，促进了木质素、纤维素等的合成，抗氰交替途径则降低了ATP的合成，从而降低了细胞的主动吸水量，提高了细胞内容物的含量，以上因素一定程度上减缓或克服玻璃化现象。

综上所述，组培中玻璃化现象主要由高湿、高温、低光照、不适宜的植物生长调节剂配比和含量等引起的，以上因素往往同时作用会加重玻璃化现象。值得注意的是不同植物在不同条件下，往往会得出不同的结论或相反的结果，针对不同植物应针对性的分析问题和采取相应的措施。另外，更有效的玻璃化控制途径，尚待进一步研究。

9.7.2.5　组织培养中生根问题

植物组织培养中常发现有些植物不易生根，影响其生根的因素和解决办法主要有以下几方面。

（1）基因型影响　不同植物种生根难易对基因型有很强的依赖性。

（2）培养基中不同组分　培养基中的盐离子浓度、糖浓度、植物生长调节剂等都影响无菌苗生根。一般低的盐离子浓度和糖浓度有利于生根。培养基中添加适量生长素（NAA、IBA、IAA）有利于生根，但有时伤口处愈伤组织生长量过大过多，影响根系的发育，此时应降低生长素的浓度，也可添加适量活性炭、间苯三酚、核黄素等促进生根。

（3）改变诱导过程　对难生根的植物可以分两次培养诱导其生根。首先在含适量生长素的培养基中诱导不定根根源基的形成，然后转入无生长调节物质的 1/4 ~ 1/2MS 培养基中诱导根系伸长，必要时第一阶段可进行短时间的暗培养，如程家胜在诱导苹果生根时，首先将茎段接种在含较高生长素浓度的 1/4 ~ 1/2MS 培养基中 28℃ 暗培养 3 ~ 5d，然后转入无生长调节物质的 1/4 ~ 1/2MS 培养基上诱导生根，生根率达 80% ~90%。对生根特困难的植物可以添加 1mmol · L^{-1}的间苯三酚，并延长暗培养时间，有利于不定根生成。

9.7.2.6 组织培养中黄化问题

组织培养中常出现无菌苗叶片失绿或部分叶片变黄或出现斑驳的现象。黄化是由培养基成分、环境、生长调节物质、碳水化合物等各种因素引起的。

生长调节物质使用不当或细胞分裂素与生长素比例不当易导致无菌苗黄化。笔者在菊花增殖培养中发现当生长调节剂含量高时，丛生芽明显黄化，降低生长调节剂含量则丛生芽生长健壮，叶色为正常绿色。

糖用量不足或长时间未转接易导致营养元素不足或矿物质营养不均衡进而导致黄化，此时应及时更换新鲜培养基或调整培养基中营养元素。也有报道当糖含量增至 4% 时也易导致组培苗黄化。

培养环境通气不良，瓶内湿度变大，有害气体如乙烯增加，也会造成黄化。采用透气性好的封口膜，同时注意培养室的温、湿度控制，避免温度骤变导致瓶内空气湿度加大。

高盐培养基也容易导致无菌苗黄化，如菊花品种“美矮黄”、“L12M57”等在 MS 培养基中生根培养，易出现黄化现象，改用 1/2MS 培养基后植株转绿（吕晋慧，2005）。

另外，培养基的 pH 值不适宜，Fe 含量不足、培养环境不适宜如光照不足均易导致黄化。

综上所述，组培苗黄化时应对以上引起黄化的因素逐个分析，逐个排除，找出影响黄化的主要因子，有针对性地调整培养基组分或培养条件。

9.7.2.7 组织培养中白化问题

在组培继代过程中常有白化苗出现，且随继代次数的增加，白化苗有增加的趋势。白化苗和正常苗叶片的超微结构、可溶性蛋白质、过氧化物同工酶、脂酶同工酶和质体亚显微结构等均有明显差异。磷和锌缺乏或不足、BA 量不适宜、高温等因素，都易使离体培养物产生白化苗。白化苗是植物的一种变异，其遗传结构发生变化，有研究认为水稻离体培养中的白化苗是由于前质体不能正常发育成叶绿体所致。张汉尧研究认为矮牵牛白化组培苗是由于叶绿体水平上的碱基变化所引起的。

ELLIS 报道，小麦白化苗的质体 DNA 有大段缺失，不同的白化苗缺失片段及缺失量不同，有的缺失高达 8%。杨莉等认为小麦白化苗叶绿体 DNA 发生变异。笔者在三色堇的组织培养中也遇到白化苗现象，诱导不定根困难，且接种于分化培养基上的叶片也全部白化，具体原因尚在研究中。

对外植体进行适当低温处理可以减少某些植物离体培养中的白化苗，但一旦遗传结构物质发生变化，则改变培养基、培养条件等措施都无助于解决组培苗白化现象。

第10章　植物基因工程

植物基因工程是20世纪70年代诞生的一门崭新的、在分子水平上对基因进行操作的复杂的生物技术和生物科学，即将外源基因通过体外重组后导入受体细胞内，使这个基因在受体细胞内复制、转录、翻译表达。它是用人为的方法将所需的某一供体（动物或植物）的遗传物质——DNA大分子提取出来，在离体条件下用适当的工具酶进行切割后，把它与作为载体的DNA分子连接起来，然后与载体一起导入某一植物受体细胞中，外源基因在受体细胞中正常复制和表达，从而获得新物种的一种崭新技术。随着生物技术的发展，基因工程在农业包括农作物、林业、经济植物、花卉等方面的研究越来越受到大家的关注。

植物基因工程在植物育种上的应用即分子育种，可以定向修饰某个目标性状而不改变其他性状、打破种间杂交障碍、克服远源杂交不亲和性和不同染色体倍性差异等的限制，由于以上优点分子育种越来越受到育种工作者的重视。利用植物基因工程技术进行分子育种主要应用于改良农作物品质如改良蛋白质成分、提高氨基酸含量等，提高植物抗逆性如抗病毒、抗虫害、抗除草剂、抗盐、抗旱等，改变园艺植物花期、花形、花色、花香等观赏特性。植物基因工程技术主要包括四部分，即植物受体系统的建立、植物遗传转化系统的建立、转基因植物的筛选鉴定和大田试验。

10.1　植物受体系统的建立

高频的遗传转化效率依赖于高频再生的植物受体系统。由于不同种或品种的不定芽再生能力及对抗生素、菌株的敏感性不同，导致受体系统也各不相同。受体系统对基因型有依赖性，已有的某些植物种的遗传转化受体系统往往不适合所有该科或属的植物，同时建立一个高频的基因转化受体系统区别于一般的组织培养，以上因素增加了不同植物种受体系统建立的难度。

10.1.1　植物受体系统材料的选择

高频再生的植物受体系统是遗传转化和植物基因工程成功的前提，好的植物受体系统应考虑以下几方面的因素。

（1）高频、稳定的再生能力　高频稳定的再生能力要求外植体不定芽再生率达90%以上，且重复性要好，不易受外界环境、继代培养等因素的影响。不定芽再生对基因型有很强的依赖性，同时植物基因工程遗传转化的频率较低，一般情况下只有0.1%，加之植物遗传转化中各种因素如农杆菌的侵染、抗生素对外植体的选择压等的影响，转化外植体的再生率和再生不定芽数量大大降低。因此用于遗传转化的外植体，必须再生频率高且再生稳定性和重复性要好。宜选再生能力高的基因型为受体材料，同时取处于萌动期、幼嫩的器官或组织为外植体。

（2）遗传稳定性好　植物基因工程可以定点、单一地改变原有植物不良性状，而不影响其他优良性状的表达，因此要求一定基因型的外植体遗传稳定性要高，这样植物受体系统接受外源DNA后，才能稳定地将外源基因遗传给后代并保持遗传的稳定性。而组织培养中不定芽再生途径、培养条件、组培材料的基因型差异、培养基中添加物尤其是植物生长调节剂的种类和配比等因素都易导致体细胞无性系变异。因此应选遗传稳定性好的植物或外植体做遗传转化受体材料。

(3) 具有稳定、大量的外植体来源　植物遗传转化的转化频率很低，需要多次反复地实验，因此稳定的外植体来源是基因工程能否顺利进行的重要条件。有些组织或器官虽然再生率高，但受植物发育阶段、生长季节等因素的影响，不易获得稳定的外植体如花器官等不宜做尚未建立起遗传转化体系的植物的遗传转化受体材料。只有那些已经成功建立其遗传转化受体系统和遗传转化系统的植物如模式植物拟南芥等，才可以以其为外植体进行基因工程的研究。常用的外植体一般有子叶、胚轴、幼叶、茎段、根段、鳞茎等，因无菌培养的无菌苗已经适应离体培养条件，以其根、茎、叶等做外植体较适宜于基因遗传转化。

(4) 对抗生素敏感性强　遗传转化中使用两种抗生素，一种用于筛选转化体即选择性抗生素，另一种为抑菌抗生素，主要是抑制农杆菌的生长。遗传转化中要求外植体材料对选择性抗生素敏感性要高，同时要求抑菌抗生素对外植体不定芽的分化率影响要小。

培养基中使用的选择性抗生素浓度为选择压，使外植体致死的选择性抗生素最低浓度为临界耐受浓度。转化外源基因的细胞或组织在附加一定浓度抗生素的选择培养基上可以继续生长、发育、分化并获得再生植株。遗传转化中使用选择性抗生素的作用主要是抑制非转化细胞生长、再生和分化植株，有利于筛选转化植株，减少后期再生植株的鉴定工作，因此植物受体材料对所选用的抗生素应有一定的敏感性，即当培养基中的抗生素达到一定浓度时，能够抑制非转化细胞或组织的生长、发育和分化，而不影响转化细胞或组织的正常分化和植株再生。遗传转化中要求施加的选择压既能有效抑制非转化细胞的生长，使之缓慢死亡，又不影响转化细胞的正常生长。不同品种或同一品种的不同类型外植体对不同的选择抗生素敏感性不同，正确选择抗生素种类、筛选并确定抗生素临界耐受浓度是遗传转化获得成功的保证。如已有的研究认为菊花品种对卡那霉素的敏感性差异较大，卡那霉素临界耐受浓度在 5～100mg · L^{-1}之间。笔者在建立菊花遗传转化体系的研究中发现，卡那霉素严重影响菊花品种“玉人面”、“紫妍”叶片外植体的不定芽再生，不同选择压下外植体差异不明显，全部叶片外植体白化或黄化死亡，找不到不定芽筛选分化的明显临界浓度，因此认为卡那霉素不适宜做供试品种“紫妍”、“玉人面”筛选培养的选择抗生素，但对不定根诱导有好的选择效果，20mg · L^{-1}的卡那霉素是生根筛选的临界耐受浓度（吕晋慧，2007）。

遗传转化中使用的抑菌性抗生素应遵循对植物细胞毒性较小或无毒害作用，且不影响受体材料不定芽再生的原则。适宜的抑菌性抗生素和浓度既能有效抑制农杆菌生长，避免过度生长的农杆菌对受体材料造成伤害，又不影响不定芽的再生。不同抑菌抗生素对不同农杆菌的抑制效果不同，钟名其（2001）研究发现羧卞青霉素可有效抑制农杆菌 LBA4404 的生长，但不能抑制农杆菌 C58C1 的生长，而头孢霉素对 LBA4404、C58C1 两种菌株都有明显的抑菌作用。笔者研究认为，这两种抗生素可以有效抑制农杆菌 LBA4404、EHA105 的生长，均可用来做菊花遗传转化中的脱菌剂。不同抑菌抗生素对外植体的分化能力及不定芽的生根能力也有影响。笔者在菊花遗传转化受体系统的研究中发现 250mg · L^{-1}浓度的羧卞青霉素和头孢霉素对菊花叶片外植体不定芽再生影响不大，而高于 250mg · L^{-1}时，两种抑菌素均不同程度影响叶片外植体的再生率和平均再生不定芽数，其中头孢霉素比羧卞青霉素抑制作用更显著。两种抑菌素对菊花无菌苗生长的影响总体规律是随抗生素浓度的递增，菊花苗生根数量递增，而不定根根长、苗高递减。低浓度头孢霉素诱导形成更多的不定根，同时头孢霉素对不定根根长生长和苗高生长的抑制作用比羧卞青霉素显著。同时实验中观察到菊花苗在含羧卞青霉素的培养基中诱导的不定根根系增粗、变短，可能与羧卞青霉素有类似生长素的作用有关。550mg · L^{-1}的头孢霉素对菊花不定根有毒害作用，根尖成黑色，而对照为白色（吕晋慧，2007）。

综上所述在建立遗传转化受体系统时应充分考虑不同外植体对选择性抗生素和抑菌抗生素的敏感性。

（5）对农杆菌侵染具敏感性 目前遗传转化中常用的农杆菌有根癌农杆菌LBA4404、EHA105、C58等和发根农杆菌。植物基因工程中植物受体材料对农杆菌敏感是遗传转化成功的又一重要因素。不同的植物、同一植物的不同器官或组织对农杆菌侵染的敏感性也有很大差异。因此，在建立遗传转化体系时应进行受体材料对农杆菌侵染的敏感性试验，只有对农杆菌侵染敏感的植物材料或外植体类型才能作受体材料。

10.1.2 植物受体系统的建立

植物受体系统的建立包括高频再生系统的建立、外植体对抗生素的敏感性试验和外植体对农杆菌的敏感性试验三方面。其中高频再生系统的建立已在第8章部分详细阐述。不同再生系统做遗传转化受体系统时有不同的优缺点。

10.1.2.1 愈伤组织再生系统

（1）外植体细胞经历了脱分化和再分化两个过程，易于接受外源基因，遗传转化率较高。

（2）再生不定芽数量高，且该途径再生不定芽适用多种植物及外植体。

（3）该再生系统获得的再生植株无性系变异大，转化的外源基因遗传稳定性较差。

（4）由该系统获得的转基因植株嵌合体多，后期转基因苗的筛选、鉴定工作量大。

10.1.2.2 直接分化再生系统

（1）该途径由伤口或外植体表面处直接分化不定芽，获得再生植株的周期短，操作简单。

（2）体细胞无性系变异小，转化的外源基因能稳定地遗传给后代。

（3）该途径对基因型的依赖性强，诱导外植体直接分化不定芽较困难，转化细胞直接分化成植株困难更大，转化频率低于愈伤组织再生系统。

（4）该途径嵌合体较多，转基因植株中嵌合体的出现增加了后期工作量。

10.1.2.3 胚状体再生系统

（1）胚状体的发生多数是单细胞起源，转化获得的转基因植株嵌合体少。

（2）胚状体接受外源DNA的能力强，是理想的基因转化感受态细胞，该受体系统的遗传转化率高。

（3）目前只有少数植物可以通过胚状体途径获得再生植株，基因型、培养条件等多种因素制约了植物的胚状体及植株再生。

10.1.2.4 原生质体再生系统

原生质体再生系统是理想的基因转化受体系统。目前已有250多种高等植物可通过原生质体培养获得再生植株，如烟草、水稻、小麦、玉米等。该系统具有以下特点：

（1）原生质体是“裸露”的植物细胞，能够直接、高效地摄取外源遗传物质，转化率相对较高。

（2）转基因植株嵌合体少。

（3）原生质体系统获得的再生植株变异较大，因此由该途径获得的转基因植株易产生大的变异，这种变异往往不是外源基因引起的，增加了后期选育新品种的难度。

（4）原生质体培养周期长、难度大、再生频率低，由该途径进行基因工程还有一定的难度，另外还有若干植物还不能由该途径诱导获得再生植株，该途径还不能应用于植物基因工程中。

10.1.3 农杆菌的敏感性试验

根癌农杆菌和发根农杆菌是基因工程中常用的农杆菌，由于其对不同植物的侵染性不同，即不同菌株的宿主不同，在遗传转化前应对受体植物进行菌株的接瘤或发根试验（野生型农杆菌能诱导敏感性受体材料形成肿瘤或发根），确定对受体植物敏感的农杆菌菌株和敏感的受体材料。

接瘤试验的操作流程是，首先接种不同菌株于琼脂平板中活化，然后于液体培养基中扩增培养。用牙签挑取菌体并穿刺受体植物的不同组织，如叶片、茎、花、根等，将受体植株置散射光下培养，观察肿瘤或发根的诱导情况，主要指标有肿瘤或发根的诱导率、发生时间及生长状态等，确定受体材料是否对该菌株敏感及敏感程度。对受体材料侵染性强的菌株和对菌株敏感的植物组织或器官作为后期遗传转化的菌株和受体材料。

10.2 外源基因的导入

目前已经建立了多种基因转化系统，主要有根癌农杆菌介导法、发根农杆菌介导法和 DNA 直接导入法。

10.2.1 根癌农杆菌介导的基因转化

根癌农杆菌介导的基因转化常用的农杆菌有胭脂碱型、章鱼碱型和农杆碱型（琥珀碱型）三种。

10.2.1.1 根癌农杆菌的活化与工程菌液的制备

（1）取 -80℃保存的菌液于碎冰上融化，用接种针蘸取少量菌液，在添加有 $100mg \cdot L^{-1}$利福平和 $100mg \cdot L^{-1}$卡那霉素的固体平板培养基上划线，于28℃恒温培养箱中倒置暗培养 2d。待长出单菌落后于4℃冰箱保存，一个月后转接入新鲜的固体培养基中，或重新划线培养，提高并保持农杆菌的活力。

（2）用牙签挑取单菌落于含 $100mg \cdot L^{-1}$利福平和 $100mg \cdot L^{-1}$卡那霉素的液体 LB 或 YEP 培养基中，振摇培养 16～24h 至对数生长期，然后按 1：100 比例转接入不含抗生素的新鲜液体培养基中继续振摇培养 4～6h 至 OD_{600}达 0.6 左右。

（3）无菌条件下取新鲜菌液于 50ml 离心管中于常温 5 000rpm 离心 10min，去除上清液，用 1/2MS液体培养基重新悬浮沉淀，用于侵染转化，或直接用 1/2MS 液体培养基稀释菌液用于侵染。

10.2.1.2 农杆菌介导的基因转化

目前农杆菌介导的基因转化较多的采用叶盘法。

（1）预培养　选取对农杆菌敏感性强的受体植物和适宜的受体材料，切割受体材料并接种到分化培养基上预培养 1～3d。以原生质体做外植体时，首先分离原生质体并在 26℃下暗培养 24h，继续光培养 48h 后置农杆菌菌液中侵染。

（2）侵染　无菌条件下，把经过预培养或新剪取的外植体放入制备好的菌液中，浸泡 5～30min，并轻轻摇动菌液，使每一块外植体与菌液充分接触，其中原生质体做外植体时，农杆菌与原生质体的比例约为 1：1 000。

（3）共培养　取出侵染过的外植体用灭菌滤纸吸去叶片表面附着的多余菌液（注意叶片不要在空气中暴露时间太长），接种到共培养培养基上，同时以在 1/2MS 中浸泡过的叶片做对照。

于黑暗中共培养2～3d，使农杆菌与外植体接触并将Ti质粒所带的外源基因导入植物细胞中。

（4）植株再生　外植体与农杆菌共培养后，当外植体与培养基接触处有肉眼可见的微菌落时，用含抑菌素的无菌水脱菌处理，并用无菌水漂洗3～5次，用灭菌滤纸吸干外植体表面的水分，接种到加选择压的分化培养基中，或在不含选择压的相同培养基中延迟培养一段时间，然后进行筛选培养。每14～20d转接到新鲜的筛选培养基中。

筛选培养20～30d后，外植体的伤口边缘分化出抗性芽。将外植体转接入新鲜培养基中。待抗性芽生长到1cm左右时，将其切下转接到含选择压的生根培养基中。约15d后抗性芽开始生根，20d左右生长为完整的植株。

不同植物和不同的外植体适宜的农杆菌种类、侵染时间等都不同，在建立某一植物的遗传转化时，应对影响遗传转化体系的因素进行筛选和优化。根据前人的经验和预实验的初步结果，对影响遗传转化效率的因子进行筛选，主要有预培养时间、菌液浓度和侵染时间、共培养温度和时间、选择压加入时间、选择压大小及其他添加成分如乙酰丁香酮、Mg^{2+}等。

10.2.2　发根农杆菌介导的基因转化

发根农杆菌侵染植物器官、组织或细胞后，侵染部位会产生不定根，即毛状根或发状根，简称毛根或发根。利用发根农杆菌能诱导发根形成的特性而进行的遗传转化在基因工程的应用中得到重视。

10.2.2.1　发根农杆菌的活化与工程菌液的制备

（1）选取对外植体侵染性强的菌株进行纯化培养。取－80℃保存的菌液于碎冰上融化，用接种针蘸取少量菌液，于YEB固体平板上划线纯化，并置28℃恒温培养箱中倒置暗培养。

（2）用牙签挑取单菌落于液体YEP培养基中，振摇培养至OD_{600}达0.6～0.8，然后按1∶100比例接种于新鲜液体YEB培养基中，继续振摇培养至OD_{600}约0.6。

（3）无菌条件下取新鲜菌液于50ml离心管中于常温5 000rpm离心10min，去除上清液，用1/2MS液体培养基或新鲜的YEB培养基重新悬浮沉淀，并稀释至适宜浓度，用于侵染转化。

10.2.2.2　发根农杆菌介导的基因转化

（1）侵染　可采用两种方法进行侵染，其中一种是共感染法，即从无菌苗上切取叶、叶柄、茎段、子叶、胚轴、根等，或从大田实生苗上切取适宜外植体经表面消毒，将适宜外植体置盛有菌液的培养皿中浸泡1～15min，期间轻轻摇动培养皿，使菌液与外植体充分接触。另一种是直接接种法，将无菌外植体转接于培养基中，用沾有发根农杆菌菌液的接种针或刀片在外植体切口处接种侵染，或用注射器直接往愈伤组织注射菌液等。

（2）共培养　用无菌滤纸吸去外植体表面的多余菌液，转接于不含生长调节物质的MS培养基中进行共培养1～3d。

（3）脱菌、筛选培养　转接毛状根于含抑菌抗生素和选择抗生素的MS培养基上，每周转接一次，连续转接5～6次后可脱除毛状根上的农杆菌，且在连续筛选中外植体切口处有抗性毛根生成。

（4）诱导毛根分化和植株再生　挑选生长快、分枝好的毛根转入添加抑菌抗生素和选择抗生素的分化培养基上，诱导毛状根分化、再生植株。

10.2.3　DNA直接导入法

DNA直接导入法是不依赖根癌农杆菌或发根农杆菌载体，将DNA直接导入植物细胞的基因转化技术。可分为化学法如PEG法和物理法如电激法、超声波法、显微注射介导基因转化、激光微束介导基因转化和基因枪法等方法。这里着重介绍基因枪法。

基因枪法又称粒子轰击、高速粒子喷射技术、基因枪轰击技术，是将外源遗传信息即DNA包被在金粒或钨粒表面，高压条件下基因枪将携带DNA的微粒高速射入细胞、组织或器官中，外源DNA进入细胞后，整合到植物染色体并实现基因的表达。该方法有一次处理多个细胞的优点，应用面广，方法简单，转化时间短等优点，对农杆菌敏感性差的植物，采用该方法可取得好的效果。该方法转化频率与受体种类、微弹大小、轰击压力、轰击距离、受体材料预处理、受体材料轰击后的培养等有关系。该方法缺点是实验费用高、转化效率较低。其具体操作流程如下。

10.2.3.1 转化质粒的制备

质粒的制备参照《分子克隆实验指南》(Sambrook，2002)，采用SDS碱裂解法提取。

(1) 接种单菌落于100ml液体LB培养基中 (kan100mg · L^{-1})，37℃，200rpm振摇培养过夜至菌生长到对数生长后期。

(2) 取菌液于50ml的离心管中，4℃，5 000rpm离心10min，收集沉淀。

(3) 用10ml冰预冷的STE重悬菌体。

(4) 4℃，5 000rpm离心10min，除净上清液。

(5) 用2ml溶液Ⅰ重悬菌液，室温放置10min。

(6) 加入4ml新配制的溶液Ⅱ，缓慢颠倒4~5次，冰浴5min。

(7) 加入2ml预冷的溶液Ⅲ，颠倒混匀，冰浴10min。

(8) 4℃，5 000rpm离心10min，取上清。

(9) 加等体积酚—氯仿，颠倒混匀。4℃，5 000rpm离心10min，取上清。

(10) 加等体积的氯仿—异戊醇，颠倒混匀。4℃，5 000rpm离心10min，取上清。

(11) 加2倍体积的无水乙醇，混匀，室温沉淀。4℃，5 000rpm离心10min，弃上清。

(12) 室温凉干，加TE溶解至1μg · μl^{-1}。

10.2.3.2 微粒子弹的制备

微粒子弹的制备参照Sanford (1993) 等的方法。

金粉悬液的制备：

(1) 称取直径为1.0μm的金粉颗粒30mg于1.5ml的离心管中。

(2) 加入无水乙醇1ml，涡旋3~5min，静置15min，15 000rpm离心5min。

(3) 小心去除上清液，加入1ml无菌蒸馏水，充分涡旋1min，静置1min，离心，弃上清。

(4) 用无菌水重复洗3次。

(5) 加500μl 50%的甘油于金粉中，微弹浓度大约60mg · ml^{-1}。

10.2.3.3 DNA的包被

(1) 涡旋保存在甘油中的金粉5min。取金粉悬液50μl，加入无菌的离心管中。

(2) 依次加入质粒DNA 5μl (DNA浓度1μg · μl^{-1})，50 μl 2.5mg · L^{-1}的$CaCl_2$，并涡旋混匀。加入20μl的0.1mol · L^{-1}的亚精胺。混合物涡旋混匀2min，静置1min。

(3) 离心20秒，弃去上清。

(4) 加入500μl 70%乙醇，洗涤金粉沉淀。离心，小心去除上清。

(5) 加入500μl无水乙醇，洗涤金粉沉淀。离心，小心去除上清 (重复两次)。

(6) 加70μl无水乙醇，轻轻敲击离心管数次悬浮金粉，低速涡旋。

10.2.3.4 基因枪轰击

轰击前将材料密集平铺在分化培养基上。占直径2~3cm的培养皿中央区域。每皿轰击2

次，每次轰击约10μl的金粉悬液（含500μg的钨粉颗粒，包被着约0.5μg质粒DNA）。轰击的参数为可裂膜压力1 100psi，轰击室的真空度为25mm汞柱，可裂膜到微粒载体膜的距离6mm，阻挡网到受体材料的距离为6cm。

10.2.3.5 筛选培养及再生

轰击后的外植体在未加抗生素的培养基上恢复培养3d，然后转接到选择培养基上筛选培养，每20d左右更换新鲜培养基，直至分化出抗性植株。

10.3 转基因植物的检测技术

筛选培养获得的抗性植株须经一系列分子检测如转基因植物的PCR检测、报告基因的检测、外源基因的Southern杂交等，确定外源基因已经整合到基因组中。通过Northern杂交、外源基因表达蛋白检测、原位杂交检测、外源基因整合的RFLP或RAPD分析等可分析外源基因在受体材料中的表达情况，详见分子克隆实验指南（Sambrook，2002）。

对转基因植株进行大田试验，通过表型观察可进一步确定外源基因在转基因植株中的表达并可从中获得新的植物种质资源，为培育新品种提供便利条件。

第11章　常见草本园艺植物组织培养技术

11.1　蝴蝶兰（*Phalaenopsis*）

蝴蝶兰为多年生常绿草本，茎短，叶大，长椭圆形。花蝶状，密生，花茎长，拱形。常见品种花有粉红色、白色或具彩色条纹、深色小斑点等。

兰科植物种子非常细小，无胚乳，不能给种子萌发提供营养，导致自然条件下很难萌发。分株繁殖则增殖系数很低，不足以为工厂化集约生产提供种苗，通过组培繁殖可在有限的空间内生产大量保持优良遗传性状的优质种苗。

11.1.1　选材、灭菌和接种

材料：自交胚和杂交胚、花梗、叶片、茎尖、根尖、花茎。

将蝴蝶兰蒴果先用75%的酒精浸泡30s～1min，再用0.1%的$HgCl_2$溶液消毒15min，无菌水冲洗5～6次后，于超净工作台上切开蒴果，将种子均匀散播于培养基上促其萌发。或切取蝴蝶兰幼嫩的花梗、叶片、茎尖、根尖、花茎等，流水冲洗10～30min，无菌条件下用70%酒精浸泡30s，10% NaClO消毒8min，或0.1%的$HgCl_2$溶液消毒3～5min，无菌水冲洗4～5次，切成适宜的小段或小块接种于培养基中。

11.1.2　培养基及培养条件

11.1.2.1　诱导原球茎培养基

（1）G3 +6－BA 0.2mg·L^{-1} + NAA 0.5mg·L^{-1} +10%椰子汁。

（2）MS +6－BA 0.2mg·L^{-1} + NAA 0.05mg·L^{-1}。

（3）MS + BA 5.0～10mg·L^{-1}（花梗）。

（4）B5 +6－BA 3.0～5.0mg·L^{-1}（叶片）。

（5）MS +6－BA 5.0mg·L^{-1}（茎尖、根尖）。

（6）KC +6－BA 2.0mg·L^{-1} + NAA 0.2～0.5mg·L^{-1}（茎尖）。

11.1.2.2　原球茎增殖培养基

（7）G3 +6－BA 2.0mg·L^{-1} + NAA 0.5mg·L^{-1}。

（8）KC +6－BA 1.2mg·L^{-1} + NAA 0.2mg·L^{-1}。

（9）B5 + GA 0.05mg·L^{-1} + CH 120mg·L^{-1}。

11.1.2.3　诱芽培养基

（10）MS + 香蕉汁15%。

11.1.2.4　诱导愈伤组织及分化培养基

（11）B5 + NAA 1.5mg·L^{-1} + KT 0.2mg·L^{-1} + CM 150ml·L^{-1}。

11.1.2.5　生根培养基

（12）G3 +6－BA 0.1mg·L^{-1} + NAA 0.5mg·L^{-1}。

(13) KC + NAA 0.1mg·L^{-1} +10%香蕉汁。

(14) 1/2MS + IBA 0.3mg·L^{-1}。

培养条件：初代增殖和生根培养蔗糖浓度为20g·L^{-1}，继代培养蔗糖浓度为30g·L^{-1}，pH值为5.2~5.4，培养温度为25~28℃，光照10~12h·d^{-1}，光照强度1 500~2 000lx。

以4个月左右近成熟的胚接种于培养基（1）号、（2）号中约20d有80%的胚萌发。以蝴蝶兰无菌苗的叶片、茎尖、根尖为外植体诱导原球茎，其中叶片在4号培养基中（叶片正面朝上），花梗在（3）号培养基，茎尖在（5）号、（6）号培养基中都可以诱导原球茎，根尖在（5）号培养基中容易诱导原球茎，接种原球茎于（7）号~（9）号培养基上增殖，增殖系数为3~5倍，原球茎在（7）号、（8）号或（10）号可分化出芽，并发育成完整植株。

蝴蝶兰离体培养也可通过诱导愈伤组织途径获得不定芽，如将根段接种在培养基（11）号上，遮光培养4~5d，2周后伤口处膨大并产生淡绿色瘤状愈伤组织，4周后转接愈伤组织于培养基（12）号中培养，约4周后在愈伤组织表面形成芽点，并分化出不定芽。

以上培养基中添加0.2%~0.3%的活性炭可有效防止外植体褐化死亡。

接种不定芽于生根培养基中可诱导生成不定根，在生根培养基中植株叶色浓绿，生长健壮。

11.1.3 移栽

当蝴蝶兰试管苗具3~4片叶时，移培养瓶至温室封口炼苗1周，然后打开瓶塞继续炼苗3d，然后用镊子轻轻夹出无菌苗，洗净根部培养基，在0.1%的高锰酸钾溶液或1 500倍液的多菌灵溶液中浸泡5~10min，移栽至经灭菌的栽培基质中。蝴蝶兰为附生性兰花，栽培时要求根部通气好，盆栽基质需采用疏松、排水和透气好的栽培基质，如苔藓、蕨根、树皮块、椰壳、蛭石、火山熔岩或以上栽培基质的混合基质等。蝴蝶兰喜热、多湿和半阴环境，忌强光直射、干燥及水涝，生长适温白天25~28℃，晚间18~20℃。夏季35℃以上高温或冬季10℃以下低温，蝴蝶兰则停止生长。因此，移栽后应遮阴并注意保持空气湿度在85%左右，环境温度保持25~30℃，当新叶长出、新根伸长时，每周进行1次叶面施肥如0.3%~0.5% KH_2PO_4 等，并用50%多菌灵可湿性粉剂1 000倍液喷洒预防褐斑病和软腐病等。

11.2 石斛兰（*Dendrobium nobile*）

石斛为兰科多年生草本。石斛兰花色艳丽，花形、花姿优美，花期长，是目前流行的高档切花之一，在国际花卉市场占有重要的地位。石斛兰茎直立、丛生，稍扁，上部略呈回折状，具槽纹。叶近革质，短圆形。总状花序，花大，白色，顶端淡紫色。按花期和着花部位不同分为春石斛和秋石斛。我国有多种野生石斛兰，但由于不合理的开发，近年石斛兰资源日趋枯竭，通过离体培养保存并扩繁野生种质资源意义重大。石斛兰繁殖可采用播种、扦插、分株方法，其中播种繁殖容易产生遗传变异，分株、扦插繁殖速度慢、数量有限，不能满足生产的需要。同时生产中石斛兰往往易被病毒侵染从而影响植物生长，大大降低了石斛兰的观赏性。采用组织培养可以对现有种或品种进行脱毒，并达到扩繁的目的，为石斛兰生产提供高质量的种苗。

11.2.1 选材、灭菌和接种

材料：幼茎、种子。

取石斛兰幼茎，去掉茎上叶片，用自来水洗净表面灰尘，无菌条件下用70%乙醇消毒15~20s，最后用10%的NaClO灭菌5~10min，无菌水漂洗3~5次，将上部幼茎剪成带芽小段，按极性方向接种于培养基上。也可通过在培养基中接种种子获得无菌苗，然后剥取无菌苗生长点，作为扩繁的外植体。具体做法是用自来水洗净石斛兰蒴果表面尘土，于超净工作台上用75%乙醇消毒30s，并用3%～6%过氧化氢溶液振摇消毒20～30min或用10%的NaClO灭菌5～10min，取出蒴果于培养皿中，小心取出种子，接种于培养基中。

11.2.2 培养基及培养条件

11.2.2.1 诱芽培养基

（1）Vacin（Went）+椰乳15%。

（2）MS+6－BA 0.5mg·L^{-1}+2,4－D 0.15～0.5mg·L^{-1}。

原球茎诱导培养基

（3）KC（改）+6－BA 0.1～1.0mg·L^{-1}+NAA 0.5～1.5mg·L^{-1}+0.25%活性炭。

（4）MS（改）+6－BA 0.1～1.0mg·L^{-1}+NAA 0.5～1.5mg·L^{-1}+0.25%活性炭。

11.2.2.2 壮苗培养基

（5）KC+马铃薯提取液5%～10%+香蕉汁5%～10%。

（6）1/2MS+马铃薯提取液5%～10%+香蕉汁5%～10%。

（7）1/2MS+NAA 0.1～0.2mg·L^{-1}。

（8）KC+NAA 0.1～0.2mg·L^{-1}。

生根培养基

（9）MS+6－BA 0.1mg·L^{-1}+2,4－D 0.1mg·L^{-1}。

培养条件：培养基含2%蔗糖、pH值为5.5～5.8，改良MS培养基中大量元素为3/4MS，改良KC培养基中铁盐、微量元素、有机物含量同MS。培养室温度（23±1）℃，光照强度1 000～2 000lx，光照时间12h·d^{-1}。

接种带侧芽的幼茎于培养基（1）号、（2）号中，3周后侧芽开始萌动，并形成新的幼茎，幼茎在（1）号培养基中即可生根，形成完整的植株，将新生成的幼茎剪成约5mm带芽茎段继续在（1）号、（2）号培养基中培养可获得新的幼茎，或把幼茎转接到生根培养基（9）号中诱导生根可形成具有根、茎、叶的完整小植株。

以诱导原球茎为目的离体培养，其诱导过程为：接种茎尖于（3）号、（4）号培养基中，原球茎发生率达95%以上。将原球茎转接到新鲜的（3）号、（4）号培养基中培养约1个月原球茎均可增殖，继续培养一个月，原球茎分化出芽和不定根，形成较粗壮的石斛兰植株，其中（3）号、（4）号培养基中增殖系数分别为8～10、5～7。为了提高石斛兰组培苗移栽的成活率应对生根石斛兰进行壮苗培养，在（5）号～（8）号培养基中培养约两个月后根系增粗、加长，叶色呈健康的浓绿色。

11.2.3 移栽

石斛兰喜温暖、多湿和通风环境，忌阳光直射、干燥，怕积水。适温在18～22℃，昼夜温差保持在10～15℃，冬季温度不低于10℃。石斛兰需光照较一般兰花要强，通常遮光30%～40%。栽培基质常用泥炭、苔藓、松树皮、粗黄砂、火山熔岩、碎蕨根、木炭屑、蛇细木屑等等轻型、排水好、透气的基质配制而成，不宜用蛭石、珍珠岩、腐叶土之类，否则因保水性太强而容易发生烂根。移栽前移培养瓶于温室中封口炼苗3d，然后开口炼苗3d，小心取出兰苗并洗净根部培养基，移栽并注意尽可能使根舒展。移栽后要遮阴并喷雾保湿，保持空气湿度为80%左右，室温18～22℃。移栽前期不宜浇水，待石斛兰成活后换盆进行常规管理。

11.3 建兰（*Cymbidum ensifolium*）

建兰俗称雄兰、骏河兰、剑蕙等，叶片宽厚、带形，直立如剑。花多、葶长，香浓。生产上采用分株繁殖法繁殖种苗，每年春、秋季分割假鳞茎丛株分栽，一般2～3年分株1次。此方法繁殖系数小。采用建兰花枝进行离体培养，可以最大限度节约材料，避免以兰株茎尖或侧芽等为外植体时对兰株的损伤，降低生产成本。

11.3.1 选材、灭菌和接种

材料：花芽。

以幼嫩花茎为外植体，流水洗净花茎表面，无菌条件下用70%～75%酒精灭菌30s，于超净台内剥去花朵外层苞叶，将花枝切成带茎节的长4cm小段，接种于培养基中。

11.3.2 培养基及培养条件

11.3.2.1 诱芽培养基

（1）MS + BA 4.0mg · L^{-1} + NAA 0.1mg · L^{-1} + GA_3 1.0mg · L^{-1}。

（2）B5 + BA1.0mg · L^{-1} + NAA 3.0mg · L^{-1} + GA_3 1.0mg · L^{-1}。

（3）MS + BA 2.2mg · L^{-1} + NAA 0.1mg · L^{-1} + GA_3 1.0mg · L^{-1}。

11.3.2.2 生根培养基

（4）MS + 6 - BA 0.1mg · L^{-1}。

培养条件：培养温度（25±2）℃，24h连续照明。

将带芽花茎分别接种于（1）号～（3）号培养基后，其中在（1）号培养基中外植体培养约20d后开始膨大，呈水渍状，继续培养3周后，花茎节上有小突起形成。在（2）号培养基中培养2周后可诱导出原球茎，原球茎转接到（3）号培养基上继续培养可分化出营养芽或花芽。营养芽即形成新的兰株。

接种营养芽于生根培养基中可诱导不定根形成，待不定根长至3～5cm时移栽。

11.3.3 移栽

建兰喜温暖湿润和半阴环境，耐寒性差，越冬温度不低于3℃，忌强光直射、水涝和干旱。宜选疏松、透气的材料为栽培基质，如腐叶土、苔藓、锯末、树皮、火山熔岩等或以上材料的混合基质，移栽时将培养瓶置移栽温室封口炼苗过度一周，然后开口炼苗3～5d，取出建兰无菌苗移栽到无菌栽培基质中，遮阴，注意保持栽培基质湿润和增加空气湿度，待缓苗后每半月施肥1次，并喷施甲基托布津600倍液、70%代森锰锌、77%可杀得600倍液、波尔多液等预防炭疽病、叶斑病、锈病等，待苗成活后继续培养一段时间，移栽换盆。

11.4 蕙兰（*Cymbidium grandiflorium*）

又名虎头兰、西姆比兰和蝉兰，为兰科兰属常绿多年生附生草本。假鳞茎粗壮，长椭圆形，上面生有6～8枚带形叶片。花茎近直立或稍弯曲，长60～90cm，有花6～12朵或更多。花大型，花色有白、黄、绿、紫红或带有紫褐色斑纹。常见栽培的有：独占、黄蝉兰、碧玉兰、西藏虎头兰和大量杂交种的优良品种。大花惠兰的特点是花期很长，通常可持续两个月以上。

蕙兰可采用分株法、离体培养进行繁殖。

11.4.1 选材、灭菌和接种

材料：大花蕙兰新芽。

待大花蕙兰新芽萌发后，选8cm长的新芽为外植体，用流水冲洗10min，然后于超净工作台中，用70%酒精浸泡20s左右，无菌水冲洗2次，再用0.1% $HgCl_2$ 灭菌8min左右，用无菌水漂洗，无菌条件下剥取约5mm长的茎尖，将茎尖切成小方块（每块茎尖中都要带部分生长点组织），接种于原球茎诱导培养基中。

蕙兰离体培养也可直接取无菌苗基部（根段1.1~1.2cm和基部以上约0.3cm）切段为外植体。

11.4.2 培养基及培养条件

11.4.2.1 原球茎诱导培养基

（1）MS+6-BA 1.0mg·L^{-1}+NAA 0.5mg·L^{-1}。

（2）花宝1号+BA 1.0mg·L^{-1}+IBA 0.1mg·L^{-1}+1.5%活性炭。

11.4.2.2 分化培养基

（3）MS+6-BA 0.4mg·L^{-1}+NAA 0.2mg·L^{-1}。

11.4.2.3 生根培养基

（4）1/2MS+NAA 0.1mg·L^{-1}。

培养条件：光照时间10h·d^{-1}，培养温度25~27℃。

接种茎尖切块于（1）号培养基中，约25d外植体周围开始出现白色大小不一的颗粒状愈伤组织，继续培养则由白色逐渐转为绿色原球茎。或接种无菌苗基部外植体于（2）号培养基中，约25d外植体根部开始长出大小不一的颗粒状愈伤组织，继续培养，愈伤组织逐渐转为浅绿色原球茎。

将原球茎转接到分化培养基中，一般继续培养40d左右可分化发育成小苗。

当小苗长至4~5cm时，将苗切下转入生根培养基中，15d后可诱导产生3~4条根。

11.4.3 生根及移栽

建兰移栽前首先于温室中封口炼苗1周，然后开盖炼苗3d左右。将苗取出，用清水洗净根部附着的培养基，植入无菌栽培基质中。建兰栽培养护中要求苗株根际透气和排水性好，因此可用火山熔岩、陶粒、椰茸、碎蕨根、苔藓、树皮等为栽培基质。蕙兰喜温暖、湿润、半阴、排水好、空气流通的环境，生长适温为10~25℃。因此，移栽后应遮阴、定时喷雾以保持高的空气湿度和适宜的室温，每周浇1次稀释的营养液，待苗成活后适时移栽进行正常养护。

11.5 杏黄兜兰（*Paphiopedilum armeniacum*）

又称金拖鞋兰，兰科兜兰属多年生草本植物，生长在热带及亚热带林下。根状茎直径2~3mm，叶长圆形，花葶直立或近直立，高24~26cm，有绿色和紫色斑点及褐色硬行，花单朵，有时开双花，杏黄色，花瓣大，阔卵形或近圆形，唇瓣为椭圆卵形的兜，兜的先端边缘内卷部分很窄，形状奇特。

杏黄兜兰是我国特有珍稀植物，产于云南碧江，生于岩壁上。人类不合理的开发破坏了杏黄兜兰的原生态环境，加之滥采乱挖，导致野生资源锐减。杏黄兜兰种子在自然状态下萌发需要共生真菌存在，萌发率极低，生产中可通过分株或离体培养进行繁殖。其中以杏黄兜兰蒴果为外植体进行离体培养，可以最大程度的降低对日益减少的杏黄兜兰野生资源的破坏，并为花卉生产者提供大量种苗。

11.5.1　选材、灭菌和接种

材料：种子。

从生长健壮的植株上选取成熟果荚，取出种子，用纱布包好，无菌条件下置于1%次氯酸钠溶液中消毒，直至种子明显变白为止，然后将种子置入铺有滤纸的漏斗中，倒入无菌水漂洗，待水全部过滤下去后再次倒入无菌水漂洗，如此重复3~5次，最后将种子接种到培养基中。

11.5.2　培养基及培养条件

11.5.2.1　播种培养基（液体浅层静置培养）

（1）1/4MS + KT 0.5mg·L^{-1} + 胰蛋白胨 1g·L^{-1} + 椰乳 15%（V/V）+ 蔗糖 15g·L^{-1} + 活性碳 1.0g·L^{-1}。

11.5.2.2　增殖培养基

（2）1/3MS + 6-BA 1.0mg·L^{-1} + NAA 0.5mg·L^{-1} + Ad5 + 胰蛋白胨 2.0g·L^{-1} + 椰乳 10%（V/V）+ 蔗糖 20g·L^{-1}。

11.5.2.3　原球茎分化培养基

（3）MS + 6-BA 0.5mg·L^{-1} + NAA 0.2mg·L^{-1} + 胰蛋白胨 2.0g·L^{-1} + 蔗糖 20g·L^{-1}。

11.5.2.4　壮苗及生根培养基

（4）1/2MS + 6-BA 0.2mg·L^{-1} + NAA 1mg·L^{-1} + 胰蛋白胨 3.0g·L^{-1} + 香蕉泥 10%（W/V）+ 蔗糖 20g·L^{-1} + 活性碳 1.0g·L^{-1}。

培养条件：培养基pH值均为5.2~5.4，培养温度为（25±2）℃，种子萌发阶段进行暗培养，原球茎接种到分化培养基上第一周弱光照（500lx），诱导原球茎分化时光照为1 000~2 000 lx，生根培养时光照为3 000~5 000lx。

种子接种于播种培养基后暗培养20d开始膨大，50d发育形成原球体。原球体转接到(2)号培养基中进行增殖，增殖系数3~4，80d为1个增殖周期。将原球体切割分离，转入（3）号分化培养基中培养40d后叶原基出现，约90d时发育成完整植株。挑选生长健壮的无菌苗，转接到（4）号生根培养基中，经过60~90d发育为具根、茎、叶的完整无菌苗。

11.5.3　生根及移栽

选取生长健壮的无菌苗进行移栽，移组培苗于温室中封口炼苗1周，然后开口炼苗3~5d，用镊子轻轻取出小苗，注意不要伤及根部，并用水洗去根部培养基。将根部放入70%甲基托布津1 500倍液或0.3%高锰酸钾溶液中消毒30min，然后植入无菌栽培基质中，可以苔藓、蕨根等为栽培基质。杏黄兜兰喜高温、高湿、半阴环境，移栽后采取遮阴、喷雾等措施，控制温度18~25℃，空气湿度70%~90%，缓苗后开始正常施肥浇水等日常养护。

11.6 菊花（*Chrysanthemum morifolium*）

菊花是世界四大切花之一，又是重要的盆花和园林地被植物，为菊科菊属多年生宿根草本植物。茎幼时绿色，以后木质化为灰褐色。叶互生，卵形至卵状披针形，边缘有粗大锯齿或深裂成羽状，基部楔形。秋季自茎顶或由叶腋生出头状花序，着生两种花，周缘为舌状花，花白色、黄色、淡红色或淡紫色等，中央管状花黄色。

生产中主要靠扦插进行扩繁。但某些优良珍贵品种扦插不易生根，新培育的新优品种在推广应用的初期容易受材料限制而影响繁殖系数，菊花离体培养可以在最短的时间和有限空间，打破季节和气候的影响而大量扩繁优质种苗，同时也是通过基因工程改良现有品种的基础。

11.6.1 选材、灭菌和接种

材料：叶片、茎段、茎尖、花器官。

以菊花品种“玉人面”、“紫妍”、“日本黄”、“黄秀芳”等为材料，于4月中上旬取生长健壮的母株新萌发的脚芽为外植体，去掉叶片，用含洗涤剂的水浸泡10~15min，流水冲洗约30min，然后于超净台中用70%乙醇消毒20~30s，灭菌蒸馏水冲洗1次，然后用0.1% $HgCl_2$ 消毒8min，无菌水漂洗3~4次，把脚芽剪切为1cm长的茎尖或带腋芽茎段，接种外植体于启动培养基上，诱导茎尖顶芽、腋芽萌发，建立无菌培养体系。

剪取顶芽或腋芽萌发的幼枝到生根培养基中培养生长健壮的无菌苗，随后选取21d苗龄的菊花无菌苗中上部叶片、茎段（不带腋芽）为外植体诱导不定芽分化。

菊花离体扩繁也可采用花器官进行扩繁，选无病虫害、生长健壮的优良品种花蕾为外植体，灭菌方法同上，切割花蕾并接种于培养基中诱导不定芽分化。

11.6.2 培养基及培养条件

11.6.2.1 启动培养基

（1）MS+6-BA 2.0mg·L^{-1}+NAA 0.2mg·L^{-1}。

11.6.2.2 分化培养基

（2）MS+6-BA 1.0mg·L^{-1}+NAA 0.1mg·L^{-1}。

（3）MS+6-BA 2.0mg·L^{-1}+NAA 0.5mg·L^{-1}。

（4）MS+6-BA 2.0mg·L^{-1}+NAA 1.0mg·L^{-1}。

11.6.2.3 增殖培养基

（5）MS+6-BA 0.5mg·L^{-1}+NAA 0.05mg·L^{-1}。

（6）MS+6-BA 0.2mg·L^{-1}+NAA 0.02mg·L^{-1}。

11.6.2.4 生根培养基

（7）1/2MS。

培养条件：温度（24±2）℃，光照强度2 000~2 400lx，光照时间为16h·d^{-1}。

茎尖或茎段外植体初次接种到诱导培养基上7d后顶芽或腋芽开始萌动抽生嫩枝，待嫩枝长1~1.5cm时，剪切嫩枝到生根培养基中进行壮苗培养，21d即可发育为具根、茎、叶的健壮植株，此时将无菌苗去叶片，并剪切为长1~1.5cm的带芽茎段接种于（5）号、（6）号增殖培养基中增殖获得大量丛生芽，20d后转接丛生芽到生根培养基中培养。

取21～25d苗龄的叶片和不带腋芽的茎段到分化培养基上，约1周后，外植体开始膨大，其中叶片外植体伤口处有少量愈伤组织形成，21d后愈伤组织表面有绿色芽点生成并逐渐发育为不定芽，同时伤口处也可不经愈伤组织直接分化出不定芽。茎段外植体在培养21d后由伤口处直接分化出不定芽。值得注意的是菊花品种众多，不同品种诱导不定芽分化的途径、最佳外植体选择、培养基都不尽相同。在“玉人面”、“紫妍”、“日本黄”、“黄秀芳”四个品种中，“玉人面”、“紫妍”品种叶片外植体诱导不定芽效果最好，最适培养基分别为（1）号、（4）号培养基，“日本黄”、“黄秀芳”品种适宜的外植体为叶片、茎段，最适培养基为（3）号、（4）号培养基。

将已消毒的花蕾切割成小块，分别接种于（2）号、（3）号、（4）号培养基中1周后，花蕾伸长生长，伤口处出现愈伤组织，约20d后分化出不定芽，切割愈伤组织转接到新鲜培养基中，愈伤组织得到增殖，并不断分化出不定芽，但在（3）号、（4）号培养基中继代时间过长，愈伤组织和不定芽容易出现玻璃化现象，（2）号培养基中愈伤组织和不定芽均生长正常。

不定芽可转接到增殖培养基中进行增殖培养，或直接转接到生根培养基进行壮苗培养。

11.6.3　移栽

菊花移栽相对容易成活，移栽前在温室开口炼苗3～5d，然后小心取出无菌苗，并洗净无菌苗基部培养基，栽入珍珠岩和草炭的混合基质中。移栽初期遮阴并注意保持较高的空气湿度，20d后逐渐增加光照并开始少量施肥，一个月后定植。

11.7　紫菀（*Radix asteris*）

别名青菀、小辫、驴耳朵菜、山白菜，为菊科紫菀属多年生草本植物。茎直立，单一，不分枝或上部少分枝，上部疏生短毛。基生叶丛生，长椭圆形，基部渐狭成翼状柄，边缘具锯齿，两面疏生糙毛，叶柄长，花期枯萎。茎生叶互生，披针形，渐上无柄，全缘或有浅齿。头状花序排成复伞房状，有长梗，密被短毛。舌状花蓝紫色，筒状花黄色。

对紫菀进行离体培养对其快速繁殖和品种改良等有一定的参考价值。

11.7.1　选材、灭菌和接种

材料：花序芽。

选生长健壮的植株为母株，精心养护，待其孕育出花蕾时，剪取发育充实的长0.5～1.5cm幼嫩尚未开放的侧花序芽为外植体。首先用流水冲洗15min，于超净工作台中用75%酒精消毒20s，无菌水漂洗2次，然后用0.1% $HgCl_2$ 消毒5～8min，无菌水漂洗3次，用无菌滤纸吸干花序芽表面水分，用解剖刀对花序芽进行切割，并接种于分化培养基中。

11.7.2　培养基及培养条件

11.7.2.1　分化培养基

MS+6-BA 0.5mg·L^{-1}+NAA 2.0mg·L^{-1}。

11.7.2.2　生根培养基

1/2MS+6-BA 0.2mg·L^{-1}+NAA 0.5mg·L^{-1}。

培养条件：培养温度为（23±2）℃，光照时间12h·d^{-1}，光照强度为1 500～2 000lx。

花序芽在分化培养基中培养1周后开始膨大，并于伤口处形成少量愈伤组织，约4周后愈伤组织上出现绿色芽点，将带芽点的愈伤组织转至相同培养基上继续培养，4周后在愈伤组织表面有不定芽分化出来。待不定芽长至1.5～2.0cm时，移至生根培养基中，2周后不定芽基部诱导出许多不定根，生根率均达100%。

11.7.3 移栽

选取不定根长3～4cm，生长健壮的无菌苗进行移栽，移栽前在温室中或散射光下对紫菀无菌苗进行开口炼苗1周，取出无菌苗，洗去根部培养基，移至富含腐殖质的园土、河砂、珍珠岩等混合的栽培基质中。移栽初期搭设荫棚，并注意每天喷雾，保持较高的空气湿度，约2周后移栽苗根系开始正常生长，并有新叶生成，此时逐渐撤去遮阴网，增加光照，1个月后定植。

11.8 球根鸢尾（*Dutch iris*）

球根鸢尾为鸢尾科鸢尾属多年生鳞茎花卉。单叶丛生，叶形为长披针形，先端尖细，基部为鞘状。花单生或数朵着生，花姿优美，花茎挺拔，花枝长，花色丰富，有金、白、蓝及深紫色。球根花卉是配置花坛、花境、花丛的优良花材，也可水养或促成栽培做切花用。

生产中一般采用分株繁殖，也可用播种繁殖，分株繁殖繁殖系数小，而播种繁殖实生苗需要2～3年才能开花，繁殖周期长，且容易产生变异。一些名贵品种尤其是一些进口品种价格高，传统的繁殖方法又不能满足园林及切花生产的需要，采用离体培养可在短期内培养大量种球，满足切花生产和园林需要，并在一定程度上降低生产成本。

11.8.1 选材、灭菌和接种

材料：球茎茎尖。

选周径大、发育充实的球茎进行催芽处理（催芽处理前用甲基托布津或多菌灵溶液浸泡30min），待球茎芽端长出0.5～1cm时，剥去球茎外表皮，将带基盘的芽切下，于超净工作台中用70%酒精浸泡20s，无菌水冲洗2次，然后用0.1% $HgCl_2$ 消毒3～5min，无菌水漂洗3次，切取约0.5cm的茎尖接种于培养基上。

11.8.2 培养基及培养条件

11.8.2.1 分化培养基

（1）MS+6－BA 2mg·L^{-1}+IAA 1.5mg·L^{-1}+肌醇120mg·L^{-1}+维生素 B_1 0.4mg·L^{-1}+腺嘌呤27.76mg·L^{-1}+磷酸二氢钠192mg·L^{-1}。

11.8.2.2 鳞茎诱导培养基

（2）MS+肌醇120mg·L^{-1}+维生素 B_1 0.4mg·L^{-1}+腺嘌呤27.76mg·L^{-1}+磷酸二氢钠192mg·L^{-1}。

带基盘的芽接种于（1）号培养基后20～30d，芽基部开始膨大，并分化出不定芽。在同种培养基上进行继代增殖培养可继续分化出不定芽。

切割不定芽并接种于（2）号培养基上，约30d后芽基部开始膨大形成小鳞茎，随着培养时间的延长大，鳞茎周围还会产生小鳞茎。

培养条件：培养温度（25±2）℃，光照强度1 000～2 000lx，光照时间10～16h·d^{-1}。

11.8.3　移栽

移栽前将培养瓶移至温室或散射光下封口炼苗1周，然后开口炼苗3~5d，小心取出无菌苗，并洗去附着在鳞茎上的培养基，移入栽培基质中，遮阴并采用喷雾等措施提高空气湿度，同时保持土壤湿润，但忌积水，否则鳞茎容易腐烂。移栽2周后逐渐移去遮阴网，增加光照，20d后开始施稀薄液肥或叶面肥，约1个月后可对其进行正常养护管理。

11.9　乌头（*Aconitum carmichaeli*）

又称五毒根，为毛茛科乌头属多年生草本植物。块根暗褐色纺锤状圆锥形，通常2~3个连生在一起。茎直立，高100~130cm，叶互生、有柄，掌状2至3回分裂，裂片有缺刻。总状花序顶生或紧缩呈圆锥花序。花多成串、侧向，花色秀美、花形独特，花冠像盔帽，花色有蓝紫色、黄色等。可作庭园、公园等园林观赏花卉，如布置花境、花坛或作切花。其块根可入药，具有祛风、燥湿、化痰止痛等功效。

乌头的人工栽培主要靠子根繁殖，耗种量大，且长期通过子根繁殖容易受病毒感染而导致种性退化，观赏性或产量、品质降低，不能适应园林生产和医药生产的需要。同时近年来由于过度开采造成乌头野生资源日趋匮乏。为了解决园林绿化美化及新药生产对乌头的需求，采用离体繁殖技术可以利用有限的种源迅速繁殖大量种苗，也可使种苗达到脱毒的目的。

11.9.1　选材、灭菌和接种

材料：块根。

以早春刚萌动的乌头块根作为起始培养材料，首先用流水冲洗块根30min~1h，去须根，无菌条件下用75%乙醇消毒1min，然后用0.1% $HgCl_2$ 灭菌15min，无菌水冲洗3~5次，接种于启动培养基中诱导块根萌发，并用其叶片作为不定芽诱导的外植体材料。

11.9.2　培养基及培养条件

11.9.2.1　启动培养基

（1）MS + BA 1.0mg · L^{-1}。

11.9.2.2　分化培养基

（2）MS + BA 1.0mg · L^{-1} + KT 0.5mg · L^{-1} + NAA 0.2mg · L^{-1}。

11.9.2.3　增殖培养基

（3）MS + BA 1.5mg · L^{-1} + NAA 0.1mg · L^{-1}。

11.9.2.4　壮苗培养基

（4）MS + BA 0.5mg · L^{-1} + NAA 0.1mg · L^{-1}。

11.9.2.5　生根培养基

（5）1/2MS。

培养条件：培养基中附加0.65%琼脂，3%蔗糖，pH值为5.8。培养温度（23 ± 2）℃，光照12h · d^{-1}，光照强度2 000lx。

块根接种于启动培养基上诱导芽萌发并抽生枝条和叶片，建立无菌培养体系。切取幼嫩叶片接种于分化培养基上，约5d后外植体开始膨大并不规则隆起，10~15d时外植体伤口处有淡黄色颗粒状突起生成，以后逐渐分化出不定芽。接种不定芽于增殖培养基上，在不定芽基部有绿色小芽生成，一个月的增殖系数为4~6。但增殖培养基中的不定芽生长矮小、细弱，需对其进行壮苗培养，不定芽在壮苗培养基中约1周后，叶色转为浓绿色，且高生长明显。经壮苗培养后的无菌苗可继续进行增殖培养或再次诱导叶片产生不定芽，扩大种苗数量，或转入生根培养基中诱导生根。不定芽于生根培养基上培养7~10d有根生成，生根率达100%。

11.9.3 生根及移栽

乌头喜阳光充足、凉爽湿润的环境，忌高温。移栽前将培养瓶移至温室中封口炼苗3d，然后去掉封口膜继续炼苗3d。取出无菌苗，洗净根部培养基并移入经灭菌的栽培基质中。移栽初期应注意保持较高的空气湿度和适宜的温度，其中温度控制在18℃~23℃，相对空气湿度为80%~90%。一般通过覆盖塑料薄膜和遮阴等控制移栽时的小气候条件，待根系开始生长后逐渐撤去塑料薄膜、遮阴网，并逐渐增加光照。

11.10 蚊净香草（*Pelargonium graveolens*）

别名驱蚊香草，天竺葵科天竺葵属多年生草本植物，叶片肥大深绿，其体内能挥发香茅醛物质（柠檬香），不仅芳香怡人，且有净化室内空气、驱蚊虫的作用。一盆冠幅20~30cm的蚊净香草可驱蚊面积为10~30m^2。是目前深受大众喜爱的盆花植物。目前，花卉市场上供不应求，而采用常规的扦插方法繁殖，不仅繁殖系数低，而且成苗慢，不能满足市场需求。采用组织培养可在短期繁殖大量种苗，加速这一优良盆花的推广应用。

11.10.1 选材、灭菌和接种

材料：叶片。

选生长健壮的植株为母株，从其上摘取幼嫩叶片，用洗衣粉溶液浸泡幼嫩叶片5~10min，然后用流水冲洗5min，于超净工作台上用70%酒精消毒30s，无菌水冲洗1~2次，再用0.1% $HgCl_2$ 溶液消毒5~8min，最后用无菌水冲洗5~6次，将嫩叶切割成1cm^2 小块，接种在分化培养基上。

11.10.2 培养基及培养条件

11.10.2.1 分化培养基

MS+6-BA 0.3~0.6mg·L^{-1}+NAA 0.3~0.6mg·L^{-1}。

11.10.2.2 增殖培养基

1/2MS+6-BA 0.3~0.6mg·L^{-1}+NAA 0.3~0.6mg·L^{-1}。

11.10.2.3 生根培养基

1/4MS+AC0.5%+2.0%蔗糖。

培养条件：培养基中附加0.75%琼脂，2.5%蔗糖，pH值为5.0~5.8。培养温度为（25±2）℃，光照12~14h·d^{-1}，光照强度2 000lx。

叶片接种于分化培养基上2周后有愈伤组织形成，继续培养到25~30d有不定芽长出。将小芽丛分割成小块并转接到芽增殖培养基上，迅速分化出新的不定芽。

将不定芽接种于生根培养基后约1周有白色根形成，25d后，小苗可长至4~5cm高。

11.10.3 移栽

将培养瓶于温室内炼苗1周，去掉封口膜继续炼苗3d。然后从培养瓶中小心取出无菌苗，洗净根部培养基，移栽于栽培基质中。栽后浇透水，覆盖塑料薄膜，并注意如果夏季移栽应适当遮阴，控制温度在15～27℃之间。待苗成活后逐渐去薄膜和遮阴物，增加光照，并进行正常土肥水管理。

11.11 香石竹（*Dianthus caryophyllus*）

香石竹又名康乃馨、麝香石竹，为石竹科石竹属多年生草本植物。香石竹色彩丰富、芳香、花期长，是世界四大切花之一。株高30～60cm，茎直立，多分枝，整株被白粉，茎上有膨大的节。叶对生，线状披针形，全缘，基部抱茎，具白粉。花多为单生或数朵簇生，花单瓣或重瓣，色彩丰富，有白、粉、红、紫、黄及杂色等。

常规繁殖采用播种、扦插、压条等方法。其中长期扦插繁殖后代容易出现品种优良特性退化现象，且如果母本受病毒侵染后，后代将得不到脱毒的机会。播种繁殖常用于杂交育种，生产中采用播种繁殖后代容易产生变异。采用离体培养可进行香石竹母株的脱毒培养，也可在短期内培育大量优质种苗，解决新品种种苗苗源少、成本高等困难，同时离体培养也是通过基因工程进行品种改良的基础。

11.11.1 选材、灭菌和接种

材料：顶芽或带腋芽茎段。

以顶芽或带腋芽的茎段为外植体，用洗涤灵溶液浸泡15min，然后用自来水冲洗干净，于超净工作台上用70%的乙醇浸泡30s，然后用0.1%的$HgCl_2$溶液灭菌5min，无菌水冲洗5～6次后接种到生根培养基上。

11.11.2 培养基及培养条件

11.11.2.1 分化培养基

MS + BA 1.0mg·L^{-1} + NAA 0.3mg·L^{-1}。

11.11.2.2 生根培养基

MS + NAA 0.1mg·L^{-1}。

培养条件：温度（25±2）℃，光照强度1 200～1 400lx，光照14h·d^{-1}。

茎尖或茎段在生根培养基中培养4周后可发育为具根、茎、叶的健康植株。取香石竹无菌苗顶芽下第1、2、3对叶片为外植体，接种于分化培养基上约1周后，叶片外植体开始膨大、伸长，在基部切口处有少量绿色愈伤组织形成，继续培养10d后开始出现小芽点，3周左右开始分化不定芽。

如果基于对香石竹进行脱毒培养，则应在解剖镜下小心剥取茎尖生长点，诱导茎尖生长点分化不定芽，达到脱毒的目的。

转接不定芽于生根培养基上诱导生根，4～5d后在茎段基部形成愈伤组织，8～11d后愈伤组织周围开始长出根，多呈辐射状，生根率达95%。1个月后形成8～10条1.5～2.5cm的根。取无菌苗茎段在生根培养基上可进行继代和增殖培养。

11.11.3 移栽

香石竹喜凉爽气候，不耐炎热，要求通风良好，生长适温14~21℃。因此香石竹组培苗的移栽过程中需要保湿透气，常采用珍珠岩、蛭石等做移栽基质。移栽前将培养瓶移至温室适应2~3d，然后将封口膜打开炼苗3d，洗净根部琼脂，移至灭过菌的基质中，保持温度14~21℃，并在移栽前10d用塑料薄膜保湿，待根系恢复生长后逐渐除去薄膜，移栽成活率达90%以上。移栽苗成活后再次移栽，并按照香石竹种苗生产或切花生产要求进行管理。

11.12 须苞石竹（*Dianthus barbatus*）

须苞石竹又称美国石竹、五彩石竹、十样锦，为石竹科石竹属二年生草本植物，亦可做多年生栽培。茎直立，少分枝。春、夏季开花，花小而多，有短梗，密集成头状聚伞花序，花色有红、白、紫、深红等。常用播种、分株、扦插法繁殖。组织培养可在短期内提供大量生长整齐一致的种苗，对新品种及稀有品种的推广有积极意义。

11.12.1 选材、灭菌和接种

材料：带柄子叶。

选取饱满的须苞石竹种子为组织培养的初始材料，对种子进行消毒并接种到固体MS培养基上使种子萌发。种子接种6~10d后，取无菌苗带柄子叶作为外植体诱导不定芽分化。

11.12.2 培养基及培养条件

11.12.2.1 愈伤组织诱导培养基

（1）MS+BA 0.5mg·L^{-1}+2,4-D 0.25mg·L^{-1}+NAA 0.2mg·L^{-1}。

11.12.2.2 分化培养基

（2）MS+BA 1.0mg·L^{-1}+NAA 0.1mg·L^{-1}。

11.12.2.3 生根培养基

（3）1/2MS+NAA 0.2mg·L^{-1}。

接种无菌苗带柄子叶于培养基（1）号中培养约10d时，伤口处形成淡黄色的愈伤组织。转接愈伤组织于分化培养基中，21d后开始有不定芽分化。切取不定芽于同种培养基中进行增殖培养，35~45d为一增殖周期，增殖系数约为20。

接种不定芽于生根培养基中，10~14d生根，20d后发育成完整植株。

11.12.3 移栽

移组培苗于温室或荫棚下，去掉封口膜炼苗3~5d，然后移栽到经灭菌的栽培基质中。移栽前期注意遮阴并注意控制温度在20~25℃，空气湿度在70%以上。移栽成功后逐渐增加光照并增加浇水量。

11.13 丝石竹（*Gypsophila elegans*）

丝石竹又名满天星，为石竹科石竹属一二年生草本植物。全株光滑，被白粉，多分枝，纤

细，叶小而无柄、对生、披针形，节部膨大。花瓣5枚，纯白色或粉红色，花梗细长，呈圆锥状聚伞花序、略有微香。丝石竹枝、叶纤细，分枝多，稀疏分散，花朵小而繁密，似烟霞云雾，清新飘逸，可用于花坛、花境、花丛、切花、干花等。

丝石竹可通过扦插或播种方法进行繁殖，其中单瓣丝石竹可通过播种繁殖，但容易发生遗传变异。重瓣丝石竹不容易结籽，且茎秆木质化，扦插繁殖率低、速度慢、规模小，限制了它的快速繁殖。同时长期进行无性繁殖容易导致丝石竹遗传特性退化或把病毒病传给后代。采用组织培养的方法，可为丝石竹的生产提供一条新的途径，克服以上缺点，也可通过茎尖脱毒培养，生产优质的无毒苗。

11.13.1　选材、灭菌和接种

材料：茎尖、带梗的花蕾。

于早春3～4月间取丝石竹下部健壮侧芽，剥去多余叶子，留顶部2～3对幼叶，流水冲洗15～30min，于超净台中用70%酒精浸泡15～20s，然后用0.1% $HgCl_2$ 消毒5～8min，最后用无菌水冲洗3～5次，在20～50倍解剖镜下剥取直径为1～1.5mm的茎尖，接种茎尖到诱芽培养基中进行脱毒培养。如果是旨在扩繁，可将灭菌茎尖直接接种到诱芽培养基中进行扩繁。

以花为外植体进行离体培养时，宜取未开放的花蕾为外植体，用自来水冲洗花蕾15～30min，无菌条件下用70%酒精浸泡15～20s，0.1% $HgCl_2$ 溶液消毒12min，无菌水冲洗4～5次，最后用无菌滤纸吸干表面水分，将花蕾切割成小块接种于诱芽培养基中。

11.13.2　培养基及培养条件

11.13.2.1　分化培养基

（1）MS + BA 0.5mg·L^{-1} + NAA 0.01mg·L^{-1}。

（2）MS + BA 0.5mg·L^{-1} + IAA 0.2～1.0mg·L^{-1}。

（3）MS + 6 - BA 1mg·L^{-1}。

（4）MS + 6 - BA 3mg·L^{-1} + 2,4 - D 0.1mg·L^{-1}。

（5）MS + 6 - BA 2～3mg·L^{-1} + NAA 0.2mg·L^{-1}。

11.13.2.2　增殖培养基

（6）MS + BA 0.5～1.0mg·L^{-1}。

（7）MS + BA 1～0.5mg·L^{-1} + NAA 0.01mg·L^{-1}。

11.13.2.3　生根培养基

（8）1/2MS + NAA 0.01～0.1mg·L^{-1}。

（9）1/4MS + NAA 0.2mg·L^{-1} + AC 1g·L^{-1}。

培养条件：3%蔗糖，0.6%琼脂，pH值为5.8～6.2，培养温度为26～28℃，光照强度为3 000lx，光照时间12h·d^{-1}。

接种茎尖于（1）号、（2）号培养基中经20～30d，茎尖发育为约1cm高的无菌苗。将无菌苗转接至增殖培养基内，芽迅速增殖，8～10d时有4～7个侧芽开始萌发，15～20d侧枝可长到1cm以上，将其分割转接于生根培养基中，20～25d可发育为完整的植株。新生成的无菌苗由于刚刚脱离自然栽培的母株，其适应能力与生长势较强，随增殖继代次数的增加，无菌苗适应能力和生长势均下降，因此新发生的无菌苗连续增殖的代数不宜超过10代。为了获得优质种苗应在丝石竹离体培养过程中进行单株选优，即在增殖的无菌苗中选择长势强的植株，切取健壮的分枝

转接到新的增殖或生根培养基内培养，以此保证离体培养苗的优良特性。同时应经常更新培养基配方，通过改变离体培养苗的营养条件不断调节其生理功能。丝石竹在离体培养过程中容易出现玻璃化苗，此时于培养基中添加2g·L^{-1}聚乙烯醇（PVA）等可克服玻璃化现象。

接种花蕾外植体于分化培养基（3）号、（4）号、（5）号中，外植体颜色转绿，伤口处有疏松的愈伤组织形成，且花蕾逐渐开放、膨大。在花蕾基部、花托背部长出愈伤组织并分化出不定芽。刘幼琪等研究认为花蕾或盛开的花都能被诱导产生芽，而芽的产生位于花丝与花瓣之腋处，类似于侧芽的生长。花是一种变态枝条，花被、雄蕊和雌蕊是叶的变态，如果在分离花的各部分的过程中损害了腋芽发生处的分生组织，则分离的雄蕊花丝中不能诱导出芽。

不定芽接种于生根培养基中可诱导植株生根，生根率约95%。

11.13.3 移栽

丝石竹无菌苗移栽有两种途径：一种是直接移栽生根无菌苗到栽培基质中，另一种是将离体培养与扦插繁殖有机地结合起来，即在无菌苗生根前移栽，移栽后于土壤基质中生根，该途径将试管苗直接变为商品苗，减少了组培程序。无菌苗移栽包括炼苗、移栽两阶段。炼苗过程同香石竹和须苞石竹，基质采用灭菌的含蛭石、珍珠岩等的混合基质。将生根无菌苗移栽到基质中，或剪取5cm左右长的生长健壮茎段，浸蘸ABT生根粉或萘乙酸后扦插。丝石竹喜凉爽、阳光充足、空气流通的环境条件，生长最适温度为15～25℃。因此，移栽或扦插前期应注意控制温度、空气湿度，并适当遮阴。一般搭设塑料小拱棚，间断喷雾使拱棚内相对湿度达到80%以上，但要忌经常浇水，否则引起根部积水、通气不良，造成烂根死亡。一般移栽后10～15d生成新根，20d后逐渐增加通风和光照，30～40d后可作商品苗出售，或定植进行种苗或切花生产。

11.14 桔梗（*Platycodon grandiflorum*）

桔梗又称梗草、僧冠帽、六角荷、铃销花、包袱花、苦桔梗、白药，为桔梗科桔梗属多年生草本植物。全株光滑，高40～50cm，体内具白色乳汁。根肥大肉质，茎中部，叶近无柄，卵状披针形，下部叶对生或3～4叶轮生，上端叶互生、小而窄。花单生或数朵呈疏生的总状花序，花萼钟状，裂片5，花冠阔钟状，蓝紫色，白色或黄色。

生产中多采用种子繁殖，但桔梗种子细小，种子发芽率低（约70%），同时一些观赏价值较高的品种如重瓣桔梗种子主要靠进口，价格昂贵。另外，种子繁殖生长周期长，一般2～3年为一个生产周期，且易导致遗传性状变异，以上因素限制了桔梗的园林生产和应用。利用桔梗顶芽、带腋芽茎段及叶片进行离体培养，繁殖倍数高，且可以快速繁育大量优良株系。

11.14.1 选材

材料：茎尖、茎段、叶片。

选健康植株为母株，从其上选顶芽、带腋芽茎段及上部幼叶片为外植体材料，自来水冲洗5～8min，于超净工作台中，用70%～75%酒精浸泡20s，无菌水冲洗2次，再用0.1%的$HgCl_2$溶液灭菌6min或20% NaClO溶液消毒5～8min，无菌水冲洗4～5次，最后用灭菌滤纸吸干水分，将叶片和茎段分别切割成1cm^2、长1cm的外植体，接种于培养基中。

11.14.2　培养基及培养条件

11.14.2.1　分化培养基

（1）MS +6 – BA 0.8mg · L^{-1} + NAA 0.2mg · L^{-1}。

（2）MS +6 – BA 3.0mg · L^{-1} + NAA 0.1mg · L^{-1}。

（3）MS +6 – BA 2.0 + NAA 0.01mg · L^{-1} + Ad20。

（4）MS +6 – BA 0.1mg · L^{-1} + NAA 0.05mg · L^{-1}。

11.14.2.2　继代、增殖培养基

（5）MS +6 – BA 0.5 ~ 1.5mg · L^{-1} + NAA 0.05mg · L^{-1}。

11.14.2.3　生根培养基

（6）1/2MS + NAA 0.8mg · L^{-1}。

（7）1/2MS + NAA 0.2mg · L^{-1}。

培养条件：pH 值为5.8，培养温度（26 ±1）℃，光照强度2 000 ~3 000lx，光照时数12h · d^{-1}。

将茎尖接种于（1）号培养基上，约1周后，顶芽开始萌动，并在基部渐形成黄绿色愈伤组织，3 ~4 周后伤口处分化出丛生芽。茎段在（2）号培养基中培养2周后伤口处开始膨大并形成淡绿色愈伤组织，继续培养约25d后分化出不定芽。幼叶切成小块接种于（3）号、（4）号培养基上，1周后叶片边缘开始膨大并产生愈伤组织，4周后形成不定芽。不定芽在（5）号培养基中继代培养可分化出大量健壮、叶色浓绿的丛生芽。

接种不定芽于生根培养基中约10d可诱导生成不定根，20d后发育为健壮无菌苗。

11.14.3　移栽

移培养瓶于移栽场所封口炼苗3 ~5d，然后开口炼苗1 ~2d，取出无菌苗，冲洗干净根部培养基，栽入灭过菌的蛭石、珍珠岩等栽培基质中。炼苗期间遮阴、喷雾保湿，移栽苗成活后逐渐增加光照，并对幼苗施肥、换盆等，成活率可达90%左右。

11.15　红景天（*Rhodiola rosea*）

11.15.1　选材

材料：叶片。

以叶片为外植体，流水冲洗10min，无菌条件下70%酒精消毒20s，无菌水冲洗3次，放入消毒瓶中，用75%酒精浸泡30s，再用0.1% $HgCl_2$ 灭菌5min，无菌水漂洗5次，将叶片切割成小块并接种于培养基中。

11.15.2　培养基及培养条件

11.15.2.1　诱导愈伤培养基

（1）MS +6 – BA 0.5mg · L^{-1} + ZT 0.5mg · L^{-1} + KT 1.0mg · L^{-1} + NAA 0.5mg · L^{-1}。

（2）MS +6 – BA 2mg · L^{-1} + IAA 0.25mg · L^{-1}。

11.15.2.2　分化培养基

（3）MS +6 – BA 1.5mg · L^{-1} + NAA 0.2mg · L^{-1} + GA 0.05mg · L^{-1}。

11.15.2.3　生根培养基

（4）B5 + IAA 0.5mg · L^{-1}。

培养条件：调 pH 值到 5.8 ~ 6.0，培养室温度（25 ± 1）℃，光照强度 2 000 ~ 3 000lx，光照时间为 10 ~ 12h · d^{-1}。

叶片外植体分别接种到（1）号、（2）号培养基中，其中在（1）号培养基上培养一段时间后，于叶片周围产生疏松略带绿色的愈伤组织，30d 左右愈伤组织表面出现绿色芽点，（2）号培养基上则形成紫红色或红褐色、结构疏松的胚性愈伤组织。转接胚性愈伤组织于分化培养基上可分化出大量不定芽。

接种不定芽于生根培养基上，2 周后可诱导出 3 ~ 4 条不定根，生根率 100%。

11.15.3　移栽

待根长 2 ~ 3cm 时，选择生长健壮的植株进行移栽。首先炼苗 1 周，锻炼后将幼苗取出，于清水中洗净培养基，栽到灭菌基质中，遮阴并覆盖薄膜保持空气湿度为 80% 左右，15d 后逐渐去掉薄膜和遮荫物，并逐渐增加光照，20d 后幼苗开始正常生长，此时可开始施肥，待苗生长健壮后移入大田定植。

11.16　唐松草（*Thalictrum*）

唐松草为毛茛科唐松草属多年生草本，全世界约 150 种，我国有 67 种，全国均有分布，可做园林观赏植物或入药。叶三出复叶或多回复叶，花两性或单性，排成总状花序或圆锥花序，萼片 4 或 5，花瓣缺。常见的有瓣蕊唐松草、糙叶唐松草、叉枝唐松草、重瓣偏翅唐松草、长柄唐松草、大花唐松草、大叶唐松草、淡红唐松草、东亚唐松草、多枝唐松草、花唐松草等。

唐松草属植物一般用播种或分根繁殖，但有些种或变种无种子，分根繁殖繁殖系数小，采用离体培养可克服上述缺点，可在短期内提供大量种苗供园林绿化美化或药用。

11.16.1　选材

材料：幼嫩茎段或茎尖。

以唐松草幼嫩茎段或茎尖为外植体，先用流水冲洗 10min，超净工作台中用 75% 酒精消毒 10 ~ 20s，无菌水冲洗 2 次，然后用 0.1% $HgCl_2$ 消毒 5 ~ 8min，无菌水冲洗 3 次，将茎段或茎尖剪切为长 1 ~ 1.5cm 的带芽外植体，并接种于诱芽培养基中。

11.16.2　培养基及培养条件

11.16.2.1　诱芽培养基

MS + 6 – BA 1.0 ~ 2.0mg · L^{-1} + NAA 0.1mg · L^{-1}。

11.16.2.2　增殖培养基

MS + 6 – BA 1.0mg · L^{-1} + NAA 0.1mg · L^{-1}。

培养条件：温度（25 ± 1）℃，光照强度 1 500lx，光照时间 12h · d^{-1}。

接种唐松草茎段或茎尖于诱芽培养基中，培养约 10d 时腋芽开始萌发。将萌动的小芽转接到增殖培养基中可获得增殖，增殖率约 4。

11.16.3　生根及移栽

生根培养基

MS + NAA 1.0 ~ 1.2mg · L^{-1}。

无菌芽苗接种到生根培养基中培养一段时间后，茎段基部有白色不定根形成，生根率达 90%。选取叶色浓绿、根长 0.8 ~ 1.0cm 的无菌苗作为移栽材料。于散射光下炼苗 3 ~ 5d，然后小心取出无菌苗，洗净根部培养基，移栽到灭菌的栽培基质中。移栽后的恢复期注意控制空气湿度约为 80%，并适当遮阴，缓苗期约 20d。

11.17　非洲菊（*Gerbera jamesonii*）

又名扶郎花、灯盏，为菊科非洲菊属多年生常绿草本，是重要切花之一。植株高 30 ~ 45cm，叶基生，羽状浅裂或深裂。头状花序高出叶面 20 ~ 40cm，花朵硕大。非洲菊品种繁多，花色艳丽，有白、粉、红、黄等。

非洲菊自然结实率低且种子极易丧失萌发力（一般发芽率仅为 15% 左右），种子繁殖不适用于规模化切花生产。生产中多采用分株繁殖，但种苗数量有限，不能满足市场需求，而组织培养繁殖速度快，繁殖率高，种苗质量高，且可实现周年生产。

11.17.1　选材、灭菌和接种

材料：花托、茎段。

取花期的初开放或花蕾期的花托为外植体，用 0.1% $HgCl_2$ 灭菌 10 ~ 15min，无菌水漂洗 3 次，将花托切成小块，接种于分化培养基上。

也可以种子为原始材料建立非洲菊无菌培养体系，首先用 75% 酒精浸泡种子 1min，其次用无菌水冲洗 2 次，0.1% $HgCl_2$ 灭菌 10min，最后用无菌水冲洗 4 ~ 6 次，播于固体 MS 培养基中，使其萌发。种子成苗后取其茎段作为诱导不定芽的外植体。

11.17.2　培养基及培养条件

11.17.2.1　愈伤组织诱导培养基

(1) MS + BA 1.0mg · L^{-1} + IBA 0.05mg · L^{-1}（茎尖）。

11.17.2.2　分化培养基

(2) MS + 6 - BA 2.0mg · L^{-1} + NAA 0.2mg · L^{-1}（花托）。

(3) MS + 6 - BA 10.0mg · L^{-1} + KT 0.1mg · L^{-1} + IAA 10mg · L^{-1}（花托）。

(4) MS + BA 2.0mg · L^{-1} + IAA 0.5mg · L^{-1} + 庶糖 3.0%（茎尖）。

(5) MS + KT 3.0mg · L^{-1} + IAA 0.05mg · L^{-1} + 庶糖 3.0%（茎尖）。

(6) MS + 6 - BA 1.5mg · L^{-1} + IBA 0.2mg · L^{-1}（茎尖）。

11.17.2.3　增殖培养基

(7) MS + 6 - BA 0.5mg · L^{-1}。

(8) MS + KT 3mg · L^{-1} + NAA 0.03 ~ 0.05mg · L^{-1}。

11.17.2.4　生根培养基

(9) 1/2MS + IBA 1.0mg · L^{-1}。

(10) MS + NAA 0.3mg · L^{-1} + IBA 0.3mg · L^{-1}。

花托外植体接种于(2)号、(3)号分化培养基上后伤口处逐渐生成愈伤组织，6～7周后由愈伤组织上分化出小芽，将愈伤组织在同种培养基中继代培养可不断分化出新的不定芽。

茎段外植体接种于(1)号培养基上诱导获得愈伤组织，转接愈伤组织切块到(4)号、(5)号、(6)号分化培养基上后分化出不定芽，不定芽和愈伤组织可在同种培养基中继代，但在(4)号、(5)号培养基中连续继代，生长调节物质会逐代积累造成玻璃化，交替使用不同的培养基进行继代培养，可以避免非洲菊玻璃化现象。

获得的不定芽在(7)号、(8)号培养基中可行增殖培养。

不定芽在生根培养基中约2周后可诱导出4～6条根，不定根的诱导率达100%。

培养条件：温度(25±2)℃，光照强度2 000lx，光照12～14h · d^{-1}。

11.17.3 移栽

移栽时将瓶苗移置散射光下炼苗3～5d，然后取出苗，洗净根部培养基，移入珍珠岩、蛭石、沙等中，置散射光下，注意遮阴并提高空气湿度，约15d开始形成新的根系，此时逐渐增加光照并开始施肥，待苗生长健壮后进行移栽。

11.18 鹤望兰(*Strelitzia reginage*)

别名天堂鸟，多年生常绿草本植物。肉质根粗壮，茎短缩不明显。叶大似芭蕉，基生，对生两侧排列，有长柄。花茎顶生或生于叶腋间，高于叶片，花形独特，佛焰苞紫色，花萼橙黄，花瓣天蓝色，外部萼片橘红或橙黄色。鹤望兰姿态奇特，非常优雅，恰似仙鹤引颈遥望之姿，且花期长，达100d以上，是切花、盆花的优良花材。

生产中繁殖种苗常采用播种繁殖和分株繁殖，但种子价格高且发芽率低，同时实生苗开花时间长，需5～6年。分株繁殖繁殖系数有限，不能满足市场需求。组织培养可在短时间提供大量优质种苗，且组培苗3～4年即可开花，可节约生产成本。

11.18.1 选材、灭菌和接种

材料：芽体。

选生长健壮、无病虫害的2～3年生植株为离体培养母株，剥取饱满的、生长健壮的长约1cm的芽体，无菌水冲洗2次，无菌条件下于70%乙醇中浸泡30s，无菌水漂洗3次，最后用0.1% $HgCl_2$ 溶液消毒10～15min，无菌水漂洗3～5次，切掉伤口处褐化部分，接种到诱芽培养基中。

11.18.2 培养基及培养条件

11.18.2.1 诱芽培养基

MS + 6 - BA 2.0mg · L^{-1} + ZT 1.0mg · L^{-1} + IBA 0.1mg · L^{-1} + NAA 0.1mg · L^{-1}。

11.18.2.2 生根培养基

1/2 MS + IBA 0.5mg · L^{-1} + NAA 0.5mg · L^{-1}。

11.18.2.3 培养条件

接种芽外植体于诱芽培养基中培养，鹤望兰芽体容易褐化，因此每隔5～7d更换新的培养基

或添加活性炭、抗坏血酸等，防止伤口处褐化。约21d分化出不定芽。接种不定芽于同种培养基中进行增殖培养，可继续分化出丛生芽，增殖系数为6~8。

接种不定芽于生根培养基中约3周后可诱导出不定根，生根率达100%。

11.18.3 生根及移栽

待无菌苗长至3cm时移至移栽场所或散射光下封口炼苗1周，然后开口炼苗2~3d。小心取出无菌苗并洗净根部培养基，用0.3%高锰酸钾溶液浸泡3~5min，栽入灭菌的疏松透气的栽培基质中。注意喷雾保湿、遮阴，忌土壤水湿，否则易引起根部腐烂，影响成活率。约2周后施入稀薄液肥或叶面肥，并逐渐增加光照。1个月后移植于营养丰富的培养土中，常规管理，成活率可达90%以上。

11.19 桂竹香（*Cheiranthus cheiri*）

桂竹香又称黄紫罗兰、香紫罗兰、金香梅、华尔花，为十字花科桂竹香属二年生或多年生草本。株高30~70cm。茎直立，多分枝，基部木质化。叶互生，披针形，全缘，先端急尖，两面有柔毛，总状花序顶生，花大，香气浓，花萼4片，直立，边缘有白色膜质，基部成囊状，花瓣4片，近圆形有细长爪。花期4月，花色橙黄和黄褐色。桂竹香是一种优良地被植物，也可作切花用。

繁殖采用播种和扦插方法，以播种为主，扦插多用于重瓣品种。组织培养为桂竹香的繁殖、生产提供了一条新途径。

11.19.1 选材、灭菌和接种

材料：花柄。

从生长健壮、无病虫害的植株上选取幼嫩花蕾的花柄作外植体，用自来水冲洗10~15min后，于超净工作台中用70%酒精浸泡30s，无菌水冲洗1次，0.1% $HgCl_2$ 浸泡4~5min，无菌水冲洗3~5次，用无菌滤纸吸干外植体表面水分，最后将花柄切成0.6~0.8cm的小段，接种于分化培养基上。

11.19.2 培养基及培养条件

11.19.2.1 分化培养基

MS+2,4-D 0.5mg·L^{-1}+BA 0.5mg·L^{-1}。

MS+2,4-D 1.0mg·L^{-1}+BA 0.5mg·L^{-1}。

11.19.2.2 生根培养基

1/2 MS+NAA 0.5mg·L^{-1}。

培养条件：光照强度1 500~2 000lx，培养温度（25±2）℃。

花柄外植体接种于分化培养基上约一周后，在花柄伤口处形成透明、松散且湿润的愈伤组织，转接愈伤组织于同种培养基上继代培养30d后分化出不定芽，不定芽诱导率80%左右。

不定芽在生根培养基上培养20d左右诱导出不定根，并发育为健壮植株。

11.19.3 移栽

因桂竹香不耐移植，应选富含腐殖质的土壤为栽培基质。移栽前选取生长健壮的无菌

苗置移栽场所封口炼苗3~5d，然后开口炼苗3d，取出无菌苗并洗净根部培养基，移栽到无菌基质中。桂竹香喜阳光充足，凉爽的气候，稍耐寒，畏涝忌酷暑，缓苗期应注意保持通风和较高的空气湿度，温度控制在25℃左右，每周浇一次叶面肥或施稀薄液肥，1个月后带土团换盆或定植。

11.20 海棠（*Begonia*）

海棠种类多，是优良的盆花植物。如竹节海棠茎干似竹，叶片像耳形，正面深绿色，表面布满银色的斑点，反面紫色，粉红色花序，垂挂在高大的竹节状茎上。海棠繁殖方式一般以扦插繁殖为主，通过组织培养进行快速繁殖可提高繁殖系数，有效地利用这一花卉资源。

11.20.1 选材、灭菌和接种

材料：幼叶。

从生长健壮、无病虫害的植株上选取幼嫩叶片为外植体，用自来水冲洗叶片5min，无菌条件下用75%酒精消毒20s，无菌水冲洗1次，最后用10% NaClO消毒10~15min或用0.1% $HgCl_2$ 消毒5~8min，无菌水冲洗3~5次，切去被消毒剂杀伤的叶片边缘，然后剪切成小块接种于分化培养基中。

11.20.2 培养基及培养条件

11.20.2.1 分化培养基

(1) MS+6-BA 2.0mg·L^{-1}+2,4-D 0.2mg·L^{-1}（竹节海棠）。

(2) MS+6-BA 1.0mg·L^{-1}+NAA 0.1mg·L^{-1}（竹节海棠）。

(3) MS+6-BA 1.0mg·L^{-1}+NAA 0.5mg·L^{-1}（长翅秋海棠）。

(4) MS+6-BA 3.0mg·L^{-1}（裂叶秋海棠）。

(5) MS+6-BA 0.5~2.5mg·L^{-1}+NAA 0.1mg·L^{-1}（毛叶秋海棠）。

(6) MS+KT 1.0mg·L^{-1}+NAA 0.1mg·L^{-1}（玫瑰海棠）。

(7) MS+6-BA 2.0mg·L^{-1}+NAA 0.2mg·L^{-1}（铁十字秋海棠）。

11.20.2.2 增殖培养基

(8) MS+6-BA 0.5mg·L^{-1}+NAA 0.1~0.2mg·L^{-1}（竹节海棠）。

(9) MS+6-BA 0.5mg·L^{-1}+2,4-D 0.05mg·L^{-1}（竹节海棠）。

(10) MS+6-BA 1.5mg·L^{-1}+NAA 1.0mg·L^{-1}（长翅秋海棠）。

(11) MS+NAA 0.5mg·L^{-1}+6-BA 0.5mg·L^{-1}（裂叶秋海棠）。

(12) MS+6-BA 0.5mg·L^{-1}+NAA 0.1mg·L^{-1}（毛叶秋海棠）。

(13) MS+KT 1.0mg·L^{-1}+NAA 0.05mg·L^{-1}（玫瑰海棠）。

(14) MS+6-BA 0.5mg·L^{-1}+NAA 0.05mg·L^{-1}（玫瑰海棠）。

(15) MS+6-BA 1.0mg·L^{-1}+NAA 0.1mg·L^{-1}（铁十字秋海棠）。

11.20.2.3 生根培养基

(16) MS+IBA 0.2mg·L^{-1}+NAA 0.2mg·L^{-1}（竹节海棠）。

(17) 1/2 MS+NAA 1mg·L^{-1}（竹节海棠）。

(18) 1/2 MS+IBA 1mg·L^{-1}（长翅秋海棠）。

（19）1/5 MS（裂叶秋海棠）。

（20）MS（毛叶秋海棠）。

（21）1/2 MS + NAA 0.2mg · L^{-1}（玫瑰海棠）。

（22）1/2 MS + IBA 0.2mg · L^{-1}（玫瑰海棠）。

（23）MS + 6 - BA 0.5mg · L^{-1} + NAA 0.5mg · L^{-1}（铁十字秋海棠）。

培养条件：pH 值为 5.8，培养温度（26 ± 2）℃，光照强度 2 000lx，光照时间 10 ~ 14h · d^{-1}。

不同海棠适宜的分化培养基和增殖培养基不同，其中裂叶秋海棠在分化培养基中由叶片直接分化出不定芽，即不定芽发生方式为器官直接再生途径，其余海棠是通过愈伤组织途径生成不定芽，如竹节海棠叶片外植体接种到分化培养基上 1 周后，叶片周围开始膨大逐渐形成愈伤组织，20d 左右分化出不定芽。

转接不定芽到增殖培养基中可以获得生长健壮、绿色的丛生芽。

选取生长健壮的不定芽接种到生根培养基中，约 15d 长出不定根，其中毛叶秋海棠在不加任何生长调节物质的 MS 培养基上诱导的根生长粗壮，无菌苗生长健壮、高大。

11.20.3 生根及移栽

将生根试管苗移至移栽场所封口炼苗 3 ~ 5d，然后去掉瓶盖炼苗 3d，取出无菌苗并洗掉根部培养基，用 0.3% 高锰酸钾或稀释的甲基托布津浸泡 15min，然后栽植于灭过菌的基质中，栽培基质选择透气、排水良好，又富有营养的材料。海棠喜温暖、半阴，忌炎热、阳光暴晒，抗旱性能强，怕积水，且海棠茎、叶柄幼嫩，含水量高，易腐烂，幼苗宜浅植，切忌过深。移栽初期遮阴并不时喷水保持较高的空气湿度，忌栽培基质水湿，否则易引起烂根落叶，甚至死亡，影响成活率。缓苗后逐渐增加光照，30d 后上盆定植，进行正常养护。

11.21 凤尾蕨（*Pteriscretica*）

凤尾蕨是凤尾蕨科凤尾蕨属多年生常绿草本植物。叶形幽雅，叶姿奇特，株型美观，是近年来流行的盆栽花卉和插花配叶材料，市场需求量与日俱增。自然状态下蕨类植物靠孢子进行繁殖，这种繁殖方式限制了其繁殖速度和数量。采用组织培养方法可以在短时间内得到大量的种苗，为蕨类植物的繁殖提供了一条行之有效的途径。

11.21.1 选材、灭菌和接种

材料：成熟孢子、根状茎尖。

选株型丰满、生长健壮、无病虫害的植株为母株，沿叶缘将孢子囊群连叶片剪下，于超净工作台中将其切成小块，放置在 70% ~ 75% 的酒精中消毒 10 ~ 15s，然后用 0.1% 的 $HgCl_2$ 溶液消毒 2 ~ 4min，无菌水漂洗 3 ~ 5 次后接种于培养基上诱导孢子萌发。

凤尾蕨也可采用根状茎尖为外植体诱导孢子体。用流水冲洗根状茎尖 30min，然后于无菌条件下用 70% ~ 75% 的酒精中消毒 10 ~ 15s，无菌水冲洗 2 次；然后用 0.1% 的 $HgCl_2$ 溶液消毒 3 ~ 8min，无菌水冲洗 2 次；继续用 0.1% 的 $HgCl_2$ 溶液消毒 3min，无菌水冲洗 3 次，无菌滤纸吸干表面水分，接种于愈伤组织诱导培养基上。

11.21.2 培养基及培养条件

11.21.2.1 诱导孢子萌发培养基

(1) 1/3 MS。

11.21.2.2 初代培养基

(2) MS +6 - BA 3.0mg · L^{-1} + IBA 3.0mg · L^{-1}。

11.21.2.3 继代培养基

(3) MS +6 - BA 1.0mg · L^{-1} + IBA 1.0mg · L^{-1}。

11.21.2.4 诱导愈伤组织培养基

(4) MS +6 - BA 2.0mg · L^{-1} + IAA 2.0mg · L^{-1}。

11.21.2.5 分化培养基

(5) MS +6 - BA 2.0mg · L^{-1} + IAA 1.0mg · L^{-1} + GA_3 0.1mg · L^{-1}。

11.21.2.6 生根培养基

(6) 1/2 MS + NAA 2.0 mg · L^{-1} + IAA 2.0 mg · L^{-1}。

11.21.2.7 复壮培养基

(7) 1/2 MS + 活性炭 20 g · L^{-1}。

培养条件：以上培养基中加入蔗糖 2.5%，pH 值调至 5.8。培养温度为 (25 ±2)℃，光照 1 500lx，光照时间 12 ~14h · d^{-1}。

孢子囊连同叶片接种于 (1) 号萌发培养基上 6d 后孢子开始萌发，其中散落于培养基上的小孢子群萌发形成松软的绿绒块丝状体，附生于叶缘上的孢子囊群萌发形成密集的绿绒段状物。转接绿绒段状或绿绒块丝状萌发物于 (2) 号初代培养基上约 20d 后，形成绿色球状体，并迅速增殖。将球状体接种到 (3) 号继代培养基上，球状体继续增殖体积增大，并逐渐形成芽，分化出孢子体。

蕨类植物离体培养也可接种根状茎尖于 (4) 号诱导愈伤组织培养基中，约 10d 形成愈伤组织，并在愈伤组织的表面形成球状体。转接愈伤组织于 (5) 号分化培养基上 14d 后，分化出孢子体。

将芽或孢子体转接到生根培养基上，在芽或孢子体基部形成褐色的根，但根较细弱，移栽不易成活。转接生根苗于壮苗培养基上进行壮苗培养，一段时间后根增粗，叶片充分展开，待苗生长健壮后进行移栽。

11.21.3 移栽

蕨类植物喜半荫多湿环境，因此移栽初期应将无菌苗置温室或荫棚下封口炼苗 1 周，然后开口炼苗 3 ~5d。小心取出试管苗，洗去基部培养基，移栽到经消毒的蛭石或珍珠岩等通水透气的基质中，注意间断喷雾和遮阴，保证空气湿度达 85% 以上。待根系开始明显伸长后，说明移栽成功，可逐渐增加光照，并上盆或定植于栽植床，进行常规管理。

11.22 凤梨 (*Bromeliaceae*)

凤梨为凤梨科水塔花属植物。叶莲座状基生，硬革质，带状外曲，叶端有刺。叶色有的具深绿色的横纹，有的叶褐色具绿色的水纹花样，也有的绿叶具深绿色斑点等。凤梨是冬、春季室内重要观赏花卉，四季常绿，花序美丽多姿，色彩丰富，常见栽培的有大红、粉红、金黄、玫红等品种。生产中常以分株方式繁殖，繁殖系数低，不能满足市场需求，通过组织培养可在短期内提供大量优质种苗供应市场。

11.22.1　选材、灭菌和接种

材料：腋芽、叶。

以生长健壮、无病虫害、观赏性高的凤梨植株为母株，置温室中精心养护，接种前取健壮腋芽和冠芽基部的嫩叶为外植体，用流水冲洗10min左右，于超净台中用75%乙醇浸泡20s，然后用0.1% $HgCl_2$ 消毒5~8min，无菌水冲洗4~5次，叶片切成0.5~0.8cm^2 的小块，将叶切块与腋芽分别接入适宜的培养基中。

11.22.2　培养基及培养条件

11.22.2.1　愈伤组织诱导培养基

（1）MS+2,4-D 2.0mg·L^{-1}+KT 1.0mg·L^{-1}。

（2）MS+2,4-D 4.0mg·L^{-1}+KT 2.0mg·L^{-1}。

11.22.2.2　分化培养基

（3）MS+KT 2.1mg·L^{-1}+NAA 1.8mg·L^{-1}+IBA 2.0mg·L^{-1}（腋芽）。

（4）MS+25% CW（椰乳）（腋芽）。

（5）1/2 MS+25% CW（腋芽）。

（6）1/2 MS（铁盐为2倍）+NAA 1.0mg·L^{-1}+活性炭0.5%+蔗糖2%。

（7）MS+BA 2.2mg·L^{-1}+NAA 1.8mg·L^{-1}+IBA 2.0mg·L^{-1}。

11.22.2.3　增殖培养基

（8）MS+KT 2.1mg·L^{-1}+NAA 5.4mg·L^{-1}+IAA 5.1mg·L^{-1}（腋芽）。

（9）1/2 MS+BA 0.5（1.0）mg·L^{-1}。

11.22.2.4　生根培养基

（10）MS+NAA 0.18mg·L^{-1}。

（11）1/2 MS。

培养条件：培养温度23~26℃，光照强度1 500~2 000lx，光照时间12h·d^{-1}。

将腋芽置于（3）号固体培养基上进行培养，约2个月后诱导出不定芽，接种不定芽到（8）号液体增殖培养基中振荡培养可使不定芽获得增殖，或将腋芽置于（4）号液体培养基中振动培养（1rpm·5min^{-1}），2周后转入（5）号培养基中，以后每2周更换新鲜的（5）号培养基，2个月后可获得具5~8片叶的无菌苗，转接到（9）号增殖培养基中可获得增殖芽。

叶外植体接种于（1）号、（2）号培养基中培养，在叶片伤口处形成愈伤组织，转接愈伤组织到（6）号培养基，可分化出具根、茎、叶的不定芽。或把叶片外植体接种于（7）号培养基中可诱导出愈伤组织，并分化出不定芽。

将生长健壮的不定芽接种到生根培养基中，15~20d后诱导出不定根，生根率达100%。

11.22.3　生根及移栽

生根培养基中培养1个月后植株生长为健康的无菌苗，此时可行移栽。壤土要含腐殖质丰

富、排水良好的酸性砂质壤土。因此移栽前置温室或散射光下炼苗 1 周，取出无菌苗，洗净根部琼脂并用 0.1% ~0.3% 的高锰酸钾或 0.1% 多菌灵消毒 15min，植入经灭菌的疏松、肥沃、腐殖质含量丰富的栽培基质中。凤梨适生温度为 15 ~22℃，冬季最低温度不得低于 10℃，喜湿润、半荫环境，忌强光照射，缓苗期间遮阴、喷雾，保持较高的空气湿度和适宜的温度，但忌栽培基质水湿，否则易引起苗根部腐烂。

11.23 薰衣草（*Lavandula pedunculata*）

薰衣草为唇型科薰衣草属多年生常绿耐寒亚灌木，是重要的香料及化妆品、保健品的重要原料，也是目前流行的盆栽香花植物和绿化植物。薰衣草枝茎四棱型，老枝条褐色，皮层剥落。单叶对生，条形，略呈披针状。轮伞花序聚生枝顶成穗状，花冠脂红色，花萼紫褐色。

薰衣草繁殖主要采用播种、扦插、压条、分根等方法。对薰衣草进行组织培养具有繁殖系数高、周期短等优点，对优良品种的繁殖和生产具有重要意义。

11.23.1 选材、灭菌和接种

材料：种子。

在超净工作台中先用 70% 的乙醇浸泡种子 10s，用无菌水冲洗 2 ~3 次；然后用 0.1% 的 $HgCl_2$ 溶液消毒 10 ~15min，无菌水冲洗 3 ~4 次，接种到萌发培养基（1）号~（2）号上。

11.23.2 培养基及培养条件

11.23.2.1 萌发培养基

（1）MS +6 –BA 2.0mg · L^{-1}。

（2）MS +6 –BA 2.0mg · L^{-1} +NAA 0.2mg · L^{-1}。

11.23.2.2 诱芽培养基

（3）MS +6 –BA 2.0mg · L^{-1} +NAA 0.2mg · L^{-1}。

（4）MS +6 –BA 2.0mg · L^{-1} +NAA 0.1mg · L^{-1}。

（5）MS +6 –BA 1.0mg · L^{-1} +NAA 0.1mg · L^{-1}。

11.23.2.3 增殖培养基

（6）MS +6 –BA 2mg · L^{-1}。

（7）MS +6 –BA 1.0mg · L^{-1} +NAA 0.1mg · L^{-1}。

11.23.2.4 生根培养基

（8）MS +NAA 1.0mg · L^{-1}。

培养条件：培养基中加入 0.7% 琼脂、3% 蔗糖，pH 值为 5.8，培养温度（25 ±1）℃，光照强度2 000 ~2 500lx，光照时间 16h · d^{-1}。

种子接种到萌发培养基上 1 周后，（1）号培养基上的种子萌发长出无菌苗，（2）号培养基上出现少量浅绿色的愈伤组织，继续转接到同种培养基上或（3）号~（5）号分化培养基上，愈伤组织分化出不定芽。将（1）号~（5）号培养基中形成的无菌苗或不定芽切割接种到增殖培养基中进行增殖培养。其中（6）号培养基中幼芽基部出现白色松脆的愈伤组织，芽的增殖系数为 4 ~5。

将不定芽或茎段接种于生根培养基上诱导生根，7 ~10d 后开始有根生成，21d 时根长达

2cm，生根率为90%。

11.23.3　生根及移栽

移栽前将培养瓶置温室中去掉封口膜炼苗3~5d，取出无菌苗洗净培养基，种植于灭菌的栽培基质中，遮阴并覆盖塑料薄膜保湿，待移栽成活后逐渐增加光照。4~6周后可移栽到大田，成活率约95%。

11.24　贝母（*Fritillaria*）

贝母为百合科贝母属多年生草本植物。地下具鳞茎，茎直立。叶线状披针形，无柄，下部叶常轮生，上部叶对生或互生。花钟形下垂，多数轮生。花色有黄色、橙红、大红、硫黄等色，花期5~6月。贝母是优良的园林观赏植物，鳞茎可入药，具有清热润肺、肺热燥咳、阴虚劳嗽、痰多胸闷、干咳少痰等症。

贝母可通过鳞茎繁殖或种子繁殖，组织培养可为贝母的繁殖提供一条更有效的途径。

11.24.1　材料与接种

材料：鳞茎。

挑选无病虫害，生长充实的鳞茎为外植体，先用自来水冲洗1h，洗净表面污泥后于无菌条件下用70%~75%的酒精消毒30s，无菌水冲洗2次，然后用0.2% $HgCl_2$ 消毒10min，无菌水冲洗4次，无菌滤纸吸干鳞茎表面水分，以鳞茎基部为材料接种于培养基中。

11.24.2　培养基及培养条件

11.24.2.1　愈伤组织诱导培养基

（1）MS+6-BA 2.0~4.0mg·L^{-1}+NAA 0.5mg·L^{-1}。

11.24.2.2　鳞茎诱导培养基

（2）MS+KT 0.05mg·L^{-1}+NAA 1.5mg·L^{-1}。

培养条件：培养温度（25±2)℃，光照强度1 000~1 500lx，光照时间10~12h·d^{-1}。

鳞茎外植体在（1）号培养基中培养一段时间后于伤口处形成愈伤组织，并分化获得不定芽。转接不定芽到（2）号培养基中可以诱导产生小鳞茎。

11.24.3　移栽

选取生长健壮的无菌小苗进行移栽。移栽前置温室开口炼苗3d，然后栽植到无菌的富含养分且透气性好的栽培基质中。贝母喜凉爽湿润气候，忌干旱炎热，缓苗期注意遮阴和较高的空气湿度，栽培基质保持湿润，忌水湿否则易引起鳞茎腐烂。同时注意缓苗期间结合浇水施入杀菌药剂如多菌灵、甲基托布津等预防真菌病害发生。20d后逐渐增加光照，30~40d后可换盆或定植。

11.25　美丽竹芋（*Calathea omate* var. *sanderiana*）

美丽竹芋又称饰叶肖竹芋，为竹芋科肖竹芋属多年生草本植物。株高20~30cm，叶全缘，卵圆形至披针形，叶表浓绿，叶主脉两侧有多对象牙形的白色条纹或乳白色斑块，叶背及叶柄红褐色。花序为短总状或球花状，不分枝。常规繁殖采用分株法进行，但繁殖数量有限，而市场对美丽竹芋的需求量大，通过组织培养可以在短时间内培养大量生长整齐、健壮的种苗。

11.25.1 材料与接种

材料：芽。

以美丽竹芋的地下芽为外植体，流水冲洗 1h，无菌条件下用 70% 乙醇浸泡 20s，然后用 0.1% $HgCl_2$ 消毒 5 ~ 10min，无菌水冲洗 3 次，接种于诱芽培养基中。

11.25.2 培养基及培养条件

11.25.2.1 诱芽培养基

（1）MS + 6 − BA 5.0mg · L^{-1} + IAA 0.2mg · L^{-1}。

11.25.2.2 生根培养基

（2）MS + NAA 2.0mg · L^{-1}。

培养条件：温度（25 ± 1）℃，光照强度 1 000lx 左右，光照 12h · d^{-1}。

芽外植体接种于培养基约两个月后有不定芽逐渐从外植体的表面生成。分割已形成的不定芽，在同种培养基中继代培养，30d 左右可萌发出新的不定芽。

将不定芽接种于生根培养基中，15d 左右从切口处可产生数条不定根，不定芽在生根培养基中高生长迅速，约 3 周发育为健壮的无菌苗。

11.25.3 移栽

移栽前把无菌苗移置温室封口炼苗 1 周左右，并于移栽前 2 ~ 3d 去掉封口膜炼苗。选用通水、透气性好的材料作基质，洗去根部培养基，然后栽入无菌栽培基质中，遮阴、喷雾增加空气湿度，待苗开始正常生长后逐渐增加光照并进行正常的肥水管理。

11.26 红脉竹芋（*Maranta leuconeura* var. *erythroneura*）

红脉竹芋别名红脉葛郁金，竹芋科竹芋属常绿宿根草本植物。植株矮小，地下具块状根茎，叶椭圆形，主脉及羽状脉为红色，中脉两侧具银绿色至黄绿色齿状斑块，叶背红紫色。花总状花序或二歧圆锥花序。红脉竹芋观赏价值高，生产中常用分株和扦插法繁殖，繁殖系数小且繁殖速度慢。同时由于病毒及栽培养护不当等原因，一些名贵优良品种在长期无性繁殖中有退化现象。组织培养技术为红脉竹芋的繁殖提供了一条有效的途径，并在一定程度上有利于保持名贵品种的优良观赏特性。

11.26.1 材料与接种

材料：顶芽，腋芽。

以腋芽、顶芽为外植体，流水冲洗 30min，无菌条件下用 70% 乙醇浸泡 20 ~ 30s，0.1% $HgCl_2$ 消毒 5 ~ 8min，无菌水漂洗 3 ~ 4 次，接种于诱芽培养基中。

11.26.2　培养基及培养条件

11.26.2.1　诱芽培养基

（1）MS + BA 10.0mg · L^{-1}。

（2）MS + BA 4.0mg · L^{-1} + KT 4.0mg · L^{-1}。

（3）MS + BA 10.0mg · L^{-1} + NAA 0.02mg · L^{-1}。

11.26.2.2　生根培养基

（4）MS + NAA 2.0mg · L^{-1}。

培养条件：温度（25 ±1）℃，光照强度2 000 ~3 000lx，光照时间12h · d^{-1}。

接种顶芽和腋芽外植体于（1）号～（3）号培养基中，随培养时间延长外植体开始萌动，并于30d后从顶芽、腋芽外植体基部生成1 ~3个新不定芽。将不定芽切下继续接种于同样的培养基中可再次诱导不定芽生成。

不定芽在生根培养基中，约15d从伤口处产生数条不定根，继续培养从芽基部直接产生块根。

11.26.3　移栽

生根后对无菌苗进行炼苗并移栽进行正常的养护管理（参照美丽竹芋移栽方法）。

花叶竹芋（*Maranta bicolor*）以腋芽、顶芽为外植体。

11.26.3.1　诱芽培养基

（1）MS + BA 4.0mg · L^{-1} + KT 4.0mg · L^{-1}。

（2）MS + BA 5.0mg · L^{-1} + KT 5.0mg · L^{-1}。

（3）MS + BA 10.0mg · L^{-1}。

11.26.3.2　生根培养基

（4）MS + NAA 2.0mg · L^{-1}。

将腋芽、顶芽接种于诱芽培养基中诱导腋芽、顶芽萌发，剪切嫩茎在同种培养基中进行继代、增殖，转接茎段于生根培养基中后约10 ~15d诱导获得不定根。移栽过程同红脉竹芋。

11.27　大岩桐（*Sinningia speciosa*）

又称落雪泥，苦苣苔科苦苣苔属多年生草本，是著名的室内盆栽花卉。块茎扁球形，地上茎极短，叶对生，肥厚而大，密生茸毛。花朵大，钟状，色彩丰富，有蓝、粉红、白、红、紫等，还有白边蓝花、白边红花双色和重瓣花，花期长而美丽。

大岩桐用播种或扦插（叶插）、分球繁殖。大岩桐自交不孕，不易获得种子，且种子极小，寿命短（约2个月），播种繁殖对土壤条件要求高，操作精细，管理费工，易产生变异，品种有退化现象。扦插繁殖和分球繁殖速度慢，繁殖系数低，且容易发生腐烂现象，还易导致株形不整等现象。对大岩桐叶片进行组织培养是获得高繁殖系数和避免幼苗期病虫害侵害的好方法。

11.27.1　选材、灭菌和接种

材料：嫩叶、叶柄。

选生长健壮、无病虫害的中部带柄幼嫩叶片为材料，用自来水冲洗叶片5 ~10min，于超净

台内用75%的酒精灭菌20s左右，无菌水冲洗2次，然后用0.1%的$HgCl_2$溶液消毒5~7min，无菌水漂洗3~5次，最后用无菌滤纸吸干叶片表面水分。将叶片、叶柄分别剪成约1cm^2的小块和0.5cm长的小段，接种于培养基中。

11.27.2 培养基及培养条件

11.27.2.1 分化培养基

（1）MS + BA 2.0mg · L^{-1} + NAA 0.2mg · L^{-1}。

（2）MS + BA 2.0mg · L^{-1}。

11.27.2.2 继代培养基

（3）MS + BA 2.0mg · L^{-1} + NAA 0.4mg · L^{-1}。

（4）MS + BA 1.0mg · L^{-1} + NAA 0.5mg · L^{-1}。

11.27.2.3 生根培养基

（5）1/2 MS + NAA 0.0 ~ 0.4mg · L^{-1}。

（6）1/2 MS + IBA 0.1mg · L^{-1}。

（7）MS + NAA 0.2mg · L^{-1}。

培养条件：光照强度1 000 ~ 2 000lx，每天光照10 ~ 12h，温度25℃左右。

叶片接种于（1）号分化培养基10周后，叶片开始膨大，暗培养条件下逐渐在叶片边缘形成白色半透明疏松的愈伤组织，光照培养下则形成淡绿色愈伤组织，1个月后有不定芽分化出来。在（3）号增殖培养基上可以进行继代繁殖并分化出更多的不定芽。

叶柄外植体适宜的分化培养基是（2）号培养基，叶柄外植体培养7d后，外植体开始膨胀并于切口部位生成淡黄绿色愈伤组织，3周后愈伤组织大量生长，且开始有不定芽分化出来。在同种培养基中继代后愈伤组织可继续分化出大量丛生芽，并形成新的愈伤组织。在（4）号培养基中继代则愈伤组织没有增殖现象，由丛生芽基部增殖产生新的丛生芽。大岩桐继代次数太长，容易出现褐化或玻璃化苗，应及时将不定芽转接到生根培养基中进行壮苗培养。

不定芽在生根培养基中7 ~ 10d后发育形成幼根，一般每株根数达5 ~ 15条，生根率可达100%。3周后，幼根伸长到1cm左右，就可移栽。

11.27.3 移栽

选择根系发达，不定根粗短，茎叶健壮，没有玻璃化的小苗移栽，移培养瓶置温室或荫棚下，封口炼苗3d，然后打开瓶口，瓶内倒入少量无菌水，继续炼苗2 ~ 3d，取出试管苗，用清水冲洗根部粘附的培养基。用0.3%高锰酸钾浸泡根部，晾置1h后，移植到栽培基质中。栽培基质可选用珍珠岩或珍珠岩与河沙混和基质。缓苗期间浇甲基托布津或多菌灵溶液有利于提高成活率。大岩桐性喜高温、潮湿和半阴环境，忌阳光直晒，低温，喜大肥，室内栽培适温为25℃左右，苗期生长温度为18 ~ 20℃。因此应注意控制幼苗生长环境，保持温度20 ~ 25℃，相对湿度保持在85% ~ 90%，并注意遮阴和浇水时不要把水喷到幼苗上，否则易引起腐烂病。约3周后移栽苗成活，逐渐增加光照，1个月后换盆，进行正常的施肥、浇水等养护管理。

11.28 马蹄莲（*Zantedeschia aethiopica*）

属天南星科马蹄莲属多年生草本球根花卉。叶箭形，花为肉穗花序，佛焰苞马蹄形，有红、橘红、橙黄、粉或红黄等色。

马蹄莲常采用分割块茎的方法繁殖，繁殖系数较低。离体培养可扩大繁殖系数和保持优良品种遗传特性不发生变异。

11.28.1　选材、灭菌和接种

材料：莲块茎芽或芽眼。

首先用流水冲洗块茎30min～1h，用刷子刮去块茎褐色皮层，于超净工作台中用70%酒精浸泡20s，然后用0.1%的$HgCl_2$消毒8min，无菌水漂洗3～5次，或直接用2%的次氯酸钠溶液消毒15～20min，无菌水漂洗3～5次。无菌滤纸吸去表面水分，挖取0.5cm^2左右的生长芽或芽眼，接种于分化培养基（1）号、（2）号中；或将球茎切成3mm厚的小切块，将切块平放于培养基（3）号中。

11.28.2　培养基及培养条件

11.28.2.1　分化培养基

（1）MS＋BA 1.0mg·L^{-1}＋NAA 0.1mg·L^{-1}。

（2）MS＋BA 2.0mg·L^{-1}＋NAA 0.1mg·L^{-1}。

（3）MS＋6－BA 0.75mg·L^{-1}＋NAA 0.2mg·L^{-1}＋IBA 0.2mg·L^{-1}＋LH 50mg·L^{-1}＋Vc 5mg·L^{-1}。

11.28.2.2　增殖培养基

（4）MS＋BA 0.5mg·L^{-1}＋NAA 0.5mg·L^{-1}。

（5）MS＋BA 1.0mg·L^{-1}＋NAA 0.1mg·L^{-1}。

11.28.2.3　芽伸长培养基

（6）MS＋BA 0.2mg·L^{-1}＋NAA 0.2mg·L^{-1}。

（7）MS＋6－BA 1.5mg·L^{-1}＋NAA 0.02mg·L^{-1}＋丙氨酸5mg·L^{-1}＋谷氨酸5mg·L^{-1}＋LH 100mg·L^{-1}。

11.28.2.4　生根培养基

（8）MS＋NAA 0.3mg·L^{-1}＋IAA 0.2mg·L^{-1}。

（9）MS＋6－BA 0.6mg·L^{-1}＋NAA 0.3mg·L^{-1}＋IBA 0.05mg·L^{-1}。

培养条件：(3)号、(6)号培养基中NH_4NO_3、KNO_3含量减半，KH_2PO_4含量为25mg·L^{-1}。糖3%，琼脂0.7%，pH值为5.8。温度(24±4)℃，光照1 000～2 000lx，光照时间10～12h·d^{-1}。

芽外植体在（1）号、（2）分化培养基中培养60d后，大部分芽块基部形成致密愈伤组织，并于愈伤组织表面形成绿色芽点并分化出大量不定芽。而接种于（3）号中的球茎外植体在接种后5d即明显膨大，10d后在伤口边缘出现绿色芽点，20d后分化出不定芽。转接不定芽和带绿色芽点的愈伤组织块于增殖培养基中进行增殖，其中培养基（4）号中，愈伤组织分化不定芽较少，主要是不定芽的增殖，培养基（5）号中则不定芽和愈伤组织均增生，并不断分化出新的不定芽。分化培养基和增殖培养基中的不定芽和丛生芽生长矮小细弱，转接于芽伸长培养基后不定芽迅速伸长，其中（7）号培养基中在不定芽基部出现白色根原基。

不定芽接种于生根培养基15～20d后可诱导出白色短而粗的根系，并且叶片伸长、展开。

11.28.3　移栽

马蹄莲要求土壤呈微酸性，土质疏松，排水透气能力强，有机质含量高，忌土壤黏重积水，否则引起根腐病，因此移栽初期采用蛭石、珍珠岩、砂等与草炭混合基质做移栽基质，调整 pH 值至微酸性，移栽成活后移栽于沙壤土中。试管苗在温室炼苗 1 周，然后取出生根苗并洗去培养基，移栽于经灭菌的基质中。马蹄莲性喜温暖湿润环境，生长最适温度为 25℃，因此注意覆盖遮阴网和采取保湿措施。因马蹄莲忌根部积水，应增加喷雾或地面洒水次数，提高空气湿度，结合浇水可施甲基托布津、百菌清等药液预防病害危害，并适当浇 1/3 MS 营养液补给营养。待移栽成活后逐渐增加光照，并喷施叶面肥，此时可移栽于沙壤土中进行正常肥水管理。

11. 29　大丽花（*Dahalia variabilis*）

大丽花又名西番莲、大丽菊，为菊科大丽花属多年生球根花卉。地下具肉质块根，茎光滑直立，中空。单叶对生，多羽状深裂，极少数为单叶。头状花顶生，由中心的管状花和外围的舌状花组成，舌状花色彩多变，有红、紫、白、黄、橙等色，管状花常为黄色。

繁殖以分株或扦插繁殖，繁殖系数低，采用组织培养有利于大丽花尤其是新优品种的推广应用。

11. 29. 1　选材、灭菌和接种

材料：叶。

取大丽花块根上不定芽抽生的嫩叶为外植体，流水冲洗 10min，无菌条件下用 70% ~75% 的酒精消毒 20s，无菌水漂洗 2 次，然后用 20% NaClO 消毒 5 ~ 8min，将叶片切成小块接种于分化培养基中。

11. 29. 2　培养基及培养条件

11. 29. 2. 1　分化培养基

MS + 6 - BA 0. 1mg · L^{-1} + NAA 0. 5mg · L^{-1} + GA_3 1. 0mg · L^{-1}。

11. 29. 2. 2　生根培养基

1/2 MS + IBA 0. 1mg · L^{-1}。

培养条件：培养温度 25℃，光照 12h · d^{-1}。

叶片外植体通过器官再生途径产生不定芽。具体培养过程为外植体于分化培养基上培养 10d 后，叶面表面开始有绿色凸起形成，3 周后绿色凸起部分形成不定芽。

不定芽转接到生根培养基中 10 ~ 15d，形成不定根，3 周后发育为生长健壮、绿色的无菌苗。

11. 29. 3　移栽

大丽花原产墨西哥高原地带，喜温暖、湿润环境，不耐干旱又怕积水，喜充足阳光。生长适温为 10 ~ 25℃。因此移栽大丽花的关键是栽培基质透水、透气性要好，移栽前期忌光照、干旱或根部水湿，其余措施同菊花。

11. 30　唐菖蒲（*Gladiolus huhridus*）

唐菖蒲又称菖兰、剑兰、十样锦等，为鸢尾科唐菖蒲属多年生球根类花卉。花色丰富、花形美丽，是重要的切花之一。球茎扁圆或卵圆形。剑形叶 6 ~ 9 片，基生，呈抱合状 2 列。蝎尾状

伞形花序，着花8~24朵，花大，自下而上开放，花冠呈不规则漏斗形，色彩丰富，有白、红、紫、黄、粉、蓝等深浅不一的单色或复色，或具斑点、条状或呈波状、褶皱状。

目前栽培唐菖蒲所需种球大部分靠进口，价格偏高，并且种植中退化现象严重，同时唐菖蒲易受多种病虫危害，尤其是病毒病（如黄瓜花叶病、烟草花叶病等）是引起唐菖蒲退化的主要原因。我国唐菖蒲种球生产规模小、规模化、专一化程度低，生产成本高，以上因素严重影响了唐菖蒲的产量和质量。为了解决以上问题，通过组织培养技术进行脱毒、增殖培养，可在有限的空间和时间内繁殖大量的无毒种苗，对园林生产具有重要意义。

11.30.1 选材、灭菌和接种

材料：子球。

选取直径5~7mm的籽球作外植体，剥去籽球表皮，清水冲洗30min~1h，75%酒精浸泡30s~1min，0.1% $HgCl_2$ 消毒10~15min，无菌水冲洗3~5次，接种子球到培养基（1）号中获得无菌球，取其茎芽作为诱导愈伤和不定芽分化的外植体。

唐菖蒲脱毒培养时需在解剖镜下剥离茎尖，接入（2）号培养基诱导愈伤组织形成。

11.30.2 培养基及培养条件

11.30.2.1 诱导培养基

（1）1/2 MS + BA 2.0mg · L^{-1} + NAA 0.1mg · L^{-1}。

11.30.2.2 诱导愈伤培养基

（2）MS + BA 0.1mg · L^{-1} +2,4 – D 2.0mg · L^{-1}。

（3）MS +6 – BA 0.5mg · L^{-1} + NAA 0.5mg · L^{-1}。

11.30.2.3 愈伤组织及原球茎发生培养基

（4）MS + NAA1.0mg · L^{-1} + KT 0.5mg · L^{-1} +2,4 – D 2.0mg · L^{-1}。

11.30.2.4 分化培养基

（5）MS + BA 2.0mg · L^{-1} + NAA 0.2~0.5mg · L^{-1} + PP333 3.0mg · L^{-1}。

11.30.2.5 继代、增殖培养基

（6）MS +6 – BA 2.0mg · L^{-1} + NAA 0.1mg · L^{-1}。

培养条件：3%蔗糖、7 g · L^{-1}琼脂、pH值为5.8，温度（25 ±1)℃，光照强度2 000lx，光照时间10~14h · d^{-1}。

采用生物反应器的培养条件为：整个培养过程光照时间10~12h · d^{-1}，温度25℃，通气量0.5 ml · min^{-1}。

对唐菖蒲进行脱毒培养时，剥取鳞茎茎尖并接种于（2）号培养基上后约10d时间，茎尖外植体开始脱分化，逐渐形成质地疏松不规则的团块且表面有白色点状突起形成。转接愈伤组织于培养基（5）号上可诱导不定芽分化。其中PP333与BA、NAA配合使用，使不定芽地上部与地下部协调生长，既可获得较高的成苗率，又可培育健壮的植株。

旨在诱导不定芽和球茎为目的的离体培养中，首先接种无菌子球于培养基（1）号上获得无菌球茎芽。切取约5mm的球茎芽并接种于培养基（3）号上，约40d后生成质地质密的愈伤组织并陆续分化出不定芽，继续接种不定芽于增殖培养基（6）号中可进行不定芽增殖。而接种5mm大小的球茎芽于培养基（4）号中，25d左右有无色半透明的愈伤组织形成，40d后可诱导出原球茎。同时采取生物反应器对不定芽进行增殖或培养原球茎，其中利用多层塔板径向流生物反应

器进行唐菖蒲原球茎的培养，在生物反应器中唐菖蒲增殖速度快，且生长健壮，经过25d培养，不定芽增殖7.2倍。

11.30.3 移栽

唐菖蒲喜凉爽、不耐寒、畏酷热，要求疏松、肥沃、湿润、排水良好的土壤。因此移栽时应注意移栽环境的温度控制在白天20～25℃，夜晚10～15℃。采用蛭石、珍珠岩等与草炭或园土混合成的栽培基质，移栽前进行炼苗，洗净原球茎上的培养基，移栽后保持基质湿润，但忌水湿，适当遮阴，待移栽成活后逐渐增加光照，按照生产需要进行地栽培养。

11.31 仙客来（*Cyclamen persicum*）

仙客来又名一品冠、兔子花、兔耳花、萝卜海棠，为报春花科仙客来属多年生草本植物。块茎肉质，叶片由块茎顶部生出，心形、卵形或肾形，叶面绿色且具有白色或灰色斑纹，叶背褐红色，叶柄肉质，红褐色。花单生于花茎顶部，花形奇特，尤如兔耳，花色丰富，有白、粉、玫红、大红、紫红、雪青等色。花瓣边缘全缘或呈缺刻、皱褶和波浪等形。

仙客来主要靠种子繁殖，但大多新品种结实率低，且园艺品种多是杂种一代，长期留种繁殖难以保存 F_1 代的杂种优势和优良性状。采用组织培养繁殖可以保持 F_1 代的优良性状并提高繁殖系数，节约生产成本，对园艺生产有重要意义。

11.31.1 选材、灭菌和接种

材料：叶片、叶柄、花葶。

在仙客来旺盛生长期取叶片、叶柄、花葶为外植体。用洗衣粉水浸泡叶片、叶柄、花葶5min，然后用自来水冲洗干净，无菌条件下75%酒精消毒10～15s，无菌水冲洗1～2次，0.2% $HgCl_2$ 消毒3～5min，无菌水冲洗3～4次，接种叶切块、叶柄、花梗于诱芽培养基上。

11.31.2 培养基及培养条件

11.31.2.1 诱导及增殖培养基

MS + BA 2.0mg · L^{-1} + KT 0.2mg · L^{-1} + 2,4 – D 0.5mg · L^{-1}。

11.31.2.2 生根培养基

MS + BA 0.05mg · L^{-1} + NAA 1.0mg · L^{-1} + 2,4 – D 0.2mg · L^{-1}。

MS + IBA 0.1～0.2mg · L^{-1} + 活性炭。

培养温度：培养基pH值调至5.6～5.8，培养温度（22 ± 2）℃，相对湿度65%～75%，光照12～14h · d^{-1}，光照强度1 500～2 000lx。

接种叶片、叶柄、花葶于诱导培养基中，20d后有浅绿色、颗粒状的愈伤组织生成，随着培养时间的延长，愈伤组织形成质地致密、坚硬的瘤状物，40～50d时愈伤组织开始分化不定芽。同时20%～30%的外植体通过器官直接再生途径产生不定芽。愈伤组织在新鲜培养基上继代培养，愈伤组织获得增殖，并不断分化不定芽。

组织培养中仙客来不定根诱导率较低、根数量少（1～3条）且生长细弱。接种不定芽于生根培养基中约15d，30%～41%的培养材料在伤口处生成不定根，30d后根长1～2cm。

11.31.3　生根及移栽

选择根系发育良好，生长健壮的无菌苗进行移栽，首先置培养瓶于温室中封口炼苗1～2d，接着开口炼苗3～5d，然后转入栽培基质中。仙客来性喜凉爽、湿润及阳光充足的环境，适宜的生长室温为18～20℃，相对湿度为70%～75%，气温超过30℃植株进入休眠状态，因此炼苗及进行移栽时应严格控制温室温度。仙客来易发生软腐病等病害，应选择疏松透气的栽培基质并严格消毒，移栽后注意遮阴、保湿，每7d喷施链霉素、多菌灵或百菌清等预防病害的发生。

11.32　风信子（*Hyacin thorientalis*）

又称西洋水仙，为百合科风信子属多年生球根花卉植物。鳞茎卵形，有膜质外皮。叶4～8枚，狭披针形，肥厚肉质，绿色有光泽。花茎中空，略高于叶。总状花序顶生，花5～20朵，横向或下倾，漏斗形，花被筒长、基部膨大，裂片长圆形、反卷，花色繁多，有紫、白、红、黄、粉、蓝等色。

生产中风信子采用分球、播种繁殖，其中播种苗培养4～5年开花。风信子性喜凉爽、湿润和阳光充足环境，鳞茎有夏季休眠习性，而我国相当一部分地区气候炎热、干旱，导致风信子在栽培过程中出现植株矮小、花朵变劣，鳞茎萎缩、病毒侵害等品种退化现象，重复引种生产成本高，用组织培养技术扩繁风信子，即可对优良品种进行脱毒，保持品种优良特性，也可降低重复引种造成的巨大投资，降低生产成本。

11.32.1　选材、灭菌和接种

材料：鳞茎、幼叶。

以生长健壮、无病虫害的植株为母株。

鳞茎消毒过程为，首先流水冲洗30～60min，超净工作台中用70%～75%乙醇浸泡5min，然后用20% NaClO浸泡10～15min或0.1% $HgCl_2$ 消毒8min，无菌水漂洗2次，剥去鳞茎外层膜质叶后，用0.1% $HgCl_2$ 继续消毒10～15min，无菌水冲洗3～5次。

以幼叶（叶龄为10d）为外植体时，于超净台内用75%酒精消毒30s，无菌水冲洗3次，然后用0.1% $HgCl_2$ 消毒10min，无菌水漂洗3～5次。

将鳞片和幼叶切成小块，接种到培养基上（鳞茎外植体时注意近轴面向上）。

11.32.2　培养基及培养条件

11.32.2.1　愈伤组织诱导培养基

（1）MS + 6 - BA 0.5mg · L^{-1} + NAA 0.4mg · L^{-1} + 2,4 - D 3.0mg · L^{-1}。

11.32.2.2　分化培养基

（2）MS + 6 - BA 2.5mg · L^{-1} + NAA 2.0mg · L^{-1} + IAA 0.5mg · L^{-1}。

（3）MS + 6 - BA 2.5mg · L^{-1} + NAA 2.5mg · L^{-1}。

（4）MS + 6 - BA 0.5mg · L^{-1} + KT1.0mg · L^{-1}。

11.32.2.3　小鳞茎培养基

（5）MS + GA 0.2mg · L^{-1} + IAA 0.5mg · L^{-1}。

11.32.2.4　生根培养基

（6）MS + 6 - BA 0.5mg · L^{-1} + KT 1.0mg · L^{-1}。

11.32.2.4　壮苗培养基

(7) 1/2 MS+6－BA 0.25mg·L^{-1}+KT 0.5mg·L^{-1}+NAA 0.5mg·L^{-1}。

培养条件：培养室温度 (25±2)℃，光照强度为2 000lx，光照时间12～14h·d^{-1}

叶片或鳞茎外植体可通过（2）号、（3）号分化培养基诱导不定芽，然后在（5）号培养基上诱导不定芽生成鳞茎。诱导过程中接种后15d外植体伤口处变白，25d后长出白色小突起，1个月后由白色突起处分化出不定芽。

风信子的组织培养也可以鳞茎为外植体，通过愈伤组织途径诱导不定芽，鳞茎外植体接种到（1）号培养基上后形成质地较硬、表面有近圆球形突起的愈伤组织，将愈伤组织切成小块转接到（4）号分化培养基上，培养21d后分化出不定芽，少数芽基部有根的分化，但根系生长较弱，转接于生根培养基后培养3周后分化出4～5条粗壮根系，40d后长度达2.5cm，可行移栽。

11.32.3　移栽

风信子移栽可以蛭石沙、珍珠岩等与草炭混合做栽培基质。经过3d的练苗，将植株根部的培养基洗净后移栽于无菌栽培基质中，控制温度为10～25℃，空气相对湿度为80%，避免阳光直射，待成活后移栽。

11.33　石蒜（*Lycoris radiata*）

石蒜又称野蒜、乌蒜、老鸦蒜、蒜头草、龙爪花，为石蒜科石蒜属多年生草本植物。叶带状，伞形花序，花鲜红色、白色或具白色边缘等。石蒜是重要的园林地被植物。繁殖一般在花后分球栽植，但鳞茎不宜每年采收，一般4～5年分栽一次，繁殖系数小。用鳞茎进行组织培养可达到快速繁殖的目的。

11.33.1　选材、灭菌和接种

材料：鳞茎。

取石蒜鳞茎，自来水下冲洗1～2h，于超净工作台中用75%酒精消毒15～20s，0.1% $HgCl_2$ 消毒10min，无菌水冲洗3～5次，小心剥去鳞片，取内部鳞芽接种于培养基上。

11.33.2　培养基及培养条件

11.33.2.1　生长培养基

MS+BA 2.0mg·L^{-1}+NAA 0.2mg·L^{-1}。

11.33.2.2　生根培养基

1/2MS+BA 0.1mg·L^{-1}+IBA 0.2mg·L^{-1}。

培养条件：培养温度25℃，光照强度1 500lx，光照时间14h·d^{-1}。

接种鳞芽于培养基上后约20d，鳞芽开始萌动生长，40d可诱导出健康的芽苗，将芽苗转接到生根培养基中，约20d后诱导出不定根，继续培养20d，茎基部生成约1cm的鳞茎。

11.33.3　移栽

石蒜喜阳，也耐半阴，喜湿润，耐干旱，宜排水良好、富含腐殖质的沙质壤土。移栽前在移栽环境中炼苗3～5d。然后移栽无菌苗于沙、珍珠岩或蛭石等基质中，覆盖塑料薄膜或搭设塑料

拱棚遮阴、保湿，温度保持25℃左右，空气湿度70% ~80%，待植株成活后进行正常管理。

11.34 花毛茛（*Ranunculus asiaticus*）

毛茛科毛茛属多年生宿根草本植物。株高20 ~40cm，地下具纺锤状小块根，常数个聚生于根颈部。茎单生，或少数分枝，有毛。基生叶有长柄，浅裂或深裂，裂片倒卵形，缘齿牙状，茎生叶无叶柄，2 ~3 回羽状深裂，叶缘齿状。花单生或数朵顶生，有重瓣、半重瓣，花有白、粉、红、黄、橙等色，花鲜艳夺目，园林地栽作花坛、花带，也可作盆栽或切花。

花毛茛用播种或分球法繁殖。播种繁殖不易保留母本优良性状，分球繁殖繁殖系数低。通过组织培养可以在短时期培育大量具母本优良性状的优质种苗。

11.34.1 选材、灭菌和接种

材料：种子。

挑选饱满的种子为初始离体培养材料，用70%酒精浸泡种子1min，再用0.1% $HgCl_2$ 溶液浸泡10min，无菌水冲洗4 ~5 次，用灭菌滤纸吸干种子表面水分，然后接种在MS 基本培养基上，待获得无菌苗后，以叶片、叶柄和带叶柄的完整叶为外植体诱导不定芽。

11.34.2 培养基及培养条件

11.34.2.1 体细胞胚诱导培养基

（1）MS +2,4 – D 1.0mg · L^{-1} +NAA 1.0mg · L^{-1} +6 – BA 2.0mg · L^{-1}。

（2）MS +2,4 – D 1.0 ~ 2.0mg · L^{-1}。

11.34.2.2 不定芽诱导培养基

（3）MS +6 – BA 1.5 ~2.5mg · L^{-1}。

（4）MS +6 – BA 2.0mg · L^{-1} +NAA 0.2 ~0.5mg · L^{-1}。

11.34.2.3 生根培养基

（5）1/2 MS +IBA 2mg · L^{-1}。

将叶片、叶柄外植体接种到（1）号培养基上，3 ~4 周后形成浅黄色、松散的愈伤组织。愈伤组织分割在（2）号培养基上培养4 周后，松散的愈伤组织转为质地紧密的组织结构，并逐渐分化出胚状体，将胚状体转接到MS 基本培养基上或在原培养基上均可发育成具根、茎、叶的完整植株。同时转接（1）号培养基中形成的愈伤组织于（3）号培养基上约1 个月可由愈伤组织分化出不定芽。

将完整叶正面朝上平铺或叶柄插入（4）号培养基中，从叶片和叶柄的过渡区可通过器官直接再生途径分化出不定芽。

不定芽接种于生根培养基中10 ~15d 可诱导出不定根。

培养条件：温度为（25 ±2）℃，光照强度为1 500lx，每天光照10 ~12h · d^{-1}。

11.34.3 移栽

花毛茛喜凉爽、湿润气候，不耐寒，忌高温、积水、干旱。以排水良好、肥沃疏松的砂质壤土为栽培基质。炼苗后移栽，控制移栽环境的温度和湿度，栽培基质以湿润为准，忌土壤过度水湿，否则易引起地下块根腐烂。

11.35 海芋（*Alocasiae macrorrhiga*）

又称滴水观音、观音芋、象耳芋、广东狼毒，为天南星科海芋属多年生常绿草本植物。茎肉质粗壮，皮茶褐色，叶大，盾状，着生于茎顶，阔卵形，先端短尖，基部广心状箭形，叶柄粗壮，基部扩大而抱茎。花佛焰苞形，由淡绿色转乳白色，穗状花长20cm左右，散发出白兰花的香味。浆果淡红色。

海芋多采用分株法进行繁殖。

11.35.1 选材、灭菌和接种

材料：芽。

选取生长旺盛、无病虫害的海芋为母株，并切取顶芽为外植体，用自来水冲洗30min，然后用75%酒精浸泡20s，无菌水漂洗3次，再用0.1% $HgCl_2$ 消毒5min，无菌水漂洗4~5次后，用灭菌纸吸干外植体表面水分，将芽外植体接种于诱芽培养基中。

11.35.2 培养基及培养条件

11.35.2.1 芽诱导培养基

（1）MS+6-BA 2.0mg·L^{-1}+NAA 0.5mg·L^{-1}。

11.35.2.2 增殖培养基

（2）MS+6-BA 5.0mg·L^{-1}+NAA 0.2~0.5mg·L^{-1}。

（3）MS+6-BA 3.0mg·L^{-1}+2,4-D 0.5mg·L^{-1}。

芽外植体在诱芽培养基上20d后顶芽开始萌动，并在伤口处形成愈伤组织，每20~30d转接愈伤组织到相同培养基上，约60d后可分化出不定芽。转接不定芽于增殖培养基中不定芽可分化出丛生芽并诱导出不定根。

培养条件：调整pH值至5.8，温度（25±1）℃、光照强度1 800lx、每天光照时间12h·d^{-1}。

11.35.3 移栽

移培养瓶于温室中炼苗3~5d，然后小心取出无菌苗，并洗掉附着的培养基，移栽于经灭菌的基质中。海芋为大型的喜阴观叶植物，喜温暖湿润及稍有遮阴的环境，因此移栽后应采取遮阴、喷雾等措施，保持土壤湿润并控制空气湿度达85%左右。待苗成活后适当喷施叶面肥，1个月后换盆，移栽成活率可达90%。

11.36 花叶芋（*Caladiurn bicolor*）

又称五彩芋，是天南星科花叶芋属多年生草本，具块茎，株高15~40cm。叶卵状三角形至心状卵形，自地下块茎直立簇生。叶色彩变化丰富，泛布各种斑点或斑纹，极为明艳雅致。佛焰苞白色，肉穗花序黄至橙黄色。

花叶芋可采用分株繁殖，但繁殖系数小，不能满足市场的需求。花叶芋通过组织培养可短期内培养出大量生长健壮、均匀一致的优质种苗。

11.36.1　选材、灭菌和接种

材料：嫩叶。

选择健壮、无病虫、叶面色彩明艳雅致的花叶芋作为母本，剪取新抽出的带叶柄叶片作为外植体，用含洗涤剂的水浸泡20min，然后用自来水冲洗10～20min；于超净工作台中，用75%酒精灭菌20s，无菌水冲洗3次；然后用0.1% $HgCl_2$ 消毒5min，无菌水冲洗3～5次，将叶和叶柄切成小块或小段接种于培养基上。

11.36.2　培养基及培养条件

分化培养基

（1）MS＋BA 2.0～4.0mg・L^{-1}＋NAA 0.6～1.0mg・L^{-1}。

（2）MS＋BA 2～4mg・L^{-1}＋NAA 0.5mg・L^{-1}。

（3）MS＋6－BA 0.5～0.5mg・L^{-1}＋KT 0.5～l.5mg・L^{-1}。

（4）MS＋6－BA 1.0mg・L^{-1}。

培养条件：培养温度26～28℃、光照强度1 500～2 000lx。

外植体接种于（1）号培养基10d后，在叶、叶柄伤口处形成愈伤组织，25～30d在愈伤组织表面分化出不定芽。将愈伤组织分割成小块转接到（2）号培养基中可形成小米粒般大小的胚状体，继代培养1个月后，胚状体分化出具根、茎、叶的完整植株。而转接愈伤组织到（3）号、（4）号培养基上可继续分化出大量不定芽。

11.36.3　移栽

花叶芋喜凉爽湿润气候，生长适温20～28℃，极不耐寒，不耐盐碱和瘠薄，忌阳光暴晒，因此选肥沃、富含有机质、疏松透气性好的腐殖质土壤为栽培基质。移栽前选根、茎粗壮的瓶苗移置温室或荫棚下封口炼苗3～5d，然后开口炼苗2～3d，使瓶苗适应移栽地环境后将苗移出，洗净根部培养基，移植到无菌的基质中，注意遮阴和控制移栽场所温度为20～28℃、空气湿度为80%左右，待苗成活后可行移栽。

11.37　喜林芋（*Philodendron erubescens*）

喜林芋为天南星科喜林芋属多年生蔓性植物，是目前流行的室内装饰植物之一，有红宝石喜林芋、绿宝石喜林芋、绿帝王喜林芋等。常规繁殖采用带芽茎段扦插，繁殖速度慢。采用组织培养技术，以带芽茎段为外植体，通过愈伤组织途径分化不定芽，并对不定芽进行增殖培养，短期内可迅速获得大量无菌苗，从而实现大规模繁殖。

11.37.1　选材、灭菌和接种

材料：顶芽、侧芽。

取喜林芋的顶芽或侧芽为外植体，流水冲洗10～30min左右，用75%酒精灭菌15～20s，然后用0.1% $HgCl_2$ 溶液消毒8min，无菌水冲洗3～5次，然后接种于培养基上。

11.37.2　培养基及培养条件

11.37.2.1　诱芽培养基

（1）MS＋6－BA 3.0mg・L^{-1}＋NAA 0.2mg・L^{-1}。

(2) MS + BA 5.0mg · L^{-1} + NAA 0.2mg · L^{-1}。

11.37.2.2 继代培养基

(3) MS +6 - BA 2.0mg · L^{-1} + NAA 0.2mg · L^{-1}。

11.37.2.3 增殖培养基

(4) MS +6 - BA 2.0mg · L^{-1} + NAA 0.1mg · L^{-1}。

(5) MS +6 - BA 2.0 ~2.5mg · L^{-1} + NAA 0.15mg · L^{-1}。

11.37.2.4 生根培养基

(6) 1/2 MS + NAA 0.2mg · L^{-1}。

(7) MS + NAA 0.2mg · L^{-1}。

(8) 1/2 MS。

培养条件：培养温度（26 ±2)℃，光照 10 ~12h · d^{-1}，光照强度 2 000lx。

将顶芽或侧芽接种于诱芽培养基上，不同喜林芋在不同培养基上诱导效果不同，其中绿帝王接种于培养基（1）号上，约 10d 时间伤口处膨大开始形成愈伤，约 40d 愈伤组织分化出不定芽。接种愈伤组织于继代培养基上（3）号培养基上，愈伤组织形成新的愈伤组织，并分化出大量的不定芽。绿宝石喜林芋接种于（2）号培养基上，约 14d 时顶芽或侧芽萌动，且伤口处有愈伤组织生成，继续培养 1 个月后，愈伤组织分化出不定芽。接种不定芽于增殖培养基（4）号、（5）号中可获得增殖，增殖速度为每月 6 ~8 倍。

继代培养基或增殖培养基中分化的不定芽生长较细弱，转接于生根培养基中诱导生根同时达到壮苗的目的。不定芽于生根培养基中约 10d 左右分化出不定根，一个月时形成健壮的根系，根长 1 ~2cm，此时可进行移栽。

11.37.3 移栽

移培养瓶于温室中，炼苗 2 ~3d，取出无菌苗洗净培养基，移栽于经灭菌的栽培基质中，遮阴使光照为 10% ~20%，并覆盖塑料薄膜或间断性喷雾，保持空气湿度为 90%，成活率达 90% 以上。

11.38 非洲紫罗兰（*Saintpaulia ionantha*)

非洲紫罗兰又名非洲堇，为苦苣苔科常绿草本花卉。叶莲座状、卵圆形、全缘。花梗自叶腋间抽出，花茎红褐色，花单朵顶生或交错对生。花色鲜艳，有深紫罗兰色、兰紫色、浅红色、粉红、红色、白色、青白和复色等色，单瓣或重瓣，花期长。非洲紫罗兰品种繁多，是观赏价值较高的小型盆栽花卉。采用组织培养方法可以快速繁殖非洲紫罗兰。

11.38.1 选材、灭菌和接种

材料：种子或带柄叶片。

无菌培养体系可以通过种子无菌培养或对带柄叶片进行灭菌获得无菌培养体系。

种子无菌培养：用自来水洗净种子，滤纸吸干水分，70% 酒精浸泡 30s，0.1% $HgCl_2$ 灭菌 12min，无菌水冲洗 3 次，然后接种于 MS 培养基上。待发芽后，取生长健壮无菌苗叶片为外植体，并切成 0.5cm^2 的小块接种于分化培养基中。

带柄叶片无菌培养：将带柄小叶片放入清水中冲洗 3 ~5min，无菌条件下用 75% 的酒精浸泡

20s，0.1%的 $HgCl_2$ 灭菌7～12min，无菌水漂洗3次，然后将叶片切成0.5cm^2 的小块，叶柄切成0.5～1cm左右的切段，接种于分化培养基中。

11.38.2 培养基及培养条件

11.38.2.1 分化培养基

（1）MS+BA 1.0 mg·L^{-1}+NAA 0.1～0.2 mg·L^{-1}。

11.38.2.2 增殖培养基

（2）MS+BA 1.0 mg·L^{-1}+NAA 0.2 mg·L^{-1}。

11.38.2.3 伸长培养基

（3）MS+BA 0.1 mg·L^{-1}+NAA 0.1 mg·L^{-1}。

（4）MS+BA 0.2～0.5mg·L^{-1}+NAA 0.1 mg·L^{-1}+GA_3 0.3mg·L^{-1}。

11.38.2.4 生根培养基

（5）MS。

（6）MS+NAA 0.1～0.2 mg·L^{-1}。

培养条件：培养温度25～30℃、光照强度1 500～4 000lx，光照时间14h·d^{-1}。

叶片、叶柄外植体接种于不定芽分化培养基上，随培养天数增加，逐渐诱导出愈伤组织和不定芽，其中叶片比叶柄诱导效果好，诱导时间短、增殖率高。同时在同一培养基上，不同品种形成不定芽的能力有差异，即基因型决定了不同品种不定芽再生能力的差异。因此应对优良品种进行最佳配方的筛选。不定芽在（2）号培养基中进行增殖获得丛生芽，但丛生芽高生长缓慢，可转接到（3）号、（4）号培养基上，不定芽伸长生长迅速，并发育成健壮小苗。

剪取健壮茎段或分离不定芽，并转接到生根培养基中10～15d后，可诱导获得不定根。

11.38.3 生根及移栽

无菌苗在生根培养基中培养20～30d后进行移栽。移栽前对组培苗进行炼苗，首先把未开口的组培苗移入温室1周左右，然后去掉封口膜炼苗2～3d，选没有玻璃化现象的生长健壮小苗进行移栽。移栽前认真洗去根部培养基，并选疏松、透气性好、腐殖质含量较高的基质作移栽基质。组培苗移栽后不宜浇水过多，保持气温26℃左右、空气湿度约90%。尽可能使移栽初期温度、湿度与培养室内温、湿度相近，待苗长出新叶，移栽苗成活后，逐渐增加浇水量和光照，但忌阳光直射。当苗高6～8cm并有5～10片叶时可移入较美观的花盆内，养护至开花。应注意在整个过渡及栽培过程中都要避免太阳直射，否则会引起叶片灼伤、枯死等影响盆花的观赏性状。同时还要注意保持较高的空气湿度，移栽前期多施氮肥，现蕾后增施磷、钾肥。

11.39 金线莲（*Anoectochilus Formosahus*）

别名金线兰、金丝草，为兰科花叶兰属多年生植物。株高8～20cm，根茎细软，茎圆筒形，先端直立，基部成匍匐状，茎节明显。叶椭圆形、互生具柄，墨绿色叶表面有金黄脉网，叶背淡紫红色。花总状花序，花序梗长8～13cm，花苞片淡紫色，卵状披针形。

金线莲是观赏价值较高的室内观叶植物，自然条件下长在林下潮湿沟边地带，喜阴凉、通气性好、土壤腐质肥厚地带，近年来由于生态环境的破坏及人为大量采集，导致野生数量日益减少，目前国内有性繁殖还有一定困难，限制了金线莲的规模化生产，利用组织培养可以加大金线莲的繁殖过程和打破自然环境对金线莲繁殖栽培的限制。

11.39.1 选材、灭菌和接种

材料：茎段。

取无病虫害、生长健壮的茎段为外植体，用自来水冲洗外植体 15～30min，用75%酒精灭菌 20～30s，灭菌水冲洗3次；然后用0.1% $HgCl_2$ 溶液灭菌5～8min，用灭菌水冲洗3～5次，用滤纸吸干外植体；然后将茎段切成1～2cm长的带芽茎段，接种于培养基中。

11.39.2 培养基及培养条件

11.39.2.1 诱芽培养基

（1）Ar +6－BA 1.0～4mg·L^{-1} +KT 0.5～1.0mg·L^{-1} +IBA 0.5～1.0mg·L^{-1} +NAA 0.4～0.8mg·L^{-1} +Ad5。

（2）MS +6－BA 1.0mg·L^{-1} +ZT 0.02mg·L^{-1} +NAA 0.1mg·L^{-1}。

11.39.2.2 增殖培养基

（3）MS +6－BA 3.0mg·L^{-1} +NAA 0.1mg·L^{-1}。

（4）MS +6－BA 3.5mg·L^{-1} +KT 1.5mg·L^{-1} +NAA 0.6mg·L^{-1}。

11.39.2.3 生根培养基

（5）MS +IBA 5mg·L^{-1}。

培养条件：培养温度（25±1）℃，光照强度1 200lx，光照时间12h·d^{-1}。

将茎段接种于诱芽培养基中约20d有腋芽萌发和新的丛生芽生成。将不定芽或茎段外植体接种于增殖培养基中进行增殖，增殖系数达3～6。金莲花幼嫩茎段在生根培养基中约10～15d可诱导生成不定根。

11.39.3 生根及移栽

金莲花性喜阴凉、潮湿环境，温度要求18～20℃，光照约为正常日照的1/3，忌阳光直射。因此移栽时应严格控制移栽地的生态环境。移栽前将培养瓶移至温室或散射光下封口炼苗1周，然后开口炼苗3d左右，取出无菌苗，用0.3%的高锰酸钾浸泡灭菌后移栽于蛭石和木屑等栽培基质中，待苗成活后定植培养。

11.40 绿巨人（*Spathiphyllum floribundum*）

又称绿巨人白掌、大叶白掌、白掌、苞叶芋，为天南星科苞叶芋属多年生常绿阴生草本观叶植物。绿巨人茎较短而粗壮，多为丛生状，少有分蘖，叶片长圆形或近披针形，叶色浓绿。花由白色的苞片和黄白色的肉穗所组成，白色或绿色，酷似手掌，高出叶面。

绿巨人可采用分株和播种繁殖。分株法繁殖是通过破坏其生长点，促其产生分蘖芽，然后于春季结合换盆或秋后切取分蘖芽扦插。播种法可于种子成熟后随采随播。分株繁殖法繁殖系数低，播种繁殖生产周期长，且易发生变异。通过离体培养可以在短时间内向市场提供大量生长健壮整齐一致的种苗。

11.40.1 选材、灭菌和接种

材料：带芽茎段、叶片、叶柄、花序。

取带芽幼嫩茎段、带柄叶片和幼嫩花序为外植体，流水冲洗 10～20min，然后用 $HgCl_2$ 或 20% 次氯酸钠消毒 3～8min，于超净台中取 2mm 茎尖，把茎尖和叶柄分别接种到适宜的培养基中。

以幼嫩花序为外植体时，最好在苞片尚未打开时取材，此时花序处于幼嫩状态，容易诱导不定芽分化，同时有苞片包被可适当延长消毒时间而不损失花序，提高离体培养的工作效率。

11.40.2　培养基及培养条件

11.40.2.1　启动培养基

（1）1/2 MS＋6－BA 0.1mg·L^{-1}＋IAA 0.3mg·L^{-1}（茎尖）。

11.40.2.2　分化培养基

（2）MS＋6－BA 0.5mg·L^{-1}＋NAA 0.5mg·L^{-1}（茎尖）。

（3）MS＋6－BA 3.0 mg·L^{-1}＋NAA 0.2～0.5 mg·L^{-1}（茎尖）。

（4）MS＋6－BA 5.0mg·L^{-1}＋NAA 0.5mg·L^{-1}（叶片）。

（5）MS＋6－BA 3.0mg·L^{-1}＋2,4－D 0.5mg·L^{-1}（叶柄）。

（6）MS＋6－BA 1.0mg·L^{-1}＋NAA 2.0mg·L^{-1}＋2,4－D 1.0mg·L^{-1}（叶柄）。

（7）MS＋6－BA 5.0mg·L^{-1}＋2,4－D 0.5mg·L^{-1}（幼花序）。

11.40.2.3　继代和芽增殖

（8）MS＋BA 2.0mg·L^{-1}＋NAA 0.2mg·L^{-1}。

11.40.2.4　生根培养基

（9）1/2 MS＋6－BA 0.1mg·L^{-1}＋IBA 0. 5mg·L^{-1}。

（10）1/2 MS＋NAA 0.2mg·L^{-1}＋IBA 0.2mg·L^{-1}。

（11）1/2 MS＋NAA 0.5mg·L^{-1}。

（12）1/2 MS＋NAA 0.1～0.5＋IBA 1.0mg·L^{-1}。

（13）MS＋NAA 0.5 mg·L^{-1}＋AC 0.2mg·L^{-1}。

幼花序胚状体的诱导则以 0.5mg·L^{-1}2,4－D＋5.0mg·L^{-1} 6－BA。

培养条件：培养温度 28～30℃，光照 12h·d^{-1}，光照强度 2 000lx。

茎尖接种于（1）号启动培养基 20d 后，外植体芽开始萌动，伤口处形成愈伤，愈伤组织转接到分化培养基（2）号上，愈伤组织分化出大量不定芽，或接种于（3）号培养基愈伤组织增殖并分化不定芽。

叶片、花序适宜的分化培养基分别为（4）号、（7）号培养基，（5）号、（6）号培养基适宜诱导叶柄再生不定芽。以上培养基中添加 0.2% PVP 防止离体培养物褐变。

切取不定芽并接种于生根培养基中，两周后有不定根生成，生根率达 100%。

11.40.3　移栽

选健壮无菌苗于温室中过渡培养 2～4d，开口练苗一周，取出无菌生根苗，洗净根部培养基，移入经灭菌的疏松、排水和通气性好的栽培基质中。绿巨人喜温暖湿润、半阴的环境，畏寒忌阳光暴晒和干燥，因此缓苗期间注意遮阴并增加空气湿度。冬季移苗应注意防寒保温，长期低温及潮湿易引起根部腐烂、地上部分枯黄。组培苗初次移栽可先种植于塑料盆中，待长至 4～5 片叶时分栽，按常规栽培管理。

11.41 长生花（*Sempervivum tectorum*）

又称佛座莲、观音座莲，为景天科长草属多年生常绿多肉植物。植株呈低矮的丛生状，叶片螺旋状排列成莲座状，肉质叶匙形或长倒卵形，顶端尖，叶表面被有白粉，叶色灰绿、黄绿、深绿、红褐色等，叶尖绿色、红色、褐色或紫色，叶缘具细密锯齿。夏天开花，小花星状，红色或粉红色。自然条件下难采集长生花种子，且其幼苗生长慢，叶片扦插、分株繁殖均存在繁殖系数低的缺点，组织培养为长生花的繁殖提供了一条新的途径。

11.41.1 选材、灭菌和接种

材料：叶。

从生长健壮无病虫害的植株上选取幼嫩叶片为外植体，流水洗净表面污物，超净工作台中用70%乙醇浸泡5~10s，无菌水冲洗3次；再用0.1% $HgCl_2$ 溶液消毒6min，无菌水漂洗3次，无菌滤纸吸干叶片表面的水分，把材料分割成0.5~1.0cm^2 大小的叶切块，接种于培养基中。

11.41.2 培养基及培养条件

11.41.2.1 愈伤组织诱导培养基

（1）MS+2,4-D 2.0mg·L^{-1}+6-BA 2.0mg·L^{-1}。

11.41.2.2 分化培养基

（2）MS+6-BA 2.0mg·L^{-1}+NAA 0.2mg·L^{-1}+GA_3 0.4mg·L^{-1}。

11.41.2.3 继代增殖的培养基

（3）MS+6-BA 1.0mg·L^{-1}。

11.41.2.4 生根培养基

（4）1/2 MS+NAA 0.2mg·L^{-1}+IAA 1.0mg·L^{-1}。

培养条件：培养温度为（25±2）℃，光照强度为1 500~2 500lx，光照时数14h·d^{-1}。

叶片外植体接种于愈伤组织诱导培养基中，于伤口边缘产生愈伤组织，切割愈伤组织并转接到分化培养基上诱导不定芽的分化，并转接不定芽于增殖培养基中，不定芽获得增殖，增殖系数为7.5。长生花在离体培养过程中容易出现玻璃化现象，采用增加光照强度、降低培养温度、增加培养基中蔗糖和琼脂含量及加入青霉素等措施可以防止玻璃化苗现象。

不定芽于生根培养基中培养约15d有不定根生成，但与其他观赏植物不同的是长生花只有秋冬季才能诱导出根。

11.41.3 移栽

移栽前挑选生长健壮的无菌苗置温室开瓶炼苗3~5d，然后小心取出无菌苗，用水洗净根部培养基，栽入珍珠岩或蛭石中。长生花喜阳光充足和凉爽干燥的环境，缓苗期注意保持空气流通、遮阴，并控制空气湿度为80%左右，15d后开始长出新根，此时可逐渐增加光照，并开始施肥，1个月后可换盆栽培养护。

11.42 仙人掌（*Opuntia ficusindica*）

仙人掌是仙人掌科仙人掌属的多年生常绿草本，呈灌木或乔木状，顶端多分枝。茎圆柱状，

茎节长椭圆形，肥厚、肉质。黄褐色短针刺。花着生茎节的上部，花被短漏斗形。繁殖常采用扦插、播种、分株或嫁接方法。但扦插、分株、嫁接繁殖速度慢，数量有限，播种繁殖容易引起遗传特性发生变异。一些新品种采用常规方法繁殖种苗较为困难。通过组织培养可以大规模繁殖仙人掌，并避免了播种繁殖带来的不利因素。

11.42.1　选材、灭菌和接种

材料：幼嫩茎段、幼叶。

将幼嫩仙人掌从母株上切下，流水冲洗 30min，超净工台中用 70% 酒精浸泡 30s；再用 0.1% $HgCl_2$ 消毒 9min，无菌水漂洗 5 次，切除伤口部分，分割茎段接种于诱芽培养基中。

11.42.2　培养基及培养条件

11.42.2.1　诱芽培养基

MS + BA 5.0mg · L^{-1} + IBA 0.1mg · L^{-1}。

11.42.2.2　生根培养基

MS。

培养条件：培养室温度为 (25 ±2)℃，光照强度 2 000 ~4 000lx，光照时间 12h · d^{-1}。

接种幼嫩仙人掌于诱芽培养基上，新芽按照芽生芽途径生成，并于伤口处生成松散状愈伤组织，但未分化出不定芽。同时接种幼叶于诱芽培养基上，伤口处同样有愈伤组织形成，并有不定芽生成。将不定芽等接种于同种培养基上继代增殖，一周后在基部叶腋处生成新芽，增殖系数为 8。

将芽转入生根培养基，10d 左右生根，生根率 100% ，15d 就可长成发育健康完整的植株。

11.42.3　移栽

移栽前对仙人掌无菌苗进行炼苗。因仙人掌为多浆植物，应选择通水透气性比较好的栽培基质如蛭石、珍珠岩、沙等，并对其进行消毒。取出无菌苗洗净基部培养基，移栽入灭菌基质中，注意遮阴并保持基质湿润，忌积水。待移栽成活后逐渐增加光照，后期可给与直射光照，浇水遵循见干见湿的原则，否则易烂根，影响移栽成活。

第12章　常见木本园艺植物组织培养技术

12.1　富贵榕（*Ficuselastica Roxb.*“*Schryveriana*”）

富贵榕是桑科榕属多年生木本植物。叶革质，叶面上有金黄色斑纹，十分美观。富贵榕常规繁殖主要靠扦插，组织培养可在短时间内扩繁大量无菌苗，解决目前苗源紧张的问题。

12.1.1　选材、灭菌和接种

植物材料：茎尖、带芽茎段。

以茎尖或带腋芽的茎段为外植体，去叶片后于自来水下冲洗干净，然后用70%酒精中浸泡30s，0.1% $HgCl_2$ 溶液消毒10min，无菌水冲洗4~5次。切掉顶芽基部或茎段两端的伤口褐化部分，按植物极性接种于培养基中。

12.1.2　培养基及培养条件

12.1.2.1　诱导培养基

（1）MS+6-BA 1.0mg·L^{-1}+NAA 0.2mg·L^{-1}。

12.1.2.2　继代、增殖培养基

（2）MS+6-BA 0.2mg·L^{-1}+NAA 0.05mg·L^{-1}。

（3）MS+6-BA 0.1mg·L^{-1}+NAA 0.05mg·L^{-1}。

12.1.2.3　生根培养基

（4）MS+NAA 0.5mg·L^{-1}。

接种茎尖或带芽茎段于诱芽培养基中，约10d顶芽或腋芽开始萌动。切取茎段于继代、增殖培养基中，约40d为一增殖周期，增殖系数为3~4，将无菌芽苗转入生根培养基中诱导生根，约20d每株生成4~6条完整根系，生根率100%。

培养条件

12.1.3　生根及移栽

茎段在生根培养基中培养30d后可进行移栽。首先在自然光照下封口炼苗10d，然后开口炼苗3d，取出生根试管苗，洗净根部培养基，栽入经灭菌的由泥炭土和珍珠岩、蛭石、沙等的混合基质中。注意遮阴和保持高的空气湿度，1个月后可移栽或定植，成活率达95%以上。

12.2　欧洲七叶树（*Aesculus hippocastanum*）

七叶树科七叶树属落叶乔木。欧洲七叶树树体高大雄伟，树冠宽阔，绿荫浓密，花序美丽，在欧美广泛作为行道树及庭院观赏树。叶掌状，5~7片小叶。白花，顶生圆锥花序长约30cm，花径约2cm。

欧洲七叶树用播种法繁殖，但种子属顽拗型种子，不耐失水和低温，失水或水分过多均易使种子丧失发芽力，播种前期易遭鼠害等危害。离体培养为欧洲七叶树的繁殖提供一条新的途径，一定程度上提高欧洲七叶树的繁殖率，对这一优良树种的扩繁及园林应用有一定意义。

12.2.1　选材、灭菌和接种

材料：成熟种子的胚芽。

对欧洲七叶树种子进行消毒，然后于恒温箱或播种床中使其萌发，当突出种皮的部分达到2~3cm时将其切下（其内包含胚芽）。超净工作台中用75%的无水乙醇浸泡15~20s，0.1% $HgCl_2$ 消毒5~8min，期间不断摇动消毒液，然后用无菌水冲洗5~6次，无菌滤纸吸干表面水分，取出胚芽，接种于MS培养基中。

12.2.2　培养基及培养条件

12.2.2.1　分化培养基

（1）MS+6-BA 0.6mg·L^{-1}+NAA 0.1mg·L^{-1}。

（2）MS+ZT 0.4~0.6mg·L^{-1}+NAA 0.1mg·L^{-1}。

12.2.2.2　壮苗培养基

（3）MS+6-BA 0.2mg·L^{-1}+NAA 0.1mg·L^{-1}+维生素C 1.0~2.0 g·L^{-1}+Ad 10mg·L^{-1}。

12.2.2.3　生根培养基

（4）1/2 MS+NAA 0.4mg·L^{-1}+IBA 0.2mg·L^{-1}。

培养条件：pH值为5.75、蔗糖3%、琼脂0.64%。

接种灭菌胚芽于MS培养基中，胚芽迅速伸长，同时复叶展开。20d后转接胚芽于分化培养基中诱导分化不定芽，其中培养基（1）号中的外植体10d左右可观察到幼苗基部开始膨大，有绿色瘤状突起生成，18d左右开始分化出不定芽。而培养基（2）号中的外植体接种6d后幼苗基部即形成绿色瘤状突起，14d时有不定芽形成。分化培养基中形成的不定芽生长细弱，叶色淡绿，不宜直接诱导生根，在（3）号壮苗培养基中进行壮苗培养，约1个月后获得叶色浓绿的健壮无菌苗。

经壮苗培养的不定芽转接到生根培养基中，约15d后基部开始出现白色瘤状的根原基，由根源基部位诱导获得粗壮的根，生根率约78%。待无菌苗的根长至5cm左右时可进行移栽。

12.2.3　移栽

置培养瓶于温室中适应1周左右，然后开口炼苗3~4d，用镊子从培养瓶中取出无菌苗，洗净基部培养基，移入湿润的栽培基质中，并覆盖遮阴网和薄膜。移栽的第1周是移栽成活的关键时期，此时应注意保持较高的空气湿度和适宜的土壤湿度。待无菌苗根系开始活动、地上部分长出新叶时，去掉薄膜，并逐渐增加光照强度。约25d后可移植于大田中或上盆养护。

12.3　一品红（*Euphorbia pulcherrima*）

一品红是大戟科大戟属常绿或半常绿灌木。茎光滑，含白色乳汁，嫩枝绿色，老枝淡绿色或灰褐色。单叶互生，卵状椭圆形至阔叶披针形，花小，顶生的杯状花序呈聚伞状排列。花序下的叶片较狭，呈苞片状，色彩鲜明，有鲜红色、白色、淡黄色和粉红色。

一品红是目前流行的盆栽花卉之一。一品红的繁殖主要采用扦插法，繁殖速度慢，一些优良品种引种初期的推广、繁殖易受到繁殖材料的限制，有些品种如矮生型品种扦插生根困难，不能适应规模化生产的需要。应用组织培养技术只需少量材料就可在短时间内快速繁殖并获得大量种苗。

12.3.1 选材、灭菌和接种

材料：选取株型丰满、生长健壮、无病虫害、观赏价值高的品种为母株，温室中精心管理。以其幼嫩茎段、茎尖或近茎尖充分展开的幼嫩叶片为外植体，流水冲洗约 3 ~ 5min，在超净工作台中用 75% 的酒精消毒 30s，0.1% $HgCl_2$ 浸泡 2min，无菌水冲洗 2 次，然后用 0.1% $HgCl_2$ 或 20% 次氯酸钠消毒 5min，无菌水冲洗 3 次。然后将嫩茎或叶片小块接种于培养基上。

12.3.2 培养基及培养条件

12.3.2.1 诱导愈伤组织培养基

（1）MS + 2,4 – D 1.5mg · L^{-1} + BA 0.1mg · L^{-1} + NAA 0.1mg · L^{-1}。

（2）MS + BA 3.0 ~ 8.0mg · L^{-1} + NAA 1.0mg · L^{-1}。

（3）MS + BA 1.0 ~ 2.0mg · L^{-1} + NAA 0.02 ~ 0.1mg · L^{-1}。

12.3.2.2 分化培养基

（4）MS + BA 2.0mg · L^{-1} + NAA 0.01 ~ 0.05mg · L^{-1}。

（5）MS + BA 4.0mg · L^{-1} + NAA 1.0mg · L^{-1}。

12.3.2.3 壮苗培养基

（6）MS + BA 0.5mg · L^{-1} + NAA 0.3mg · L^{-1}。

（7）MS + BA 0.5mg · L^{-1} + NAA 0.15mg · L^{-1}。

（8）MS + ZT 0. 8mg · L^{-1} + IBA 0. 5mg · L^{-1}。

12.3.2.4 生根培养基

（9）1/ 2MS + NAA 0.2mg · L^{-1}。

（10）MS + NAA 0.5mg · L^{-1}。

培养条件：上述培养基均含有蔗糖 3%，琼脂 7g · L^{-1}，pH 值为 5.8 ~ 6.0，光照时间 15 ~ 16h · d^{-1}，光照强度 2 000lx，温度（22 ± 2）℃。

接种于（1）号培养基上的叶片或嫩茎外植体培养约 25d，外植体形成大量红色或浅绿色愈伤组织。把愈伤组织接种于分化培养基（4）号中，约 5 周后逐渐分化大量丛生芽。而接种于（2）号培养基中的叶片外植体形成白色致密的愈伤组织，转接愈伤组织于（5）号培养基中可以分化大量的不定芽。将这些丛生芽接种到壮苗培养基（6）号 ~（8）号上，丛生芽发育成健壮的无菌苗。

同时对一品红也可进行暗培养，如曹鹏等把茎段外植体接种于培养基（3）号中进行暗培养，5 ~ 7d 后在切口处产生白色、淡黄色及淡绿色的愈伤组织，30d 后愈伤组织表面出现大量绿色瘤状突起，整块愈伤组织呈花菜状，且部分颜色变红，并分化出不定芽。将愈伤组织和不定芽转接于培养基（8）号中，约 7d 后不定芽伸长，切割不定芽并转接到新的培养基（8）号中进行继代培养，在短期内可扩繁大量不定芽。

选取健壮丛生芽转入生根培养基，10 ~ 15d 诱导出不定根。

12.3.3　移栽

选取健壮的无菌苗，并转至温室或散射光下封口炼苗3d，然后打开瓶口炼苗2～3d，将幼苗取出，小心洗去根部附着的培养基，移入经高温消毒的蛭石、珍珠岩、沙等栽培基质中，空气湿度保持80%，温度20～25℃，移苗前期注意遮阴保湿，经3周后形成良好根系，以后逐渐增加光照和通风，30d后可进行正常的水分、温度及施肥等管理。

12.4　叶子花（*Bougainvillea glabra*）

叶子花又名三角梅、九重葛、毛宝巾，为紫茉莉科叶子花属常绿藤状或灌木植物，原产巴西。老枝褐色，小枝青绿，长有针状枝刺。单叶互生，卵状或卵圆形，全缘。花小，淡红色或黄色，常3朵簇生在纸质的苞片内，苞片有紫、红、橙、白等色，为叶子花的主要观赏部位。叶子花是重要的观赏花卉和园林地被植物。

12.4.1　选材、灭菌和接种

材料：茎尖、带芽茎段。

外植体用10%的洗衣粉水浸泡5min，然后用自来水冲洗干净。无菌条件下用70%的酒精浸泡30s，然后用0.1%的$HgCl_2$消毒5～8min，无菌水冲洗4～5次。将茎尖、茎段分别切成0.5～1cm长的带芽小段，接种于培养基中。

12.4.2　培养基及培养条件

12.4.2.1　诱芽培养基

（1）MS+6-BA 0.5 $mg \cdot L^{-1}$ +NAA 0.05 $mg \cdot L^{-1}$。

（2）MS+6-BA 2.0 $mg \cdot L^{-1}$ +NAA 0.5 $mg \cdot L^{-1}$。

（3）MS+6-BA 2.0 $mg \cdot L^{-1}$ +NAA 1.0 $mg \cdot L^{-1}$。

12.4.2.2　增殖培养基

（4）MS+6-BA 0.5 $mg \cdot L^{-1}$ +NAA 0.05 $mg \cdot L^{-1}$。

12.4.2.3　生根培养基

（5）1/2 MS+BA 1.0 $mg \cdot L^{-1}$ +IAA 1.0 $mg \cdot L^{-1}$ +NAA 0.2 $mg \cdot L^{-1}$。

（6）1/2 MS+NAA 0.3 $mg \cdot L^{-1}$。

培养条件：培养基中附加3%蔗糖，8%琼脂，pH值为5.8，温度为（27±2）℃，光照时间24$h \cdot d^{-1}$，光照强度1 000lx。

将茎尖、带芽茎段接种到诱芽培养基上，3种诱芽培养基均能诱导顶芽和腋芽萌发与生长，一般在接种后6～7d顶芽或腋芽开始萌动，20d后形成了生长良好的无根苗，无根苗诱导率为60%～86%，同时在伤口处产生颗粒状、松散的淡绿色愈伤组织，但愈伤组织均未诱导出不定芽。将萌发的腋芽或顶芽切成带芽茎段接种于增殖培养基上，增殖系数为2～3。

离体培养中叶子花不定芽较难生根，不定芽在于生根培养基中培养20d左右，于茎段底部长出不定根，生根率为66%～80%。

12.4.3　移栽

移栽前对生根无菌苗进行炼苗，然后洗净生根苗基部的培养基，移栽到经过灭菌的栽培基质中，搭设塑料棚并加遮阳网进行遮阴保湿，控制光照强度在 10 000lx 以下，空气湿度 85%，温度最高不超过 35℃，4 ~5 周即可成活，然后进行常规管理。

12.5 月季（*Rosa chinensis*）

月季为蔷薇科蔷薇属常绿或半常绿灌木或藤本。具钩状皮刺，羽状小叶 3 ~5 枚，花常数朵簇生或单生，粉红、浅黄、橙黄、纯白等色。生产中繁殖以嫁接，扦插为主，常用的嫁接砧木有野蔷薇、粉团蔷薇、"白玉棠"（蔷薇）等。而新品种及一些扦插难以生根的品种则采用组织培养繁殖，可以在短期内迅速获得大量种苗，对新品种及优良品种的推广有积极意义。同时建立月季不定芽再生系统是通过基因工程改良现有月季的前提，通过组培途径及遗传转化获得转基因月季株系，结合传统的杂交育种等手段，有望从中筛选并获得具优良特性的新品种。

12.5.1 选材、灭菌和接种

材料：带芽茎段。

春季枝条萌动期从生长健壮、观赏性高的植株上选取幼嫩茎尖为外植体，用含洗涤剂等的水溶液冲洗外植体 30min，自来水冲洗表面，然后将茎尖剪成 1 ~2cm 长的带芽小段。于超净工作台中用 75% 酒精浸泡 30s，无菌水冲洗 1 ~2 次；最后用 0.1% $HgCl_2$ 溶液消毒处理 8 ~10min 或用次氯酸钠灭菌 10min 左右，用无菌水冲洗 4 ~5 次，接种于培养基中。

12.5.2 培养基

12.5.2.1 诱芽培养基

（1）MS + BA 3.0mg · L^{-1} + NAA 0.15mg · L^{-1}。

（2）MS + BA 0.5mg · L^{-1}。

（3）MS + BA 2.0mg · L^{-1} + KT 0.2 mg · L^{-1} + NAA 0.1 ~0.2 mg · L^{-1}。

12.5.2.2 增殖培养基

（4）MS + BA 3.0 mg · L^{-1} + IAA 0.15 mg · L^{-1}。

（5）MS + BA 1.0 ~3mg · L^{-1} + NAA 0.1mg · L^{-1}。

（6）MS + BA 0.5 ~1mg · L^{-1} + KT 0.2 mg · L^{-1} + NAA 0.05 mg · L^{-1}。

12.5.2.3 壮苗培养基

（7）MS + BA 0.1 ~ 0.2mg · L^{-1} + NAA 0.1mg · L^{-1}。

12.5.2.4 生根培养基

（8）1 /2 MS + IBA 0.2 ~ 0.5mg · L^{-1}。

将灭菌后的外植体按极性方向接种到诱芽培养基上诱导腋芽萌发，约 10d 芽开始萌动，15d 后可看到明显的腋芽生长，20 ~30d 可将腋芽萌发的枝条剪切到增殖培养基中进行增殖培养，不同月季品种最佳的增殖培养基不同，如（4）号、（5）号培养基分别适合萨蔓莎、伊丽莎白等的增殖培养，在进行月季规模化生产时需对不同品种进行最佳增殖培养基的筛选试验。增殖培养基上的无菌苗生长矮小、瘦弱，将其接种于壮苗培养基上 20 ~30d 可长成健壮大苗。

将丛生芽接种于生根培养基中，10 ~15d 开始生根，一个月发育为健壮的生根苗。

12.5.3 生根及移栽

选择已经长根或形成根原基的无菌苗进行移栽，温室中炼苗 2 ~5d，然后取出无菌苗并洗去根部琼脂，移至盛有珍珠岩、草炭、蛭石与细沙等通透性较好的栽培基质中，移植后浇水使基质保持湿润但不积水，遮阴、覆盖薄膜或定时喷雾保持较高的空气湿度。

12.6 金边瑞香（*Daphone odora varmargmata*）

别名睦香、千里香、风流树等，是瑞香的变种，瑞香科瑞香属常绿小灌木。根系肉质，叶片密集轮生椭圆形，叶缘金黄色，顶生头状花序，花被筒状，由数十朵小花组成，由外向内开放，花色紫红鲜艳，芳香浓郁。

繁殖方法主要有扦插、高枝压条、嫁接。

12.6.1 选材、灭菌和接种

材料：嫩枝。

以一年生嫩枝为外植体，将其剪切为5cm长的带芽茎段，去叶片并于自来水下冲洗表面灰尘，然后于超净工作台中用75%乙醇浸泡15～30s，0.1% $HgCl_2$ 溶液浸泡10min，无菌水漂洗4次，切去伤口端并将茎段剪成带一个腋芽的茎段，接种于培养基中。

12.6.2 培养基及培养条件

12.6.2.1 诱芽培养基

（1）MS +6 – BA 0.1 ~0.5mg · L^{-1} + IAA 0.5mg · L^{-1} + IBA 0.5mg · L^{-1}。

12.6.2.2 增殖培养基

（2）1/2 MS +6 – BA 0.1mg · L^{-1} + IAA 0.5mg · L^{-1} + IBA 0.5mg · L^{-1} + 椰乳 15mg · L^{-1}。

12.6.2.3 生根培养基

（3）1/4 MS + NAA 0.2mg · L^{-1} + IBA 0.03mg · L^{-1}。

12.6.2.4 培养条件

带芽茎段接种于诱芽培养基上后，腋芽萌发并有不定芽分化，不定芽在增殖培养基中进行增殖，增殖系数为5。

金边瑞香生根率较其他种类花卉较低，约为11.67%。已生根的株系，不定根发根早、根较粗壮。

12.6.3 生根及移栽

选根系发育良好的植株进行移栽，移栽前移培养瓶于温室或自然散射光处过渡2～3d，然后去掉封口膜过度3d，小心取出无菌苗并洗净基部培养基，蘸20mg · L^{-1}IBA调制的泥浆或生根粉等促进生根的物质，定植于灭菌的基质中。金边瑞香喜肥沃排水良好的微酸性土壤、半阴潮湿、清洁凉爽、稍有短日照的环境，忌高温高湿。因此移栽前期为了保证成活率因调整土壤和浇灌水的pH值为弱酸性，遮阴并覆盖塑料薄膜，待苗成活后逐渐增加揭膜的程度和时间，30～40d后上盆或定植圃地。

12.7 云南拟单性木兰（*Magnoliaceae Parakmeria yunnanensis*）

木兰科拟单性木兰属常绿乔木，是珍贵的用材树种以及城市园林绿化的优良树种。高40m。叶坚纸质。花期3～5月，雄花与两性花异株，花白色，芳香，花丝鲜红色，雌蕊群绿色。分布于云南、广西、贵州等省区、生于海拔1 200～1 500m处的常绿阔叶林中，属濒危种，天然资源量稀少，人为采伐严重，在单株散生的林分中，天然更新困难。通过离体培养进行扩繁，是保护、发展和利用这一优良速生树种的有效途径。

12.7.1 选材、灭菌和接种

材料：幼嫩茎尖。

取生长健壮植株上的幼嫩茎尖为外植体，剪去叶片，留叶柄基部，用0.1%的洗衣粉溶液洗净枝条，然后用自来水冲洗干净。在超净工作台上，用0.01%的$HgCl_2$溶液进行表面灭菌10～15min，最后用无菌水冲洗5～6次，接种于启动培养基上。

12.7.2 培养基及培养条件

12.7.2.1 启动培养基

（1）MS + 6 − BA 2.0mg · L^{-1} + IAA 0.01mg · L^{-1} + KT 1.0mg · L^{-1}。

12.7.2.2 分化培养基和继代培养基

（2）MS + 6 − BA 0.5mg · L^{-1} + NAA 0.01mg · L^{-1}。

12.7.2.3 生根培养基

（3）1/2 MS + NAA 0.5mg · L^{-1} + IBA 3.0mg · L^{-1}。

培养条件：培养温度（27 ± 2）℃，光照强度2 000lx，光照时间12h · d^{-1}。

将茎尖接种到启动培养基（1）号上，10～15d后，腋芽开始萌动，40～45d后长成3cm左右的嫩梢。剪切已萌动的嫩梢，转入分化培养基（2）号中，6～7d后芽萌动，约45d后发育成健壮的不定芽。

当嫩稍长至3～4cm时，剪下并转入生根培养基，10～15d后，长出不定根。

12.7.3 移栽

嫩稍在生根培养基中生根后，继续培养15～20d，将苗移至室外，在自然光下封口炼苗10～15d，开口炼苗3d，然后取出无菌苗，并将根部的琼脂洗净，移栽到消毒的蛭石中，浇透水，覆盖塑料膜保湿，控制温度23～30℃，3周后移栽，在遮光50%的荫棚下放置30d，再逐渐增加光照和施肥量，当苗生长到20～30cm时定植。

12.8 榆叶梅（*Prunus triloba*）

榆叶梅为蔷薇科蔷薇属落叶灌木或小乔木。干枝为紫褐色，直立，粗糙。叶片倒卵形，叶缘具粗锯齿。花单瓣至重瓣，粉色至浅紫红色，常1～2朵生于叶腋或4～5朵丛生。榆叶梅枝叶茂密，花繁色艳，常植于公园草地、路边，或庭园中的墙角、池畔等，是优良的园林绿化树种。

繁殖采用嫁接或播种法。一些名贵品种或新品种由于种源少，限制了其在园林中的应用，采用组织培养可以迅速繁殖大量种苗，供园林生产之用。

12.8.1 选材、灭菌和接种

材料：嫩枝。

春季枝条萌动后，选生长健壮、观赏价值高的植株为母株，从其上取嫩枝为外植体，用洗衣粉或洗涤灵溶液浸泡嫩枝5min，流水冲洗15min，接着于超净工作台中，用75%的酒精灭菌20～30s，然后用0.1% $HgCl_2$ 溶液灭菌8min，无菌水冲洗3～4次，剪切外植体为1～1.5cm长的带芽茎段，接种于培养基中。

12.8.2　培养基及培养条件

12.8.2.1　诱导培养基

（1）MS+6-BA 2.0mg·L^{-1}+NAA 0.1mg·L^{-1}。

12.8.2.2　增殖培养基

（2）MS+6-BA 0.2～0.5mg·L^{-1}+NAA 0.1mg·L^{-1}。

培养条件：培养温度18～28℃，光照强度1 000～1 500lx，光照时间12h·d^{-1}。

将灭菌的茎段接种于诱芽培养基中诱导腋芽萌动，枝条顶端部位腋芽萌发率高于中、下部腋芽萌发率。萌发的新芽叶色浓绿、生长粗壮。将不定芽转接于增殖培养基中继代、增殖培养，增殖系数为10。

12.8.3　生根及移栽

将无菌苗速蘸0.5mg·L^{-1}浓度的ABT溶液，然后接种于未加生长调节物质的MS培养基中，培养7～10d时无菌苗有根生成，15d时根长1～3cm，此时进行移栽成活率较高。移栽前在温室、荫棚或散射光下对无菌苗进行炼苗5d，取出无菌苗，洗去根部培养基，移入栽培基质中，覆盖塑料薄膜、遮阴，控制栽培基质土壤湿度为田间持水量的60%～80%，温度（21±2）℃。待苗成活后逐渐增加光照和浇水量，然后进行正常田间栽培管理。

12.9　山杜英（*Elaeocarpus sylvestris*）

山杜英为杜英科杜英属常绿乔木。枝叶茂密，树冠圆整，腋生总状花序，花白色。绿叶中常有少量鲜红的老叶，红绿相间，颇为美丽。同时山杜英对二氧化硫抗性强，是工矿区绿化的优良树种。常采用播种或扦插繁殖，组织培养为山杜英的繁殖提供了一新的方法。

12.9.1　选材、灭菌和接种

材料：嫩枝。

以长度4～5cm的幼嫩枝条为材料，去掉叶片，首先用含洗衣粉或洗涤剂的溶液浸泡15min，然后用流水冲洗2～3h；无菌条件下用75%乙醇消毒20s，最后用0.1% $HgCl_2$ 溶液灭菌8min，无菌水冲洗5次。将灭菌茎段剪成长约1.5cm的茎段，接种于培养基上。

12.9.2　培养基及培养条件

12.9.2.1　诱芽培养基

（1）MS+BA 1.0mg·L^{-1}+NAA 0.05mg·L^{-1}。

12.9.2.2　芽伸长培养基

（2）MS+BA 0.5mg·L^{-1}+IBA 0.1mg·L^{-1}+GA 1.0mg·L^{-1}。

12.9.2.3　增殖培养基

（3）MS+BA 2mg·L^{-1}+IBA 0.1mg·L^{-1}。

12.9.2.4 生根培养基

(4) 1/2 MS + IBA 3mg · L^{-1}。

培养条件：培养温度为 (26 ±2)℃，光照强度 2 000lx，光照时间 12h · d^{-1}。

茎段接种于诱芽培养基后，最初 7d 进行暗培养，然后进行光照培养，约 20d 后腋芽萌动，同时在茎段伤口处形成愈伤组织，并逐渐分化出大量不定芽，但不定芽生长较细弱、矮小，转接不定芽于 (2) 号培养基中，不定芽进行有效的伸长生长。分割芽苗于增殖培养基 (3) 号中，增殖系数为 3 ~4。

将无菌芽苗转接于生根培养基中诱导获得辐射状白色不定根。

12.9.3 移栽

移无菌苗于温室中分别封口、开口炼苗各 2d，取出无菌苗并洗净根部培养基，移栽到灭菌基质中，15d 后有新根生成，说明移栽成活。

12.10 球花石楠 (*Photinia glomerata*)

球花石楠为蔷薇科石楠属常绿小乔木。初春红叶艳丽夺目，初夏白花点点，秋末红果点点。生长季中红叶期达 10 个月，花期 2 个月。树冠球形、树形整齐，是优良的园林绿化树种。组织培养可以快速繁殖大量种苗，解决生产中种苗供不应求的矛盾。

12.10.1 选材、灭菌和接种

材料：嫩茎。

取根部萌蘖条和盆栽大苗的顶部嫩茎为外植体，春季萌动期剪取外植体，用洗衣粉或洗涤剂溶液浸泡 10 ~15min，然后用流水冲洗 1h，于超净工作台中用 70% 酒精浸泡 15 ~30s，无菌水冲洗 3 次；然后用 20% 次氯酸钠消毒 5 ~8min，无菌水冲洗 3 ~5 次，接种嫩茎外植体于诱芽培养基上。

12.10.2 培养基及培养条件

12.10.2.1 诱导培养基

(1) MS +6 – BA 2 mg · L^{-1} + NAA 0.5 mg · L^{-1} +0.3% 活性碳。

12.10.2.2 增殖培养基

(2) MS +6 – BA 4mg · L^{-1} + NAA 0.1 mg · L^{-1}。

12.10.2.3 生根培养基

(3) 1/2 MS。

(4) 1/2 MS + IBA 0.3 mg · L^{-1}。

培养条件：温度 (25 ±3)℃，空气湿度 80%，光照强度 2 000lx，光照时间 12h · d^{-1}。

嫩茎接种于诱芽培养基上培养 20d 后腋芽萌发，待顶芽或腋芽展叶后从基部切下并转入增殖培养基上诱导丛生芽增生，增殖系数为 4.5，增生的丛生芽叶色深绿、生长健壮。

嫩稍在生根培养基中 15d 左右诱导不定根生成，生根率达 40.0% 以上。生根苗生长健壮，根粗壮整齐。

12.10.3　移栽

将组培瓶移至移栽环境中，封口炼苗2～3d，去掉封口膜炼苗3d，然后栽入灭菌的疏松、透气基质内。山杜英喜阴耐湿，因此在移栽初期应搭设塑料棚保湿、遮阴，或喷雾增湿降温，控制空气湿度为70%～80%，待新根长出后可浇稀薄肥水，并逐渐撤去覆盖物，以后可进行常规管理。

12.11　红蝉花（*Mandevilla sanderi*）

又称红花文藤，为夹竹桃科常绿半蔓性小灌木，株高20～40cm，全株具白色体液。叶对生，长心形。花冠漏斗形，5裂，桃红色，黄色冠喉，圆锥花序。

12.11.1　选材、灭菌和接种

材料：茎尖、幼嫩茎段。

以茎尖和幼嫩茎段为外植体，用自来水冲洗3～5次，洗去伤口流出的白色乳浆，然后于超净台中用70%的酒精浸泡20s，无菌水冲洗3次，最后用0.1% $HgCl_2$ 溶液消毒5min，无菌水冲洗3～5次，无菌滤纸吸干外植体表面水分，并切去伤口处约2mm，接种外植体于诱芽培养基中。

12.11.2　培养基及培养条件

12.11.2.1　诱芽培养基

（1）MS + BA 2.0～4.0 $mg \cdot L^{-1}$ + NAA 0.1 $mg \cdot L^{-1}$。

12.11.2.2　增殖培养基

（2）MS + BA 4.0 $mg \cdot L^{-1}$ + NAA 0.01 $mg \cdot L^{-1}$。

12.11.2.3　生根培养基

（3）MS + NAA 2.0 $mg \cdot L^{-1}$ + 活性碳0.2 $mg \cdot L^{-1}$。

培养条件：培养基pH值5.8～6.0，培养温度（24±1）℃，光照强度1 500～2 000lx，光照 $16h \cdot d^{-1}$。

接种茎尖和幼嫩茎段于诱芽培养基上诱导顶芽或腋芽萌发、抽生嫩枝，转接嫩枝到增殖培养上诱导获得丛生芽，增殖倍数为4.3。

转接嫩茎到生根培养基中10～15d可诱导出不定根。

12.11.3　移栽

待无菌苗长高至4cm左右时移至温室炼苗2～3d，洗净根部的培养基，移栽入已灭菌的基质中。红蝉花性喜高温，生育适温22～28℃。缓苗期间注意控制温度25～28℃、空气湿度为85%～90%，保持土壤湿润，待苗移栽成活后定植。

12.12　长春花（*Catharanthus roseus*）

又名雁来红、日日新、四时春、五瓣梅、山矾花、天天开等，为夹竹桃科常绿直立亚灌木。

株高 30 ~ 50cm，茎直立，多分枝。叶对生，长椭圆形，全缘，两面光滑无毛，深绿具光泽。花腋生，花冠高脚碟状，五裂片，平展开放，花色有白色、粉红色或紫红色。长春花株形整齐，叶片苍翠具光泽，花期长且色彩美丽，适用于盆栽、花坛和岩石园观赏。

长春花多采用播种繁殖，采用离体培养繁殖不受季节、气候、土地资源等客观条件的限制，缩短了繁殖周期，降低了种苗生产成本。

12.12.1 选材、灭菌和接种

材料：带芽茎段。

取生长健壮无病虫害植株的茎段为外植体，首先用流水冲洗 30min 至 1h，无菌条件下用 75% 酒精消毒 20s，无菌水漂洗 1 ~ 3 次；0.1% $HgCl_2$ 消毒 8 ~ 10min，无菌水漂洗 3 ~ 5 次，用无菌滤纸吸干表面水分，将茎段切割成 1cm 长的带芽茎段，并接种于培养基中。

12.12.2 培养基及培养条件

12.12.2.1 愈伤组织诱导培养基

（1） MS + 2,4 - D 0.8mg · L^{-1} + NAA 1.0mg · L^{-1} + ZT 0.2mg · L^{-1}。

12.12.2.2 丛生芽诱导最佳培养基

（2） MS + 6 - BA 0.2mg · L^{-1} + NAA 0.3mg · L^{-1}。

12.12.2.3 生根培养基

（3） 1/ 2 MS + NAA 0.2mg · L^{-1} + IBA 0.2mg · L^{-1}。

培养条件：培养温度（25 ± 1）℃，光照强度 2 500lx，光照时间 12h · d^{-1}。

茎段外植体在（1）号培养基中诱导获得生长旺盛、浅黄色或白色、疏松的细颗粒状的愈伤组织，在（2）号培养基中有形成大量丛生芽。选生长健壮的丛生芽于生根培养基中，不定根诱导率为 100%。

12.12.3 移栽

移栽前选生长健壮的组培苗置散射光处炼苗 3d，然后取出无菌苗，洗净根部培养基，移栽到无菌基质中。长春花性喜温暖、稍干燥和阳光充足环境，生长最适温度为 20 ~ 33℃，忌湿怕涝。因此缓苗期应控制温度在 20 ~ 33℃之间，遮阴并保持较高空气湿度，忌栽培基质水湿，约 2 周后根系开始活动，此时可逐渐增加光照，并施稀薄液肥，待苗生长健壮后再次移栽。

12.13 龙血树（*Dracaena fragrans*）

龙血树为百合科龙血树属常绿灌木或乔木。茎灰褐色，幼枝有环状叶痕，叶鲜绿色，长椭圆状披针形、弯曲呈弓形，簇生于茎顶，叶缘呈波状起伏。顶生圆锥花序，花小不显著，乳黄色，芳香。

香龙血树一般采用扦插方法进行扩繁，繁殖系数小，限制了龙血树尤其是新优品种的繁殖推广。

12.13.1 选材、灭菌和接种

材料：幼茎。

取龙血树幼茎为外植体，先用洗涤灵等洗净外植体表面，然后用自来水冲洗30min左右，超净工作台中用70% ~75%酒精浸泡20s，最后用0.1% $HgCl_2$ 溶液灭菌8 ~10min，无菌水冲洗3 ~6次。将香龙血树幼茎切成带腋芽的小切段接种于诱芽培养基或分化培养基中。

12.13.2　培养基及培养条件

12.13.2.1　诱芽培养基

（1）MS +6 – BA 5.0mg · L^{-1} +NAA 0.5mg · L^{-1} + Ad（腺嘌呤）40。

12.13.2.2　增殖培养基

（2）MS +6 – BA 5.0mg · L^{-1} +NAA 0.5mg · L^{-1} + Ad0.4。

12.13.2.3　分化培养基

（3）MS +6 – BA 5.0mg · L^{-1} +NAA 0.1mg · L^{-1} + Ad40 + AC1.0 g · L^{-1}。

（4）MS +6 – BA 5.0mg · L^{-1} +IAA 0.2mg · L^{-1}。

12.13.2.4　生根培养基

（5）MS + IAA 0.2 ~0.4mg · L^{-1}。

（6）MS + NAA 0.3 + AC 1.0g · L^{-1}。

茎段在（1）号诱芽培养基号中培养10d左右，腋芽开始萌发，50d后在伤口处产生淡绿色的愈伤组织，切割愈伤组织并转接到（2）号培养基上愈伤组织增殖，并分化出不定芽，转接愈伤组织到分化培养基上（3）号上可继续分化不定芽。或直接接种茎段到分化培养基（4）号中，30d后腋芽开始萌发，并于近腋芽的伤口处形成绿色瘤状致密愈伤组织，60 ~90d后愈伤组织上有密集不定芽形成。愈伤组织在（4）号培养基中继代培养后可不断扩增并陆续分化新的不定芽。

接种不定芽于生根培养基中，约7d后在不定芽的基部开始有不定根生成，生根率100%。

培养条件：培养基调整pH值为6.0，培养温度26 ~28℃，光照时间8 ~10h · d^{-1}，光照强度1 500 ~2 000lx。

12.13.3　移栽

龙血树喜高温多湿，稍耐阴，不耐寒，低于13℃停止生长，忌积涝和干旱。因此组培苗移栽时应注意适当遮阴和保持基质湿润和较高的空气湿度，忌低温。移栽前将组培瓶置移栽场所封口练苗2 ~3d，然后去掉培养瓶封口膜，继续炼苗2 ~3d，小心取出无菌苗，洗净根部琼脂，移栽到灭菌栽培基质中，待苗成活后10 ~15d，移栽到大口径花盆或大田中进行正常养护管理。

12.14　橡皮树（*Ficus elastica*）

橡皮树又称印度榕、印度橡胶，为桑科榕属常绿木本观叶植物。叶片厚革质，有光泽，圆形至长椭圆形，叶面暗绿色，叶背淡绿色，初期包于顶芽外，新叶伸展后托叶脱落，并在枝条上留下托叶痕。其花叶品种在绿色叶片上有黄白色的斑块。

12.14.1　选材、灭菌和接种

材料：嫩枝。

选取生长健壮的植株为母株，以嫩枝为材料，去掉叶片，用自来水冲洗30min，剪成小段，用70%乙醇消毒30s，再用0.1% $HgCl_2$ 消毒10min，无菌水冲洗4～5次，切成含1～2个腋芽的茎段，接种于培养基上。

12.14.2 培养基及培养条件

12.14.2.1 诱芽培养基

（1）MS+6－BA 2.0mg·L^{-1}+NAA 0.2mg·L^{-1}。

12.14.2.2 分化及继代培养基

（2）MS+6－BA 0.5mg·L^{-1}+NAA 0.05mg·L^{-1}。

12.14.2.3 壮苗培养基

（3）MS+6－BA 0.1mg·L^{-1}+NAA 0.01mg·L^{-1}。

12.14.2.4 生根培养基

（4）MS+NAA 0.1mg·L^{-1}+IBA 0.1mg·L^{-1}。

培养条件：培养温度为（24±1）℃，光照强度1 500～2 000lx，光照时间10～12h·d^{-1}。

将茎段外植体接种于诱芽培养基上，约20d腋芽开始萌动，同时伤口处有黄白色的愈伤组织生成。50d后，腋芽处有一对新叶出现，同时基部愈伤组织上有绿色芽点生成。将腋芽及愈伤组织转到分化培养基上，约20d可分化出不定芽，切割不定芽与愈伤组织并接种于同类培养基上可增殖分化出更多的不定芽，但不定芽生长较细弱、矮小，将其转入壮苗培养基中，不定芽迅速增粗并增高。

接种不定芽于生根培养基中，约15d有根产生，生根率达100%。

12.14.3 移栽

对无菌苗进行炼苗，然后将无菌苗栽入无菌的栽培基质中，正常管理，成活率达98%。

12.15 常春藤（*Hedera nipalensis*）

为五加科常春藤属多年生常绿攀援藤本。常春藤茎大多数呈蔓性，茎节具长气根，蔓梢部分呈螺旋状生长。叶互生，革质，深绿色，有长柄，营养枝上的叶三角状卵形，全缘或掌状裂叶，花枝上的叶卵形至菱形，叶面有全绿或斑纹镶嵌，变化极丰富。总状花序，小花球形，浅黄色。常春藤枝蔓细弱而柔软，风姿优雅，既耐阴湿，又较耐寒，易管理，是地被、绿篱或美化居室的理想植物。常春藤采用扦插、压条法或组织培养繁殖。

12.15.1 选材、灭菌和接种

材料：茎尖、茎段。

4月初、5月上旬选取生长健壮的常春藤幼嫩茎尖及其带侧芽的下部4～5节为外植体，去叶片，用流水冲洗20～30min；无菌条件下用70%～75%的酒精消毒20s，无菌水冲洗2次；然后用0.1% $HgCl_2$ 消毒4～6min，用无菌水冲洗3～4次，剪去切口，剪切成长1～1.5cm的带芽小段，接种于诱芽培养基中。

12.15.2　培养基及培养条件

12.15.2.1　诱芽培养基

(1) MS + 6 - BA 4.0mg · L^{-1} + NAA 0.2mg · L^{-1} + GA_3 1.0 ~ 2.0mg · L^{-1}。

(2) 6 - BA 1.0mg · L^{-1} + 2,4 - D 0.1mg · L^{-1}。

12.15.2.2　增殖培养基

(3) MS + 6 - BA 1.0mg · L^{-1} + NAA 0.2mg · L^{-1} + GA_3 1.0mg · L^{-1}。

(4) MS + 6 - BA 1.0mg · L^{-1} + NAA 0.01mg · L^{-1}。

12.15.2.3　生根培养基

(5) 1/2 MS + NAA 0.2mg · L^{-1}。

培养条件：培养温度 (25 ± 2)℃，光照强度 1 500 ~ 3 000lx，光照时间 14h · d^{-1}。

茎尖和茎段外植体在诱导培养基中培养 1 周后顶芽或腋芽萌动，并逐渐发育为健壮的的嫩茎，将嫩茎切下在增殖培养基中进行增殖。在常春藤培养中添加 GA_3 促其幼化，有利于芽增殖。

从生芽在生根培养基中培养 7 ~ 10d 后开始有不定根生成，20d 后发育为具根、茎、叶的完整植株。

12.15.3　移栽

移栽前移组培瓶于温室中开口炼苗 3 ~ 5d，然后从培养瓶中取出无菌苗，洗净根部培养基，移入疏松、透气性好的栽培基质中，注意遮阴、控制较高的相对空气湿度，20d 后可逐渐增加光照，1 个月后移植或定植。

12.16　变叶木（*Codiaeum variegatum*）

又称洒金榕，为大戟科变叶木属常绿灌木。株高 1 ~ 2m。单叶互生，全缘或分裂，厚革质，边缘无锯齿，变叶木的品系多，叶形多变，有细叶、长叶、扭叶、戟叶、飞叶、母子叶、角叶、螺旋叶、阔叶等，叶色有红、黄、橙、粉、云白、绿、褐、青铜色等，有的品种叶面有不同深浅的斑点或条纹。

生产中变叶木常采用扦插繁殖或压条繁殖。采用组培快繁法可迅速生产大量优质种苗，有利于优良品种的扩繁和推广。

12.16.1　选材、灭菌和接种

材料：茎段。

选生长健壮植株上的幼嫩茎段为外植体，用流水冲洗枝条，洗净枝条表面的泥污，于超净台中用 70% 酒精浸泡枝条 20s，无菌水冲洗 2 次，然后用 0.1% 的 $HgCl_2$ 消毒 8 ~ 10min，期间不断摇动 $HgCl_2$ 溶液，使枝条充分消毒，无菌水冲洗 3 ~ 5 次。将茎段切成 1 ~ 1.5cm 长的带腋芽小段，接种于培养基中。

12.16.2　培养基及培养条件

12.16.2.1　诱导培养基

MS + 6 - BA 1.5 ~ 2mg · L^{-1} + NAA 0.1 ~ 0.2mg · L^{-1}。

12.16.2.2 增殖培养基

MS + 6 - BA 3 ~ 4mg · L^{-1} + NAA 0.2mg · L^{-1}。

12.16.2.3 生根培养基

MS + NAA 1.0mg · L^{-1} + IBA 1.0mg · L^{-1}。

培养条件：培养温度（25 ± 2）℃，光照强度 2 000lx，光照时间 12h · d^{-1}。

茎段外植体接种于诱导培养基上 3 ~ 4 周后侧芽萌发。将抽生的嫩枝剪切成小段，并转接到增殖培养基中，约 15d 后开始生成丛生芽。将发育健壮的丛生芽转接到生根培养基中，5 ~ 6 周后，可长出发达的根系，成为完整的小植株。

12.16.3 移栽

移栽前先闭瓶强光炼苗 1 周，然后开瓶炼苗 3d，取出苗小心洗去根上附着的培养基，栽入无菌且富含腐殖质、疏松肥沃、通透性好的栽培基质中。变叶木喜高温高湿和充足的光照，不耐寒，忌干旱。缓苗期注意遮阴，控制温度在 20℃以上，空气湿度 80%，约 20d 后可逐渐增加光照，1 个月后可移栽或定植。

12.17 金橘（*Fortunella margarita*）

为芸香科金柑属常绿灌木。多分枝，节间短，通常无刺。叶革质，长圆状披针形，叶柄具狭翅。花 1 ~ 3 朵着生叶腋，白色、具芳香气味。果长圆形或圆形，熟时均为金黄色，有香气。

金橘果实内种子少，播种繁殖难成苗，且扦插不易生根。生产中一般采用嫁接法进行繁殖，对金橘进行离体培养，可以快速提供大量优质种苗。

12.17.1 选材、灭菌和接种

材料：下胚轴、子叶。

取金橘成熟果实剥去种皮，将种子接种于不含生长调节物质的 1/2 MS 培养基上发芽。以 15d 苗龄的无菌。

苗子叶、下胚轴为外植体，并分别切成 0.5mm^2、0.5mm 的小块和下胚轴切段，接种于培养基上。

12.17.2 培养基及培养条件

12.17.2.1 诱导愈伤组织培养基

（1）MS + BA 1.0 mg · L^{-1} + NAA 0.5 mg · L^{-1}（下胚轴）。

（2）MS + BA 3.0 mg · L^{-1} + NAA 1.5 mg · L^{-1}（子叶）。

12.17.2.2 分化培养基

（3）MS + 6 - BA 2.0 mg · L^{-1} + NAA 0.1 mg · L^{-1} + 水解乳蛋白 500 mg · L^{-1}。

12.17.2.3 生根培养基

（4）MS + NAA 0.2 mg · L^{-1} + IAA 0.2 mg · L^{-1}。

培养条件：培养室温为 24 ~ 27℃，光照强度为 2 000lx。

下胚轴、子叶诱导愈伤组织的适宜培养基分别是（1）号、（2）号培养基。下胚轴在培养基

中10d后伤口处开始膨大，14d时产生淡黄色愈伤组织，诱导率达100%，子叶启动时间晚，需要20d左右形成愈伤组织。待愈伤组织长到绿豆大小时，及时转移部分愈伤组织到继代培养基上使其增殖，另一部分愈伤组织到分化培养基上，下胚轴来源的愈伤组织约15d后可分化出不定芽，子叶来源的愈伤组织约20d可分化出不定芽，下胚轴和子叶来源的愈伤组织的分化率分别为90%、33.3%。

接种不定芽到生根培养基中，约15d后有不定根生成。

12.17.3　生根及移栽

移栽前于温室中炼苗1周，取出无菌苗，洗净根部培养基，移栽入经灭菌的栽培基质中。移栽初期注意遮阴和保持较高的空气湿度，待苗成活后换盆，进行正常养护管理。

第13章　几种主要园艺植物的脱毒苗生产技术

13.1　马铃薯（*Solanum tuberosum*）

马铃薯在种植过程中易感染病毒，危害马铃薯的病毒有20多种。由于马铃薯是无性繁殖作物，积累于块茎中的病毒随着繁殖的进行世代传递，逐年加重。一些危害严重的病毒如马铃薯卷叶病毒、马铃薯皱缩花叶病毒，甚至会使马铃薯减产达50%～90%。病毒危害一度成为马铃薯的不治之症。

近20多年来，利用茎尖分生组织离体培养技术对马铃薯良种进行脱毒处理，并在离体条件下生产微型薯和在保护条件下扩繁脱毒薯，对马铃薯增产效果极为显著。

13.1.1　茎尖培养脱毒技术

（1）材料选择和灭菌　在生长季节从大田取材，顶芽和腋芽均可。顶芽的茎尖生长要比取自腋芽的快，成活率也高。若从田间切取插条，在实验室的营养液中生长，然后从由这些插条的腋芽长成的枝条上取材，茎尖的染菌率会更低。

（2）材料灭菌　将材料在2%次氯酸钠溶液中处理5～10min，或先用70%酒精处理30s，再用10%漂白粉溶液浸泡5～10min，然后用无离子水冲洗两三次，消毒效果可达95%以上。

（3）茎尖剥离和接种　在解剖镜下，用镊子和解剖针将幼叶和大的叶原基剥掉，直至露出圆亮的生长点。用解剖刀将带有一两个叶原基的小茎尖切下，迅速接种到培养基上。

（4）茎尖培养　选用MS或Miller基本培养基。附加少量（0.1～0.5mg·L^{-1}）的生长素或细胞分裂素，能显著促进茎尖的生长发育，其中生长素以NAA比IAA效果更好。在培养前期添加少量的赤霉素类物质（0.8mg·L^{-1}）有利于茎尖存活和伸长。

培养期间一般要求培养温度（25±2）℃，光照强度前4周是1 000lx，4周后增加至2 000～3 000lx，每天光照16h。

13.1.2　热处理脱毒

某些病毒（如PSTV、PVX和PVS）能侵染马铃薯茎尖分生区域，这些病毒用常规的茎尖培养法很难脱除。另外，如果品种同时感染了几种病毒，仅仅通过茎尖培养也很难获得无病毒苗。此时，采用热处理法与茎尖培养相配合，则能达到彻底清除病毒的目的。

首先将块茎放在暗处，使其萌芽，待芽伸长至1～2cm时，再根据要脱除的病毒种类进行热处理。

（1）脱除PVX和PVS　用35℃的温度处理1～4周，然后取尖端5mm接种培养；或发芽接种后再用35℃处理8～18周，然后取尖端培养。

（2）脱除马铃薯纺锤块茎病毒（PSTV）　需进行两次热处理，第1次处理2～14周，经茎尖培养后，选只有轻微感染的植株再进行2～12周的热处理，然后再切取茎尖进行培养。

（3）脱除马铃薯卷叶病毒（PLRV）　采用40℃（4h）与20℃（20h）两种温度交替处理效果较好。

13.2　甘薯（*Lpomoea batats*）

甘薯是我国4大主要粮食作物之一，也是饮料和轻工业的重要原料。甘薯是一种采用无性繁殖的杂种优势种，营养繁殖易导致甘薯病毒蔓延，致使产量和质量降低，种性退化。在引起甘薯品种退化的诸多因素中病毒占主导。我国甘薯每年因病毒侵染造成的损失达50亿元以上（江苏省徐州甘薯研究中心，1993）。

侵染甘薯的病毒有十多种，它们是：①甘薯羽状斑驳病毒（SPFMV）；②甘薯潜隐病毒（SPLV）；③甘薯花椰菜花叶病毒（SPCLV）；④甘薯脉花叶病毒（SPVMV）；⑤甘薯轻斑驳病毒（SPMMV）；⑥甘薯黄矮病毒（SPYDV）；⑦烟草花叶病毒（TMV）；⑧烟草条纹病毒（TSV）；⑨黄瓜花叶病毒（CMV）（王庆美等，1994），还有尚未定名的C-2和C-4，主要是随营养繁殖体传播，也可由桃蚜、棉蚜等传播。

13.2.1　甘薯茎尖培养脱毒技术

（1）材料选择和消毒　取母株枝条，剪去叶片，切成带一个腋芽或顶芽的若干个小段。剪好的茎段用流水洗数分钟后，用70%酒精处理30s，再用0.1%升汞消毒10min，无菌水冲洗5次；或用2%次氯酸钠溶液消毒5min，无菌水冲洗3次。

（2）茎尖剥离　在解剖镜下剥去顶芽或腋芽上较大的幼叶，切取0.3~0.5mm含有一两个叶原基的茎尖分生组织，接种在培养基上。

（3）茎尖培养　培养基为MS+IAA 0.1~0.2mg·L^{-1}+BA 0.1~0.2mg·L^{-1}+3%蔗糖，补加GA_3 0.95mg·L^{-1}对茎尖生长和成苗有促进作用。培养基pH值为5.8~6.0。培养条件以温度25~28℃，光照1 500~2 000lx，照光时间14h·d^{-1}为宜。

一般培养20d左右茎尖会形成2~3mm的小芽点，且在基部逐渐形成黄绿色愈伤组织，这些愈伤组织的过度生长对成苗有抑制作用。此时应及时将培养物转入无生长调节物质的MS培养基上，以阻止愈伤组织的继续生长，使小芽生长和生根。

13.2.2　快繁与培育

（1）茎尖苗的初级快繁　当试管苗长至3~6cm时，将小植株切段进行短枝扦插，顶芽一般须带一片展开叶，其余全部切成一节一叶的短枝。扦插在无生长调节物质的MS培养基中进行，培养条件同茎尖培养。一般2~3d后，切段基部产生不定根，30d左右长成具有6~8片展开叶的试管苗。

茎尖培养产生的试管苗，须经严格病毒检测，确认无毒。

（2）种薯的繁育　脱毒试管苗可继续在试管内切段快繁，也可在保护条件下于无菌基质中栽培繁殖。在防虫温室或网室的无病毒基质上栽种脱毒苗，使其结薯，即得原原种薯，由原原种薯育出的薯苗为原原种苗。以原原种苗为种植材料培育的种薯即为原种。原种生产也应在防虫无病毒原的保护条件下进行。

13.3　甘蔗（*Saccharum officenarum*）

甘蔗是世界上最重要的糖料作物，也是我国蔗糖工业的重要支柱。在栽培上，甘蔗通常是以茎节上的腋芽繁殖，即将蔗茎砍成具有1个或者多个节的茎段作种茎进行繁殖，或者在每年砍伐后，利用残留在土中茎基上的腋芽作宿根繁殖。

甘蔗在种植过程中病害很多。据报道，全世界已发现的甘蔗病害有120多种，其中真菌病约78种，细菌病9种，病毒病7种。甘蔗花叶病（又称嵌纹病）和甘蔗斐济病即是两种发生普遍、危害性强的病毒病，在世界和我国多数甘蔗产区都有发生。影响甘蔗生产的常见病毒病还有甘蔗白叶病、波条病、条斑病、宿根矮化病及萎缩病等。此外，玉米矮花叶病毒（MMV）、玉米条纺病毒（MSIV）也会侵染甘蔗。甘蔗病毒病无法用药剂防治，一旦发生，即随蚜虫或繁殖材料种茎远距离传播，致使良种退化、产量锐减、糖分降低。

13.3.1 茎尖培养脱毒

（1）材料准备与接种　以腋芽作外植体，在夏秋两季甘蔗旺盛生长时，从生长健壮的新植株幼茎上剥取单芽。腋芽经75%酒精浸泡10~20s，0.1%升汞液消毒15min，无菌水冲洗干净后，剥去外层芽鳞、叶鞘，切取较小芽端进行接种。

（2）接种与培养　诱导腋芽产生丛生芽的培养基：MS + BA 2~3 mg·L^{-1} +0.5 g·L^{-1}活性炭+2%~3%蔗糖，pH值为5.8~6.0；诱导生根培养基：1/2 MS + NAA1.5~2.0mg·L^{-1} + IBA 0.4~0.8mg·L^{-1} +多效唑（MET，PP333）0.5~3.0 mg·L^{-1}，pH值为5.8~6.0。

从生芽的诱导使用琼脂培养基，或在液体培养基上作浅层静置培养均可。培养条件为温度25~30℃，光照10~12h·d^{-1}，光照强度2 000~3 000lx。从生芽的增殖及生根培养条件同从生芽诱导。

13.3.2 热处理脱毒

甘蔗生长过程中除受病毒侵染外，各种病害也较多，热处理对去除甘蔗宿根矮化病（细菌性病害）和甘蔗黑穗病（真菌性病害）等效果较好。热处理的方法如下：

（1）热水处理　将蔗种切段放在50~52℃温水中处理2~3h。

（2）热空气处理　将材料放入大型电热鼓风恒温箱，密闭箱门，以54~58℃处理8h。此法必须用全茎蔗苗。

（3）方法　用蒸汽与空气混合后输入处理箱，使空气温度保持50~52℃处理4h。

13.4 苹果（*Malus pumila*）

苹果也是以营养繁殖为主，其病毒主要通过嫁接传播。在我国，侵染苹果主产区的病毒有6种，它们分别是苹果锈果类病毒（ASSV）、苹果花叶病毒（ApMV）、苹果绿皱果病毒（AGCV）、苹果褪绿叶斑病毒（ACLSV）、苹果茎痘病毒（ASPV）和苹果茎沟槽病毒（ASGV）。其中前3种病毒属非潜隐病毒，其侵染可使植株表现明显症状，容易识别；后3种病毒属潜隐病毒，侵染植株后不表现明显症状，需专门鉴定方可识别，而且潜隐病毒多为复合侵染，对苹果树的危害也更大，可使致病植株产量降低16%~60%甚至更多。近年苹果脱毒苗技术的研究受到普遍重视并已获成功。

13.4.1 热处理脱毒

先将已长至2~3cm高的组培苗转接到分化培养基，培养15d时，置于人工气候箱高温环境中处理。为提高嫩梢的耐热性，先用（32±1.5）℃预处理1周，再转入（37±1.5）℃高温下处理，光照强度3 000lx，每天光照时间12h，处理28d，即可脱去苹果褪绿叶斑病毒；处理35d，可脱去茎沟槽病毒。若采用白天温度（37±1.5）℃、晚上（32±1.5）℃的变温处理，35d 时既可脱去褪绿叶斑病毒和茎沟槽病毒，又能使存活率达到最高。

13.4.2　茎尖培养脱毒

（1）取材　春秋两季，从田间摘取 2～3cm 长的新梢；或在春季萌芽前，取休眠枝在温室内进行瓶插催芽，摘取萌发的新梢。

（2）材料消毒　材料先用70%酒精处理30s，再用10%漂白粉上清液或0.1%升汞消毒10～15min，然后用无菌水冲洗4～5次。

（3）剥取茎尖和接种　在解剖镜下仔细剥离幼叶和叶原基，仅留一两个叶原基进行接种（经热处理的材料，可保留四五个叶原基）。

（4）茎尖分化和培养　茎尖培养用 MS 基本培养基，附加 BA 0.5～1.0mg·L^{-1}、GA_3 0.1～0.5mg·L^{-1}、IBA 0.2～0.5mg·L^{-1}、蔗糖 30g·L^{-1}、琼脂 5～7.5mg·L^{-1}，pH 值为 5.8 左右。培养温度 26～30℃，光照强度 1 500～2 000lx，光照 10h·d^{-1}。

培养期间每一个月更换一次新鲜培养基。一般 0.1～0.2mm 的茎尖，培养三四个月后，可有少部分的接种材料分化新芽；0.5mm 的茎尖，在两三个月时可有部分材料分化新芽。适当提高 BA 浓度有助于增加芽的增殖系数。

13.4.3　热处理结合茎尖培养脱毒

将接种苹果嫩梢的试管置于人工气候箱中，先在（37±1.5）℃的温度下热处理适当时间，然后在超净工作台上，切取刚分化出的不定芽茎尖 0.5～1.0mm，立即接种到培养基中。培养基配方：MS + BA 2.0mg·L^{-1} + IBA 0.4mg·L^{-1}。该方法可有效脱除苹果褪绿叶斑病毒和苹果茎痘病毒以及苹果茎沟槽病毒，比单用热处理或茎尖培养脱毒效果好得多。

13.4.4　微体嫁接脱毒

受苹果凹茎病毒（ApSGV）侵染的品种用热处理无法脱除病毒，可以用微嫁接的方法来解决。

以金冠品种做砧木。种子经低温层积处理后消毒，剥取种胚接到含有 MS 无机盐的琼脂培养基中，在 25℃下暗培养 15d，去掉上胚轴和子叶。将去顶幼苗移至液体培养基（含有 MS 无机盐和 7% 蔗糖），培养瓶内放一中有小孔的滤纸桥，使砧木幼苗胚轴穿过小孔固定（图 13－1）。作接穗的茎尖分生组织，可取自试管苗新梢，或田间植株新梢。将茎尖分生组织嫁接于砧木，使二者的维管束部位连接。1 周后接触部位产生愈伤组织，6 周后接穗发育成具有 4～6 片叶的新梢，此时即可试管外移栽。

1

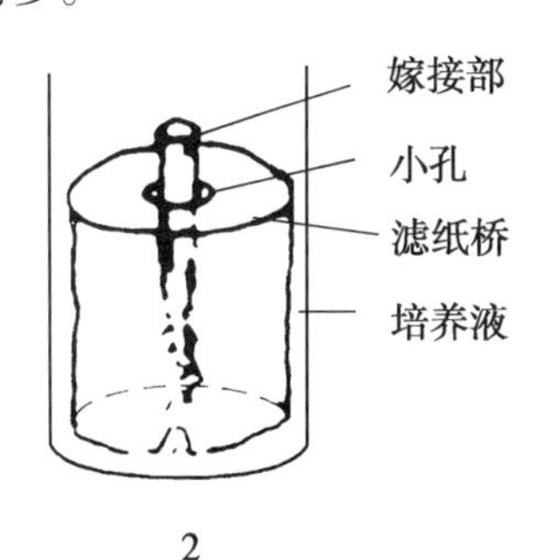

图 13－1　苹果微体嫁接

1. 砧木　2. 嫁接苗

（引自王水琦，2007）

13.5　草莓（*Fragaria ananassa*）

草莓是多年生宿根草本植物，主要以匍匐茎繁殖，栽培中很容易受病毒的侵染，因而每年都需要更换母株。草莓病毒病有两个特点，一是具有潜伏侵染特性，植株被病毒侵染后并不马上表现症状；二是植株受单一病毒侵染不表现症状，只有几种病毒复合感染时，才表现出明显的症状。这给草莓病毒病的及时诊断和防治带来一定困难。据调查，我国草莓主要受4种病毒的危害：①斑驳病毒（SMoV）；②轻型黄边病毒（SMYEV）；③镶脉病毒（SVBV）；④皱缩病毒（SCrV）。其中SMoV和SCrV为世界性分布，SCrV还是对草莓危害性最大的病毒。除草莓本身多种病毒病危害外，树莓环斑病毒、烟草坏死病毒、番茄环斑病毒等的侵染，也会不同程度地影响草莓生产。

13.5.1 热处理法脱毒

（1）材料的准备　培育盆栽草莓苗1～2月。将花盆用塑料膜包上或改用塑料花盆有利于减少水分蒸散，增加空气湿度。

（2）热处理方法　选根系生长健壮，带有成熟老叶的盆栽草莓苗，置于高温热处理箱内，逐渐升温到38℃，箱内湿度为60%～70%，处理时间因病毒种类而异。如草莓斑驳病毒，在38℃恒温下，处理12～15d即可脱除；草莓轻型黄边病毒和草莓皱缩病毒，一般需50d以上才可脱除；而草莓镶脉病毒，因其耐热性强，用热处理法很难脱除。

13.5.2 茎尖培养脱毒

（1）取材和消毒　8月份前后，取田间生长健壮的匍匐茎顶端4～5cm长的芽子数个，剥去外层大叶，用自来水冲洗2～4h，70%酒精漂洗30s，再用0.1%～0.2%升汞或10%漂白粉上清液消毒3～15min，消毒时间依材料老嫩而异，然后用无菌水冲洗3～5次。

（2）接种和培养　解剖镜下小心剥去幼叶和鳞片，露出生长点，切取0.2～0.3mm、带有一两个叶原基的尖端，立即接种。如果材料经过热处理，生长点可稍大一些，一般切取0.4～0.5mm，带有三四个叶原基。

草莓分化及繁殖培养基为MS + BA 0.5～1.0mg·L^{-1}，pH值为5.8左右。培养温度20～25℃，光照强度1 000～2 000lx，光照10h·d^{-1}。培养1个月左右，即开始分化新芽，以后逐渐形成芽丛。用此芽丛继代、扩繁至一定数量后，诱导生根，得到无毒苗。

13.5.3 花药培养脱毒

（1）取材和消毒　于春季草莓现蕾时，摘取单核花粉时期的花蕾。花粉发育时期可通过室内染色法镜检确定。

灭菌前材料先用流水冲洗几遍，在4～5℃低温条件下放置24h。灭菌时将花蕾先浸入70%酒精中30s，再用10%漂白粉或0.1%升汞消毒10～15min，然后用无菌水冲洗3～5次。

（2）接种和培养　在超净工作台上，用镊子剥取花药接种。

诱导愈伤组织和植株分化培养基：MS + BA 1.0mg·L^{-1} + NAA 0.2mg·L^{-1} + IBA 0.2mg·L^{-1}。小植株增殖培养基：MS + BA 1.0mg·L^{-1} + IBA 0.05mg·L^{-1}。诱导生根培养基：1/2 MS + IBA 0.5mg·L^{-1} + 蔗糖20g·L^{-1}。培养温度20～25℃，光照强度1 000～2 000lx，光照10h·d^{-1}。

一般接种20d后即可诱导出愈伤组织。不同品种花药愈伤组织诱导和分化情况不同。有些品种的愈伤组织不经转移，继续培养30～40d可有一部分直接分化出绿色小植株，有的品种愈伤组织需转移培养。

（3）生根与移栽　分化的草莓小植株可在瓶外生根，移栽成活率达90%以上，该技术已用于生产。

13.5.4 草莓病毒鉴定

目前，草莓上最常用的病毒鉴定方法是指示植物小叶嫁接鉴定法。

草莓具有三小叶复叶。从待检植株上采集幼嫩复叶，除去左右两侧小叶，留中间一片小叶并保留1～1.5cm的叶柄作接穗，将叶柄削成楔形。在指示植物上也选取生长健壮的1个复叶，剪去中央小叶，在两叶柄中间向下纵切1.5～2 crn的切口，然后把待检接穗插入指示植物的切口内，用细棉线包扎接合部。每一指示植物可嫁接两三片待检叶片。将嫁接后的盆栽植株套袋保湿，或放在喷雾室内保湿2周（图13－2）。若待检植株染有病毒，则在嫁接后1.5～2个月，在新展开的叶片、匍匐茎上会出现病症。

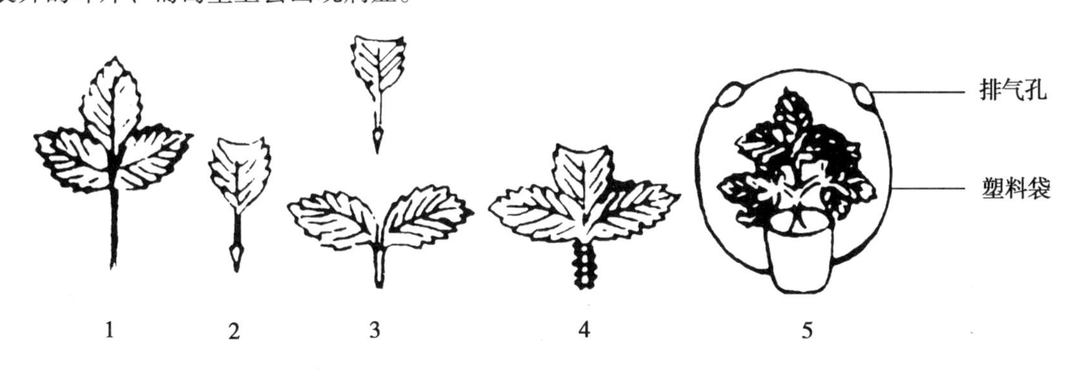

图13－2　草莓小叶嫁接法

1. 待检复叶；2. 待检接穗；3. 指示植物；4. 嫁接；5. 套袋保湿，促进接穗成活

（引自王水琦，2007）

13.6　柑橘（*Citrus*）

柑橘是易受病毒感染的热带果树之一，其病毒病的发生遍布世界40多个柑橘生产国。危害柑橘的病毒主要有柑橘鳞皮病毒（CPV）、柑橘裂皮病毒（CEV）、柑橘衰退病毒（CTV）、柑橘木质陷孔病毒（CXV）、柑橘顽固病毒（CSV）、柑橘脉突病毒（CVEV）、柑橘青果病毒（CGV）、温州蜜柑萎缩病毒（SDV）等。

柑橘茎尖的离体培养比较困难，其脱毒苗的生产主要通过胚珠及珠心培养和茎尖微芽嫁接法来获得。其中茎尖微芽嫁接是目前获得无病毒柑橘最可行的方法，20世纪80年代年以来，西班牙、美国、以色列、巴西和日本以及我国等都采用该法防治柑橘衰退病、裂皮病、顽固病、木质陷孔病、青果病等。

13.6.1　珠心胚培养

柑橘类果树广泛存在珠心胚现象，即一颗种子中同时存在多个胚，其中只有1是个合子胚，其余全是由珠心细胞发育而成。由于病毒粒体在植物体内只局限于寄主的维管组织中，特别是韧皮部，而合子胚和珠心胚与母体之间没有任何维管组织的联系，也就没有病毒传播的路径，所以从柑橘的珠心胚培养，就可以获得不带病毒的实生苗。但研究发现，由珠心胚培养得到的实生苗会出现返幼性状（rejuve-nation），如多刺、结果晚等，且容易变异，因而该方法在近年柑橘脱毒苗生产中的应用逐渐减少。

13.6.2　茎尖微芽嫁接

（1）*种子处理与砧木培养*　选择饱满的枳橙果实的种子，先在45℃温水中预泡5min，再用55℃热水浸泡50min，接着在无菌条件下，用10%次氯酸钠或0.1%升汞溶液灭菌10min，无菌水冲洗三四次后，剥去种皮，播于砧木培养基（MS 无机盐 +3% 蔗糖 +1% 琼脂，pH 值为 5.7）上，在 27 ~30℃下暗培养。2 周后转到室内散射光下培养 1 ~2d。

（2）接穗准备　从生长旺盛的植株嫩梢上剪取 1.5 ~2 cm长的芽梢，用流水冲洗片刻后，浸入 70% 酒精 10 ~20s，转入 8% 漂白粉上清液或 0.1% 升汞溶液中灭菌 5 ~10min，经无菌水冲洗三四次后，置无菌水中暂存备用。

（3）嫁接　可以采用倒“T”形切接和嵌芽腹接。

①倒“T”形切接法：从试管内取出砧木苗，剪去过长的根，切去茎上部，仅留下 1 ~1.5cm 的茎段，去掉子叶及腋芽。用自制的微型解剖刀在茎段顶端附近切成向下约 1mm，水平宽约 1mm，深达形成层的倒“T”形缺口，剥开部分皮层，如图 13 -3 所示。

在解剖镜下，将接穗的幼叶从外到里层层剥除，直到剩下两三个叶原基和顶端分生组织，切取长 0.15 ~0.4mm 的茎尖，立即转接于砧木倒“T”形缺口横切面处，注意使砧木与接穗之间密合。将嫁接植株转入试管进行液体培养。试管内预先放一中央开孔的滤纸架，根部穿过小孔插入以固定嫁接苗。嫁接苗培养基为 MS 无机盐 +0.1mg · L^{-1}维生素 B_1 +0.5mg · L^{-1}维生素 B_6 +0.5mg · L^{-1}烟酸 +100mg · L^{-1}肌醇 +7.5% 蔗糖，pH 值为 5.7。

②嵌芽腹接法：方法与倒“T”形基本相同。不同之处在于嫁接时不切去砧木茎端，在叶子以上茎端 1.5cm 处切 1 ~2mm 的“口”字形缺口，然后把茎尖接在缺口下横切面上（图 13 -4）。

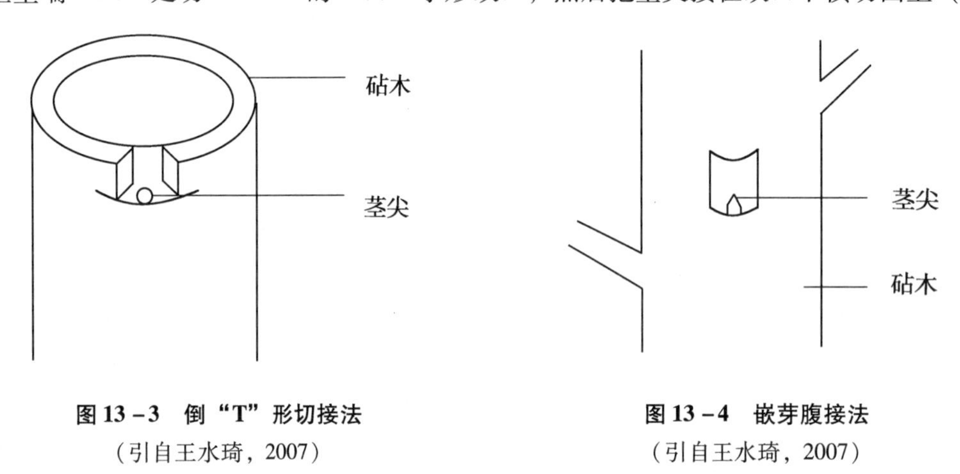

图 13 -3　倒“T”形切接法
（引自王水琦，2007）

图 13 -4　嵌芽腹接法
（引自王水琦，2007）

（4）嫁接苗的培养与移栽　将嫁接苗置于 25 ~30℃培养室中，初期在弱光（800lx）下培养，光照 12 ~16h · d^{-1}。待长出新叶后，可将光照增至 1 500 ~2 000lx 培养 1 周后，用放大镜检查接芽是否成活。倒“T”形嫁接的，如果接芽成活，但砧木上发生萌蘖，则应在无菌条件下除蘖。对接芽已成活的嵌芽腹接苗，应切去接芽以上的砧木茎端继续培养。

当嫁接苗展开正常叶时（嫁接后 3 ~5 周，第一片叶长 2cm 左右时）便可移栽。移栽时用镊子小心取出植株，冲掉根部附着的培养基，栽于无菌基质中，并浇足培养液。栽培基质可用过筛的普通苗圃土、炉灰渣和腐熟干粪各占 1/3 混合而成。

13.7　香蕉（*Musa* spp.）

香蕉是一种常绿性多年生大型草本植物，为世界主要鲜果种类之一。栽培上，香蕉是利用吸芽（自球茎发生的侧芽）来进行营养繁殖的。目前具有商业价值的栽培品种，几乎全是营养性结实，果实内种子退化，为三倍体植物。

某些病毒病害会给香蕉生产造成严重损失。如香蕉束顶病毒（BBTV）可引发香蕉萎缩病，使香蕉不能正常结实，从而失去经济价值。

13.7.1　茎尖培养脱毒程序

（1）材料选择和灭菌　香蕉离体培养的外植体通常选用吸芽，尤以母株采收果穗后、距其残茎一定距离处长出的吸芽（俗称“隔山飞”）为最佳。

从田间取回的吸芽，经自来水冲洗干净，再用洗衣粉洗3次。仔细剥去外层苞片，切去基部部分组织，保留具有顶芽和侧芽原基的小球茎，置超净工作台上，用0.1%升汞（加少许吐温-80）溶液浸洗15~20min，然后用无菌水冲洗三四次。

（2）接种和培养　将吸芽切成约1cm×1.5cm×2cm的若干小块，每块带有一两个芽原基，用镊子将材料基部切口向下插入培养基，材料切勿倒放。

13.7.2　可供吸芽培养的培养基

①MS+BA 5.0mg·L^{-1}+KT 1.0mg·L^{-1}+2%~3%蔗糖；②MS+BA 1.0~3.0mg·L^{-1}+NAA 0.2~1.0mg·L^{-1}+2%~5%蔗糖；③MS+肌醇100mg·L^{-1}+盐酸硫胺0.5mg·L^{-1}+吡哆醇0.5mg·L^{-1}+甘氨酸2.0mg·L^{-1}+烟酸5.0mg·L^{-1}+BA 5.0mg·L^{-1}+IBA 0.1mg·L^{-1}+2%蔗糖；④MS+BA10.0mg·L^{-1}+15%椰子汁+2%~5%蔗糖。培养温度为25~28℃，初期可不照光，待芽萌动后，每天光照10~12h，光照强度2 000~3 000lx。待长出一定数量的丛生苗（40~60d），便可用作切取茎尖。

茎尖的切取和培养　从培养的丛生芽中选取较粗壮的、已形成基盘的无根苗3~5cm，无菌条件下切取大小为0.5~1.5mm、带有一两个原基的茎尖，接种至液体培养基进行振荡培养。待茎尖长至3~5mm大小时，转移到固体培养基继续培养。

茎尖培养基用改良MS培养基，即MS无机盐+盐酸硫胺素0.5mg·L^{-1}+BA 2.0~5.0mg·L^{-1}+2%~5%蔗糖。培养温度25~28℃，每天光照10~12h，光照强度1 000~2 000lx（姚军等，1991）。如果取材母株经鉴定确认不带病毒，茎尖培养环节可省去。

参考文献

中文：

1. 蔡连华，雷建军，陈国菊等．彩色甜椒花药培养若干影响因子的研究．中国瓜菜，2005（4）：16～19
2. 曹鹏，乔云江，黄桂安．一品红的组织培养与快速繁殖，黄冈师范学院学报，2001，21（3）：95～96
3. 曹小勇．濒危植物紫斑牡丹胚离体培养．氨基酸和生物资源，2003，25（2）：35～36
4. 陈芳，陈强，陈娟．云南拟单性木兰的组织培养．植物生理学通讯，2005，41（4）：494
5. 陈金慧，施季森，诸葛强等．植物体细胞胚发生机理的研究进展．南京林业大学学报（自然科学版），2003，27（1）：75～80
6. 陈力耕，郑志亮，胡西琴．柑橘珠心胚的高频离体诱导及其发生早期的生化标记研究．浙江农业学报，1997，9（5）：256～25
7. 陈雄，王星，王亚馥．激素对枸杞体细胞胚发生及可溶性蛋白质含量和组分的影响．西北植物学报，1995，15（5）：26～30
8. 陈永勤．石斛兰茎段培养和植株再生．亚热带植物通讯，1995，24（1）：60～61
9. 程家胜．植物组织培养与工厂化育苗技术．北京，金盾出版社，2003
10. 程磊，周根余．仙人掌离体繁殖的初步观察．上海交通大学学报，2001，19（2）：154～147
11. 崔凯荣，戴若兰．植物体细胞胚发生的分子生物学．北京：科学出版社，2000
12. 崔凯荣，邢更生，周功克．植物激素对体细胞胚胎发生的诱导与调节．遗传，2000，22（5）：349～354
13. 崔月花，张彪，高红明等．唐菖蒲茎尖培养脱病毒的研究．江苏农业研究，2000，21（4）：88～89
14. 达克东，张松，李雅致等．苹果离体叶片培养直接体细胞胚胎发生研究．园艺学报，1996，23（3）：241～245
15. 代色平．矮牵牛花药培养及植株再生研究．亚热带植物科学，2003，32（2）：55～57
16. 戴均贵，朱蔚华．紫菀花序芽培养及植株再生．植物生理学通讯，1999，35（2）：
17. 丁长春，虞泓，刘方媛等．杏黄兜兰胚培养与快速繁殖．植物生理学通讯，2005，41（1）：55
18. 董庆华，田惠桥．石蒜的组织培养，植物生理学通讯，1995，（3）：204
19. 董艳荣，龚义勤．茄果类蔬菜花药和花粉培养研究进展．长江蔬菜，2000，30～32
20. 杜娟，贾玉峰，季静等．不同培养基对蝴蝶兰种子萌发及幼苗生长的影响．云南大学学报，1999，21（S3）：100～101
21. 杜启兰，赵秀芳，陈景秀．大岩桐的组织培养技术．山东林业科技，2000，2：41～42
22. 杜天奎，徐青．叶子花的组织培养．宁夏大学学报（自然科学版），2004，25（1）：69～71
23. 范玉清．杜鹃叶愈伤组织的培养与不定芽的形成．晋东南师范专科学校学报，2000，3：8～10
24. 范子南，范晓红，肖华山等．金线莲的离体培养．植物生理学通讯，1995，31（6）：430～431
25. 冯莉，田兴山．花毛茛植株再生途径的离体调控．河南科学，1997，15 卷（2）：177～180
26. 关文灵，王黎，郑思乡．乌头植株再生体系的建立．中草药，2003，34（6）：561～563
27. 杭玲，苏国秀，陈丽娟等．草莓花药培养再生植株研究．广西农业科学，1999，5，227～229
28. 何小弟，张健，姚甫勇．日本小叶常春藤组织培养研究．扬州大学学报，1997，（1）：48
29. 洪军孟，黄一青，周南．一品红组织培养技术．农业科技通讯，2000，（7）：17
30. 洪立萍，易星辉．袖珍月季离体快速繁殖．植物生理学通讯，1995，31（5）：355～361
31. 洪燕萍，林顺权，林庆良．凤梨科植物的离体培养．亚热带植物科学，2001，30（2）：70～74
32. 洪志霞，王和乐，蒋福稳等．蚊净香草的离体培养和植株再生．植物生理学通讯，2003，39（6）：640

33. 侯占铭，满都拉，斯琴巴特尔．红脉竹芋的组织培养．云南植物研究，1997，19（1）：84
34. 侯占铭，满都拉．花叶竹芋的组织培养．内蒙古师大学报，1997（3）：65～67
35. 侯占铭，满都拉．美丽竹芋的组织培养．植物生理学通讯，2000，36（5）：438
36. 侯占铭，满都拉．香龙血树和紫铁的组织培养与快速繁殖．内蒙古大学学报，2001，32（6）：642～643
37. 黄斌．大麦花药培养中低温预处理对花粉愈伤组织形成的影响．植物学报，1985，27（3）：439～443
38. 黄衡宇，李鹂，杨胜辉．非洲菊的组织培养．吉首大学学报，2001，22（1）：4～6
39. 黄坚钦．植物细胞的分化和脱分化．浙江林学院学报，2001，18（1）：89～92
40. 黄君红，郭志，钟炳辉．不同培养基和激素水平对大花蕙兰原球茎诱导的影响．中国野生植物资源，2005，24（3）：40～42
41. 黄璐，卫志明，许智宏．马尾松成熟合子胚的再生能力和胚性与非胚性愈伤组织 DNA 的差异．植物生理学报，1999，25（4）：332～338
42. 黄学林，李筱菊．高等植物组织离体培养的形态建成及其调控．北京：科学出版社，1995
43. 黄勇，郭善利，张复君等．鹤望兰的离体快速繁殖．植物生理学通讯，2000，36（6）：539
44. 及华，赵玉芬．大叶凤尾蕨的离体培养及植株再生．植物生理学通讯，2001，37（4）：308
45. 贾勇炯，曹有龙，王水等．彩心建兰花枝茎节离体培养的研究．四川大学学报，2000，37（1）：94～97
46. 贾勇炯，陈放，林宏辉等．金橘不同外植体的离体培养研究，四川大学学报，1997，34（3）：344～348
47. 姜凤英，冯辉，徐书．植物组织培养简报摘编．植物生理学通讯，2005，41（4）：500
48. 蒋林，曾送君．铁十字海棠的组织培养和快速繁殖．仲恺农业技术学院学报，1998，11（4）：33～36
49. 孔冬梅，沈海龙，冯丹丹等．水曲柳体细胞胚与合子胚发生的细胞学研究．林业科学，2006，42（12）：130～133
50. 孔冬梅，谭燕双，沈海龙．白蜡树属植物的组织培养和植株再生．植物生理学通讯，2003，39（6）：677～680
51. 孔冬梅．水曲柳体细胞胚胎发生及体细胞胚与合子胚发育的研究．东北林业大学，博士学位论文，2004
52. 孔祥生，张妙霞，刘宗才．毛叶秋海棠离体繁殖技术研究，南都学坛，1999，19（6）：53～55
53. 李会宁．仙客来的离体无性试管繁殖研究．氨基酸和生物资源，2001，23（3）：21～23
54. 李进进，廖俊杰，柯丽婉等．蝴蝶兰根段的组织培养．植物生理学通讯，2000，36（1）：37
55. 李景秀，管开云，孔繁才．长翅秋海棠的叶片培养和快速繁殖．植物生理学通讯，2000，36（5）：439～440
56. 李俊明．植物组织培养教程．北京：中国农业大学出版社，2002
57. 李隆云，周裕书，待敏．暗紫贝母鳞茎再生组织培养技术研究．中国中药杂志，1995，20（2）：78～80
58. 李启任，王云强，夏从龙．非洲菊组培快繁技术研究．云南大学学报，1998，（20）：560～563
59. 李启任，吴明林，苏建荣．月季组培快繁技术研究．云南大学学报，1997，19（4）：366～369
60. 李任珠，刘国民，潘学峰．杂种石斛兰组织培养的研究．海南大学学报自然科学版，1995，13（4）：315～318
61. 李师翁，范小峰，田兴旺等．叶子花的组织培养与微繁技术研究．西北植物学报，2003，3（6）：992～996
62. 李修庆．植物人工种子研究．北京：北京大学出版社，2002
63. 李艳，方宏筠，张新．一品红叶片组织培养及再生植株形成的研究．鞍山师范学院学报．1999，1（1）：104～106
64. 李艳，李英慧，田广澍等．风信子外植体植株再生系统的研究．辽宁师范大学学报，1999，22（1）：59～62
65. 李永红，曾大兴，谢利娟．红蝉花离体培养的初步研究．园艺学报，2004，31（3）：296
66. 梁海永，郑均宝，王进茂等．常春藤的组织培养．河北林果研究，1998，13（1）：86～90
67. 廖晴，玛尔哈巴，王斌．重瓣丝石竹的微型快繁技术．新疆农业科学，1999，3（3）：142～143
68. 廖苏梅，周巍，徐程．薰衣草的组织培养．植物生理学通讯，2004，40（3）：336
69. 林萍，普晓兰．球花石楠离体培养及快速繁殖研究．植物研究，2003，23（3）：280～284
70. 林荣呈，包满珠．香石竹的叶片培养及植株再生．植物生理学通讯，1999，35（3）：205
71. 刘国民．花药离体培养中若干问题的研究进展．海南大学学报自然科学版，1994，12（3）：253～260

72. 刘涛，赵博生．竹节秋海棠离体快繁技术研究．淄博学院学报，2000，2（4）：86～88
73. 刘勇刚，徐子勤．风信子的组织培养和植株再生．西北大学学报，2001，31（3）：255～258
74. 刘幼琪，万永红，陈冬玲等．丝石竹花外植体诱导丛生芽的研究．湖北大学学报，2001，23（3）：269～272
75. 鲁雪花，郭文杰，林勇．几种因素对非洲菊离体培养再生植株的影响．植物生理学通讯，1999，35（5）：372～374
76. 吕晋慧，孙明，吴月亮等．菊花遗传转化受体系统的研究，山西农业大学学报，2007，27（1）：25～29
77. 吕晋慧，吴月亮，孙磊等．菊花叶片不定芽再生体系的研究．北京林业大学学报，2005，27（4）：97～100
78. 吕晋慧，吴月亮等．*AP*1 基因转化地被菊品种“玉人面”的研究，林业科学，2007，43（9）：128～132
79. 吕晋慧．根癌农杆菌介导的 *AP*1 基因转化菊花的研究．［博士学位论文］，北京林业大学，2005
80. 罗桂芬，胡虹，孙卫邦．重瓣偏翅唐松草的离体繁殖．云南植物研究，1996，18（3）：361～362
81. 罗虹．绿巨人快速繁殖的研究．华南师范大学学报，2000，（4）：67～69
82. 罗士韦等．经济植物组织培养．北京：科学出版社，1998
83. 莫磊兴，牟海飞，邹瑜．月季组培快繁技术研究．四川农业大学学报，1998，16（4）：439～443
84. 倪苏，刘帆．植物生理学通讯，2005，41（4）：500
85. 潘学峰，黄凤娇．海南蝴蝶兰的组织培养研究．海南大学学报自然科学版，1997，15（3）：206～211
86. 齐力旺，李玲，韩一凡．落叶松不同类型胚性和非胚性愈伤组织的生理生化差异．林业科学，2001，37（3）：20～29
87. 秦佳梅，张弓，张卫东．红景天叶片诱导再生植株．中国野生植物资源，18（1）：45
88. 裘文达．园艺植物组织培养．上海：上海科技出版社，1986
89. 萨母布鲁克，D. W. 拉塞尔．分子克隆实验指南．北京：科学出版社，2002
90. 沈海龙．植物组织培养．北京：中国林业出版社，2005
91. 石大兴，辜云杰，王米力等．山杜英离体培养植株再生的研究．园艺学报，2004，31（2）：245～248
92. 司军，李成琼．番茄花药培养研究进展及展望．生物学杂志，2002，18（1）：4～6
93. 苏海，钟明，蔡时可．马来甜龙竹的组织培养和快速繁殖．植物生理学通讯，2004，40（4）：468
94. 谭文澄，戴策刚．观赏植物组织培养．北京：中国林业出版社，1991
95. 汪爱田，刘艳等．土耳其桔梗组织培养与快速繁殖，安徽农学通报，1999，5（4）：65
96. 王水琦．植物组织培养．北京：中国轻工业出版社，2007
97. 王亚馥，崔凯荣，汪丽虹．小麦体细胞胚发生的超微结构研究．植物学报，199436（6）：418～422
98. 王亚馥，徐庆，刘志学．红豆草细胞悬浮培养中体细胞胚的形成．实验生物学报，1990，23（3）：369～373
99. 韦三立，李颖章，韩碧文．大丽花的组织培养，植物生理学通讯，1996，32（6）：428
100. 文国辉，任维英，李建新．重瓣榆叶梅组织培养及快速繁殖．石河子科技，1996，6：9～13
101. 吴繁花，朱文丽，莫饶等．海南龙血树的组织培养．植物生理学通讯，2005，41（2）：186
102. 吴丽芳，杨春梅，蒋亚莲等．非洲紫罗兰组培快繁技术．云南农业科，2001（3）：19～20
103. 肖木兴，台湾金线莲增殖培养试验．福建林业科技，2007，（2）：430
104. 肖尊安，祝杨译．植物组织培养导论．北京：化学工业出版社，2006
105. 肖尊安．植物生物技术．北京：化学工业出版社，2005
106. 谢耀坚等．欧洲云杉胚性愈伤组织培养中乙烯的释放及其作用．植物生理学通讯，1998，（5）：342～344
107. 徐宏英，谢海军．玫瑰海棠的组织培养及快速繁殖．植物生理学通讯，1999，35（5）：381
108. 许明子，李美善，刘宪虎．高山红景天愈伤组织诱导及生长的研究，延边大学农学学报，2003，25（4）：259～263
109. 许智宏，刘春明．植物发育的分子机理．北京：科学出版社，1999
110. 严菊强．糖源对植物组织培养的影响．中国植物生理学会第二届青年植物生理工作者会议论文摘要汇编，1994，（2）：24～26
111. 严菊强．糖源对植物组织培养的影响．中国植物生理学会第二届青年植物生理工作者会议论文摘要汇编，

1994：24～26
112. 杨柏云，杨宁生，范财茂．蕙兰原球茎增值培养条件的研究．南昌大学学报，1995，19（1）：39～42
113. 杨和平，程井辰．植物体细胞胚胎发生的生理生化研究进展．植物学通报，1991，8（2）：1～8
114. 杨金玲，郭仲琛．白杆体细胞胚胎发生的细胞组织学和淀粉积累动态的研究．西北植物学报，1998，（3）：335～338
115. 杨美纯，周歧伟，许鸿源等．外部因子对蝴蝶兰叶片原球茎状体发生的影响．广西植物，2000，20（1）：42～46
116. 余新，梁廉．绿宝石喜林芋的离体繁殖．植物生理学通讯，1994，（5）：355
117. 余义勋．根癌农杆菌介导的 *ACC* 氧化酶基因转化香石竹的研究．［博士学位论文］．华中农业大学，2003
118. 俞雄华．红宝石喜林芋的组织培养和快速繁殖．植物生理学通讯，1995，31（4）：281
119. 袁梅芳，故炜．球根鸢尾的离体培养和试管成球．植物生理学通讯，1996，（1）：28～29
120. 袁正仿，孔令葆，赵兴兵．大岩桐的组培快繁和温室栽培．信阳师范学院学报，2001，14（4）：456～458
121. 曾宋君，彭晓明，张京丽等．蝴蝶兰的组织培养和快速繁殖，武汉植物学研究，2000，18（4）：344～346
122. 曾宋君．"绿帝王"喜林芋的组织培养和快速繁殖．植物生理学通讯，1997，1：40
123. 张宝红，李秀兰，李凤莲等．棉花组织培养中异常苗的发生与转化．植物学报，1996，38（11）：845～852
124. 张桂和，周清，李克烈．绿巨人茎尖的离体培养及快速繁殖．植物生理学通讯，1997，33（3）：199
125. 张桂和，周清，李克烈．绿巨人茎尖的离体培养及快速繁殖．植物生理学通讯，1997，33（3）
126. 张汉尧，刘小珍，杨宇明．矮牵牛组培白化苗与正常苗叶绿体多态性研究．湖北农业科学，2005，2：15～16
127. 张良波，周朴华，彭晓英等．屋顶长生花的离体培养．湖南农业大学学报，2004，30（5）：433～436
128. 赵兴兵，张苏锋，李天煜．非洲紫罗兰组织培养与工厂化快繁程序的研究．信阳师范学院学报（自然科学版），1999，12（1）：119～111
129. 钟红梅，曹明华．八宝剑凤梨的组织培养与快速繁殖．植物生理学通讯，1998，34（3）：202
130. 钟名其，楼程富，谈建中．桑树遗传转化技术中抗生素的浓度优化研究．汕头大学学报，2001，16（2）：1～6
131. 钟宇，张健，罗承德．西洋杜鹃组织培养技术体系研究（Ⅰ）基本培养基和外植体的选择．四川农业大学学报，2001，19（1）：37～39
132. 周黎军，魏琴，潘裕锋等．桂竹香花器离体培养的研究．中国油料作物学报，2001，23（1）：34～37
133. 周维燕．植物细胞工程原理与技术．北京：中国农业大学出版社，2001
134. 周鑫，韩建军．丽格海棠的组织培养．中国林副特，2001，（1）：47
135. 朱根发，张远能，邹春萍等．亚马孙海芋的组织培养和快速繁殖．植物生理学通讯，2000，36（1）：38
136. 朱根发．绿巨人白掌不同外植体组织培养研究．亚热带植物科学，2004，33（1）：53～54
137. 朱艳，胡军，秦民坚等．大花蕙兰的快速繁殖技术研究．中国野生植物资源，19（6）：57～59
138. 朱玉灵，吴涛，范泽民等．桔梗外植体的离体培养和植株再生．安徽农业科学，2000，8（1）：93～94

英文：

139. Ammirato P. V. Organizational events during somatic embryogenesis. Inplant Tissue and Cell Culture，Inc. New York，1987，57～81
140. Adams A N，Barbara d J，Morton A，*et al.* The experimental transmission of hop latent viroid and its elimination by low temperature treatment and meristem culture. Ann Appl Biol. 1996，128：37～44
141. Bonga J M，Von Aderkas P. In vitro culture of trees. London：Kluwer Academic Publishers，1992
142. Bellettre A，Couillerot J P，Vasseur J. Effects of glycerol on somatic embryogenesis in Cichorium leaves. Plant Cell Rep. 1999，19：26～31
143. Biahoua A，Bonneau L. Control of in vitro somatic embryogenesis of the spindle tree（*Eunymus europaeus* L.）by the sugar type and the osmotic potential of the culturemedium. Plant Cell Reports，1999；185～190
144. Blackmans A，Obendorf R L，Leopold A C，1992. Maturation proteins and sugars in desiccation tolerance of develo-

ping soybeanseeds. Plant Physiol, 100: 225 ~ 230

145. Bornman C H, Dickens OSP, vander Merwe C F, *et al.* Somatic embryos of Picea abies behave like isolated zygotic embryos in vitro but with greatly reduced physiological vigour. South African J Bot, 2003, 69 (2): 176 ~ 185
146. Centeno M L, Rodriguez R, Berros B. Endogenous hormonal concent and comatic embryogenic capacity of *Corylus avellana* L. cotyledons. Plant Cell Reports, 1997, 17: 139 ~ 144
147. Dong JZ, Dunstan DI. Characterization of three heat-shock-protein genes and their developmental regulation during somatic embryogenesis in white spruce [Picea glauca (Moench) Voss] . Planta, 1996, 200: 85 ~ 91
148. Dudits D, Gyorgyey J, Bogre L. Molecular biology of somatic embryogenesis. In: Thorpe TA (ed) In Vitro Embryogenesis in Plants. London: Kluwer Academic Publishers, 1995: 267 ~ 308
149. Fllonova L H, Bozhkov P. V, Brukhin V B, *et al.* Two waves of programmed cell death occur during formation... acidification. Biotechnol. Bioeng. , 2002, 77 (6): 658 ~ 667
150. Haccius B. Question of unicellular origin on nonzygotic embryos in callus cultures. Phtomorph, 1978, 28: 74 ~ 81
151. Huetteman C A, Preece J E. Thidiazuron: a potent cytokinin for woody plant tissue culture. Plant Cell Tiss Org Cult, 1993, 33: 105 ~ 119
152. Michaux-Ferriere N, Grout H, Carron M P. Origin and ontogenesis of somatic embryos in Hevea brasiliensis (Euphorbiaceae) . Amer J Bot, 1992, 79 (2): 174 ~ 180
153. Mellor F C, Stace-Smith R. Virus-free potatos by tissue culture. In: J Reinert and YPS Bajaj (Eds.), Applied and fundamental aspects of plant cell, tissue and organ culture. Spinger-Verlag, Berlin, 1977: 616 ~ 635
154. Ipekci Z, Gozukirmizi N. Direct somatic embryogenesis and synthetic seed production from Paulownia elongate. Plant Cell Reports, 2003, 22
155. Ivanova A, Velcheva M, Denchev P, *et al.* Endogenous hormone levels during direct somatic embryogenesis in Medicago falcate. Physiol Plant, 1994; 92: 85 ~ 89
156. Jain M. Somatic embryogenesis in woody plants. Dordrecht: Kluwer Academic Publishers, 1995, 3: 17 ~ 143
157. Jonard R. Micrografting and its applications to tree improvement. In: YPS Bajaj (Ed.) . Biotechnology in agriculture and forestry, Vol. 1: Tree 1. Spinger-Verlag, Berlin, 1986, 3: 31 ~ 48
158. Preece J E, McGranahan G H, Long L M, *et al.* Soamtic embryogenesis in walnut (Juglans regia) . IN: Jain S, Gupta P and Newton (eds.) . Somatic embryogenesis in woody plants. Netherlands: Kluwer Acad. Pub, 1995, 2: 99 ~ 116
159. Sanderland. N. and Dunwell J M. Anther and pollen culture . In: Plant tissue and cell culture. 1977, 223 ~ 226
160. Sanderland. N. and Vans, L J. Multicellar pollen formation in cultured barley Anthers. J, Exo, Bot, 1980, 31 (21): 501 ~ 514
161. Williams E G, Maheswaran G. Somatic embryogenesis: factors influencing coordinated behaviour of cells as an embryogenic group. Ann Bot, 1986, 57: 443 ~ 462
162. Wann S R, Johnson M A, Noland T L, *et al.* Biochemical differences between embryogenic and non-embryogenic callus of *Picea abies* (L.) Kurst. Plant. Plant Cell Rep. , 1987, 6: 39 ~ 42
163. Wang L, Huang B Q, He M Y, Hao S. Somatic embryogenesis and its hormonal regulation in tissue cultures of Freesia refracta. Ann Bot, 1990, 65: 271 ~ 276
164. Zimmerman, J. L. 1993, Somatic embryogenesis: a model for early development in higher plants. Plant Cell, 5: 1 411 ~ 1 423